超圖解

81位董事長及總經理成功經營智慧

戴國良 博士 著

開拓視野，增加知識廣度，打造自我成功法則。

五南圖書出版公司 印行

作者序言

一、緣起

　　作者本人曾在國內中大型企業上過班,達 15 年之久,後來又在大學當老師,授課達 20 年之久,合計 35 多年來,看盡了很多企業經營知識、行銷知識、策略知識及管理知識,可說融合了實務經驗＋理論知識,貫串了很寶貴的智慧。再加上,近十多年來,我每周及每月都會訂閱國內、日本的財經商業雜誌及財經報紙,從這些財經雜誌及報紙閱讀中,又吸收了數百家成功企業的專訪及記錄,更擴大了我對企管、經營、行銷、人資、財務、策略、研發的廣泛知識與常識,也明瞭這數百家國內外企業他們是怎麼成功的,更深深感受到這數百位企業的董事長、總經理、執行長、總裁們的寶貴經營心法及經營智慧。

　　後來,在一次作者自我思考中,忽然想到怎麼不把這數百位董事長及總經理的經營心法或智慧金句,好好整理成一本國內最實用,也是國內第一本的成功經營祕笈,並加以歸納、分析、詮釋、圖示成為一本很棒的企業經營與管理經營心法專書《超圖解 81 位董事長及總經理成功經營智慧》,給其他國內數十萬家企業或正在創業的讀者做為借鏡、參考、活用,讓所有有需求的讀者,都能吸收到這方面的實戰知識、理念。因此,作者本人花費了一年時間,終於完成本書的撰寫;我認為,這是我 25 年來,累積寫了 50 多本書裡面,寫得最好、最棒的一本企業經營管理的商業專書。

二、本書特色

　　本書有以下特色,說明如後:

(一) 全台第一本總結 81 位企業領導人的成功經營心法與經營智慧:

　　本書是全台第一本有系統整理及總結出 81 位國內外企業領導人的成功經營心法與祕訣,極為難得。這些知名大企業,包含如下:

1. 國內高科技及外銷出口業	2. 國內內銷、內需業	3. 日本、美國知名大企業
• 台積電 • 鴻海 • 廣達 • 台達電 • 聯發科 • 緯創 • 金仁寶 • 宏碁	• 統一企業 • 統一超商 • 遠東集團 • 好市多 (Costco) • 和泰汽車 • 全聯 • 富邦momo • 全家	• 豐田汽車 (TOYOTA) • Panasonic • Sony (索尼) • 花王 • 優衣庫 (Uniqlo) • LAWSON • 無印良品 • 資生堂

1. 國內高科技及外銷出口業	2. 國內內銷、內需業	3. 日本、美國知名大企業
• 環球晶 • 中鋼 • 和碩 • 旺宏	• 王品餐飲 • 台灣松下 • 三陽機車 • 大樹藥局 • SOGO百貨 • 新光三越 • 寶雅 • 桂格 • 恆隆行 • 寬宏藝術 • 玉山金控 • 花仙子 • 台灣花王 • 愛爾麗醫美 • 葡萄王 • 耐斯566 • 饗賓餐飲 • 桂冠 • 城邦出版	• 任天堂 • 麒麟 • 日清食品 • 小林製藥 • 三越伊勢丹百貨 • 永旺零售（AEON） • 三得利 • 伊藤園飲料 • 伊藤忠綜合商社 • 美國NVIDIA • 美國AMD

（二）廣泛搜集與閱讀的 15 種資料來源：

本書引用的 81 位中大型知名企業領導人經營心法的資料來源，非常多元化，高達 15 種來源，如下：

1. 《商業周刊》
2. 《今周刊》
3. 《天下雜誌》
4. 《遠見雜誌》
5. 《經理人雜誌》
6. 《經濟日報》
7. 《工商時報》
8. 130 家上市櫃公司的公開年報及財報
9. 《動腦行銷雜誌》
10. 非凡財經新聞台
11. 經濟日報網
12. 工商時報網
13. 日本 40 家上市櫃公司的統合報告書及中長期經營計劃書（日文版）

14. 日本日經商業雜誌（日文版）
15. 台灣上市櫃公司股東會報告

（三）將成功企業區分為 3 大類別行業：

不同產業別的成功經營心法及智慧祕訣，也有所不同；因此，作者把這些成功企業區分為三大類產業別，如下：
1. 高科技業及外銷出口業（計 18 位）
2. 內銷、內需產業（計 36 位）
3. 日本大型上市櫃公司（計 27 位）

如此歸類，也比較好判斷出同一產業類別的公司，比較有一致性的成功經營心法及祕訣。

（四）日本大型企業與台灣大型企業經營心法的對照比較：

本書特別上日本大型上市櫃企業官網卻尋找它們的「統合報告書」（台灣稱為年報），發現日本上市櫃公司的經營管理之著重點，有與台灣大型企業相同處，但也有一些不同處，這些都是值得我們借鏡參考及比較分析的；如此，可使我們的視野更廣、眼光更前瞻、戰略更全面性，以及吸收日本大型上市櫃公司的經營優點。

（五）供其他國內數十萬家大、中、小型企業借鏡、學習、參考，讓每家企業的經營成果，都會愈來愈好，愈來愈棒：

本書因為侷限總頁數不能太厚，故只擷取篩選 81 位台灣、日本及美國的中大型企業領導者為優秀代表，但並不表示台灣、日本及美國成功的中、大型企業只有這 81 位而已，當然還有其他也很優良的大、中、小型企業。但是本書這 81 位企業阽位董事長、總經理、領導人的成功經營心法及經營智慧，確實可提供國內八、九十萬企業的領導人或幹部級主管做為借鏡、學習及參考，以助你們未來也能邁向更成功的未來。

（六）圖解表達，易於閱讀及吸收：

本書除了擷取成功企業領導人的經營心法重點外，並加上作者本人的重點詮釋分析及重點圖示，相信透過這些圖示法的表達，有助於讀者們快速的閱讀及吸收，畢竟圖示比純文字易於看到重點及吸收感受。

（七）本書有助於各級主管開拓自己視野、自己知識廣度及自己的再學習、再進步：

本書全方位搜集台灣、日本及美國 81 位知名中、大型企業領導人的成功經

營心法及智慧秘訣，相信閱讀本書後，必可以有助於各級主管（主任、課長、廠長、副理、經理、協理、總監、處長、副總經理、總經理、執行董事、董事長等）您們的視野、知識廣度及學習進步，這就是我們大家所重視的「終身學習」、「一生學習」。

（八）公司舉辦讀書會或教育訓練的最佳教材資料來源：

本書相信會是各家中、大型企業舉辦組織內部讀書會或教育訓練的最佳與最棒的工具書及教材資料來源，相信也有助於人資單位對內部員工的培訓進步與再成長。

（九）本書累積作者 30 多年智慧與知識→企業工作 10 年，大學教書研究 20 年，閱讀財經商業報紙／雜誌 10 年的總合功力：

本書是作者累積過去人生 30 年精華歲月的總合功力，包括：

1. 在中大型企業工作、上班 10 年，最高職位做到部門副總經理、策略長、首席顧問。
2. 在大學任教 20 年，研讀很多的專書及理論，包括：企業經營的、管理的、行銷的、策略的、財務的、人資的、經營企劃的等。
3. 自己閱讀十多種財經雜誌、財經報紙、商業雜誌，國內上市櫃公司最新年報、日本上市櫃公司最新綜合報告書等，歷時 10 多年之長、 之久。

三、結語與祝福

本書得以順利出版，首先要感謝五南出版公司及主編的協助，以及廣大讀者們的殷殷期盼、支持及鼓勵，使得作者在數百個辛苦實作、分析及歸納的日子中，依然能夠堅持下去，奮戰下去，終於能看到最後的成果。

最後，再次祝福所有讀者們，都能擁有一個：成長、成功、健康、平安、開心、順利、欣慰、滿意的美麗人生旅程，在每一分鐘時光歲月中。再次感謝大家！感恩大家！

作者 戴國良

e-mail：taikuo@mail.shu.edu.tw

taikuo1960@gmail.com

目錄

作者序言　　　　　　　　　　　　　　　　　　　　　　　　　　iii

第一篇　高科技業、外銷產業 18 位企業領導人的成功經營智慧　　001

第 1 位	台積電前董事長張忠謀	002
第 2 位	宏碁集團創辦人施振榮	010
第 3 位	旺宏電子董事長吳敏求	014
第 4 位	緯創公司董事長林憲銘	018
第 5 位	台積電董事長魏哲家	021
第 6 位	和碩集團董事長童子賢	025
第 7 位	金仁寶集團董事長許勝雄	028
第 8 位	台達電子公司董事長鄭平	031
第 9 位	鴻海集團董事長劉揚偉	036
第 10 位	宏碁集團董事長陳俊聖	039
第 11 位	鴻海集團創辦人郭台銘	043
第 12 位	中鋼公司董事長翁朝棟	049
第 13 位	宏全國際公司總裁曹世忠	051
第 14 位	牧德科技公司董事長汪光夏	054
第 15 位	聚陽成衣製造公司董事長周理平	057
第 16 位	廣達集團董事長林百里	061
第 17 位	台灣國際航電（Garmin）公司董事長高民環	069
第 18 位	佳世達集團董事長陳其宏	072

總歸納／總結論　高科技業、外銷產業 18 位企業領導人的成功經營智慧 98 則總整理　　074

第二篇　內銷業、零售業、服務業、傳統製造業、消費品業 36 位企業領導人的成功經營智慧　　081

第 19 位	統一企業集團董事長羅智先	082
第 20 位	遠東集團董事長徐旭東	089
第 21 位	台灣好市多（Costco）台灣區及大中華區總裁張嗣漢	092
第 22 位	和泰汽車公司總經理蘇純興	096
第 23 位	全聯實業公司董事長林敏雄	101
第 24 位	統一超商前總經理徐重仁	106
第 25 位	愛爾麗醫美集團董事長常如山	114
第 26 位	李奧貝納廣告前大中華區總裁黃麗燕	120
第 27 位	黑松公司董事長張斌堂	123
第 28 位	城邦媒體集團首席執行長何飛鵬	126
第 29 位	富邦媒體科技公司（momo 購物網）總經理谷元宏	130
第 30 位	王品餐飲集團董事長陳正輝	133
第 31 位	全家便利商店董事長葉榮廷	136
第 32 位	台灣松下集團（Panasonic）總經理林淵傳	139
第 33 位	三陽機車公司董事長吳清源	141
第 34 位	大樹藥局連鎖公司董事長鄭明龍	144
第 35 位	葡萄王公司董事長曾盛麟	147
第 36 位	SOGO 百貨公司董事長黃晴雯	150
第 37 位	寶雅美妝連鎖店公司總經理陳宗成	152
第 38 位	築間餐飲集團董事長林楷傑	154
第 39 位	台隆集團董事長黃教漳	156
第 40 位	耐斯 566 集團執行副總邱玟諦	160
第 41 位	資誠聯合會計師事務所所長暨聯盟事業執行長周建宏	164
第 42 位	佳格（桂格）食品公司董事長曹德風	167
第 43 位	恆隆行進口代理公司董事長陳政鴻	170
第 44 位	遠東巨城購物中心董事長李靜芳	172
第 45 位	假期國際公司創辦人徐亦知	174
第 46 位	新光三越百貨公司總經理吳昕陽	176
第 47 位	寬宏藝術公司董事長林建寰	179
第 48 位	饗賓餐飲集團總經理陳毅航	181
第 49 位	禾聯碩公司總經理林欽宏	184

第 50 位	嘉里大榮貨運公司董事長沈宗桂	185
第 51 位	玉山金控董事長黃男州	186
第 52 位	花仙子公司執行長王佳郁	189
第 53 位	桂冠火鍋料前董事長王正明	191
第 54 位	台灣優衣庫執行長黑瀨友和	193
總歸納／總結論	內銷業、零售業、服務業、傳統製造業、消費品業 36 位企業領導人的成功經營智慧 156 則總整理	195

第三篇 國外（日本、美國）大型上市櫃公司 27 位企業領導人的成功經營智慧　205

第 55 位	日本豐田總公司（TOYOTA）會長（董事長）豐田章男、社長（總經理）佐藤恆治	206
第 56 位	日本 Panasonic 總公司社長楠見雄規	211
第 57 位	日本日清食品控股總公司社長（總經理）安藤宏基	217
第 58 位	日本迅銷（優衣庫）總公司創辦人柳井正	221
第 59 位	日本花王總公司社長長谷部佳宏	224
第 60 位	日本永旺（AEON）零售集團社長（總經理）吉田昭夫	228
第 61 位	日本 SONY（索尼）總公司會長兼社長（總經理）吉田憲一郎	231
第 62 位	日本 LAWSON（羅森）便利商店公司社長（總經理）竹增貞信	233
第 63 位	日本無印良品社長（總經理）堂前宣夫	237
第 64 位	日本三得利（Suntory）控股公司社長（總經理）新浪剛史	239
第 65 位	日本 Welcia 藥妝連鎖店社長（總經理）松本忠久	241
第 66 位	日本三越伊勢丹百貨公司社長（總經理）細谷敏幸	246
第 67 位	日本 Sundrug 第二大藥妝連鎖店社長（總經理）貞方宏司	248
第 68 位	日本伊藤園食品公司社長（總經理）本庄大介	251
第 69 位	日本雪印乳業公司社長（總經理）佐藤雅俊	255
第 70 位	日本 7-11 公司前董事長鈴木敏文	259
第 71 位	日本 SONY（索尼）集團資深顧問平井一夫	263
第 72 位	日本京瓷集團創辦人暨前董事長稻盛和夫	269

第 73 位	日本伊藤忠綜合商社會長（董事長）岡藤正廣、社長（總經理）石井敬太	275
第 74 位	日本資生堂公司會長（董事長）魚谷雅彥、社長（總經理）藤原憲太郎	278
第 75 位	日本麒麟控股公司社長（總經理）磯崎功典	280
第 76 位	日本象印公司社長（總經理）市川典男	283
第 77 位	日本任天堂公司執行長古川俊太郎	285
第 78 位	日本小林製藥公司社長（總經理）小林章浩	287
第 79 位	美國 AMD（超微）公司董事長兼執行長蘇姿丰（華裔人士）	290
第 80 位	美國 NVIDIA（輝達）公司執行長黃仁勳（華裔人士）	292
第 81 位	美國 Amazon（亞馬遜）公司董事長貝佐斯	296
總歸納／總整理	國外（日本、美國）大型上市櫃公司 27 位企業領導人的成功經營智慧 124 則總整理	300

第四篇　總結論　307

第一篇
高科技業、外銷產業 18 位企業領導人的成功經營智慧

第 1 位　台積電前董事長張忠謀

一、公司簡介

- 台積電公司為全球最大且最先進製程的晶片製造廠，目前已先進到 5 奈米、3 奈米、2 奈米及 1.4 奈米的製程。
- 台積電公司 2024 年度營收額高達 2.5 兆元台幣，獲利額高達 1 兆元，獲利率升高到 49%，為全球最高獲利率的高科技公司。
- 台積電除台灣新竹、台中、台南及高雄工廠外，也在美國亞利桑那州、日本熊本及德國德勒斯登、中國南京，設立海外工廠，展現布局全球能力。
- 目前，台積電股價達 900 多元，企業總市值突破 20 兆元台幣，為全台第一大市值公司。
- 台積電公司在台灣深受敬重，有「護國神山」號稱。
- 台積電全球員工計有 7 萬多人。

二、領導人成功經營心法

1. 我認為「領導人」最主要的功能是：
   (1) 知道方向　(2) 找出重點　(3) 提出解決大問題的辦法。
2. 檢驗領導人好壞的一個條件：他是否知道對的方向。
3. 企業如果擁有堅固的「誠信」（integrity）文化，即使經營遇到挫折，也不會倒。
4. 一個人沒有誠信正直，我絕不會把他放在我旁邊，也不會提拔他。
5. 真正成功的企業，應該要能夠長期百年的永續經營。
6. 成功的領導：是強勢，但不威權。
7. 對下屬授權，同時也要對他授責才對。因為，權力＝責任。
8. 「董事會」是公司治理的樞紐。
9. 良好的公司治理，第一步應有獨立、認真、有能力的董事會。
10. 董事會的第一個責任是監督，第二個責任是指導經營階層，第三個責任是任免高層主管。
11. 領導人的角色之一，就是要感測「危機」與「良機」。
12. 企業最重要的三大根基：
    (1) 願景　(2) 企業文化　(3) 策略
13. 專業經理人應該培養的終身習慣：

(1) 觀察　(2) 學習　(3) 思考　(4) 嘗試
14. 台積電 10 大經營理念：
    (1) 堅持職業道德
    (2) 專注晶圓代工事業
    (3) 國際化放眼全球
    (4) 追求永續經營
    (5) 客戶為我們的夥伴
    (6) 品質是我們的原則
    (7) 鼓勵創新
    (8) 營造有挑戰性及樂趣的工作環境
    (9) 兼顧員工及股東權利
    (10) 盡力回饋社會
15. 每位員工在得到權力之前，要先「當責」（accountability）；要先有高度責任感、責任心、敢勇於負責才行。
16. 企業擁有「核心能力」、「核心優勢」，站穩競爭利基。
17. 持續建立公司五大競爭障礙：成本、技術、法律、服務、品牌。
18. 要經營世界級企業，就必須堅持走一條難走的路。
19. 什麼是世界級的公司：
    (1) 對於競爭者，我們是可敬的競爭對手
    (2) 對於客戶，我們是可靠的供應商
    (3) 對於供應商，我們是合作夥伴
    (4) 對於股東，我們有好的每年股利及 ROE（投資報酬率）
    (5) 對於員工，我們提供優渥的薪資、獎金、紅利及工作環境
    (6) 對於社會，我們是好的社會公民，並善盡企業社會責任
20. 一個公司要改掉不願意檢討別人的文化，能夠檢討別人的公司，才會進步。很多主管怕屬下反感，故不敢指出屬下的缺點及弱點。
21. 最好的員工生涯規劃，就是在每個崗位上，永遠做自己有興趣的事情，並對公司產生貢獻、盡力去做，最後得到應有的回報（薪資、獎金、紅利、晉升）。
22. 每個主管、每個員工、每個部門，都要勇於自我檢討及改善，如此，整個公司才會不斷進步。
23. 培育部屬的 3 個工具：
    (1) 屬下的終身自我學習　(2) 主管與屬下的切磋　(3) 最後，才是那些訓練課程。
24. 優質的企業，不僅要 cost down（降低成本），更要懂得如何 value up（創造價值），value（價值）永遠比 cost（成本）更重要、更有影響力、更多發展空間。

第1位　台積電前董事長張忠謀

25. 台積電公司，就是一個永遠不斷在創造更多價值的公司。它是一個「價值經營型」公司，也是一個「高值化」公司。
26. 台積電的5大競爭優勢與成功要素：
    (1) 領先的技術（leading technology）
    (2) 製程的高良率（品質好）
    (3) 完美的客戶服務
    (4) 全球性的良好口碑及公司信譽（reputation）
    (5) 優秀的人才（人才團隊）
27. 優秀的「人才」才是台積電保持永遠領先及創造卓越的最核心根基因素。
28. 別只顧壓低成本，提高價值才是王道。
29. 如何提高價格呢？只有一條路，就是提高價值。
30. 壓低成本雖然重要，但提升產品價格更重要。
31. 提升價值後，客戶才不會跑掉。
32. 技術固然重要，但沒有 sales（銷售）及 marketing（行銷）也不行，沒生意做，根本活不了。
33. 不能只以為產品好，客人自會來，也要懂行銷及銷售，客人才會來買東西。
34. 領導人必須公平、公正、沒私心、沒班底，才能凝聚團隊力量，這很重要。
35. 領導人也要把外面世界帶到公司裡來，讓員工知道外面發生什麼事。
36. 創意必須是可實現的、可賺錢的，才是好創意。
37. 成長、成長、再成長。
38. 我一生最大的財富，就是「培養出學習的能力」。
39. 台積電四大核心價值 ICIC：
    I：Integrity（誠信、正直）
    C：Commitment（承諾）
    I：Innovation（創新）
    C：Customer Trust（客戶信賴）
40. 學習，永遠是做任何事情的第一步，也是經營祕笈的第一招。
41. 好的領導，就是很多員工願意發自內心跟隨你。
42. 首先要有足夠的學識、學問，才能擁有判斷事情的能力。
43. CEO最大責任，就是：領導與用人。
44. 企業經營絕不是任何一個人單打獨鬥。
45. 做人比做生意更重要。
46. 對人、對事要謙卑。

三、作者重點詮釋

（一）人才最重要！得人才者，得天下：

「人才」、「人才團隊」、「人才的組織能力」，這三點，永遠是任何一家公司經營成功及永續百年存活的最核心根基要素。沒有了好的人才團隊，這家公司就空了，就會失敗。所以，一定要用心、盡力招聘、延攬、培育、訓練出優秀的各領域／各功能／各部門的優秀人才出來。

台積電公司就是擁有全台最優秀的台大、清大、交大、成大及美國回來的理工科碩士、博士的高級工程師與尖端研發人員，才會超越韓國三星及美國英特爾，而成就今天護國神山的企業寶座。

（二）領先技術、高良率致勝：

「領先的技術」及「製程高良率／高品質」這兩項，永遠是高科技公司生存與業績成長的根本因素。高科技業必做好、做強這兩項競爭能力及競爭優勢。

（三）「價值經營」、「高值化經營」：

「價值經營」及「高值化經營」，永遠是任何大、中、小型企業必須思考及努力投入的重點方向。唯有秉持此經營理念，才能創造出高價格高毛利高獲利的卓越經營成果出來。

（四）誠信與信譽：

「公司誠信」與「公司信譽」是任何企業必須守好、顧好及堅守的重大原則，企業沒了誠信、沒了信譽，公司就沒希望。

四、重點圖示

圖1-1

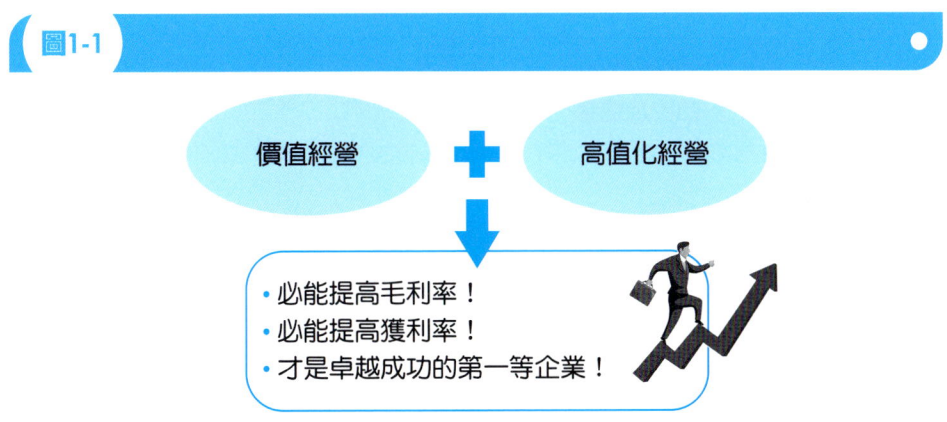

第1位　台積電前董事長張忠謀

圖1-2

人才 ➕ 人才團隊 ➕ 人才的組織能力

⬇

公司存活與發展的核心根基要素！

圖1-3

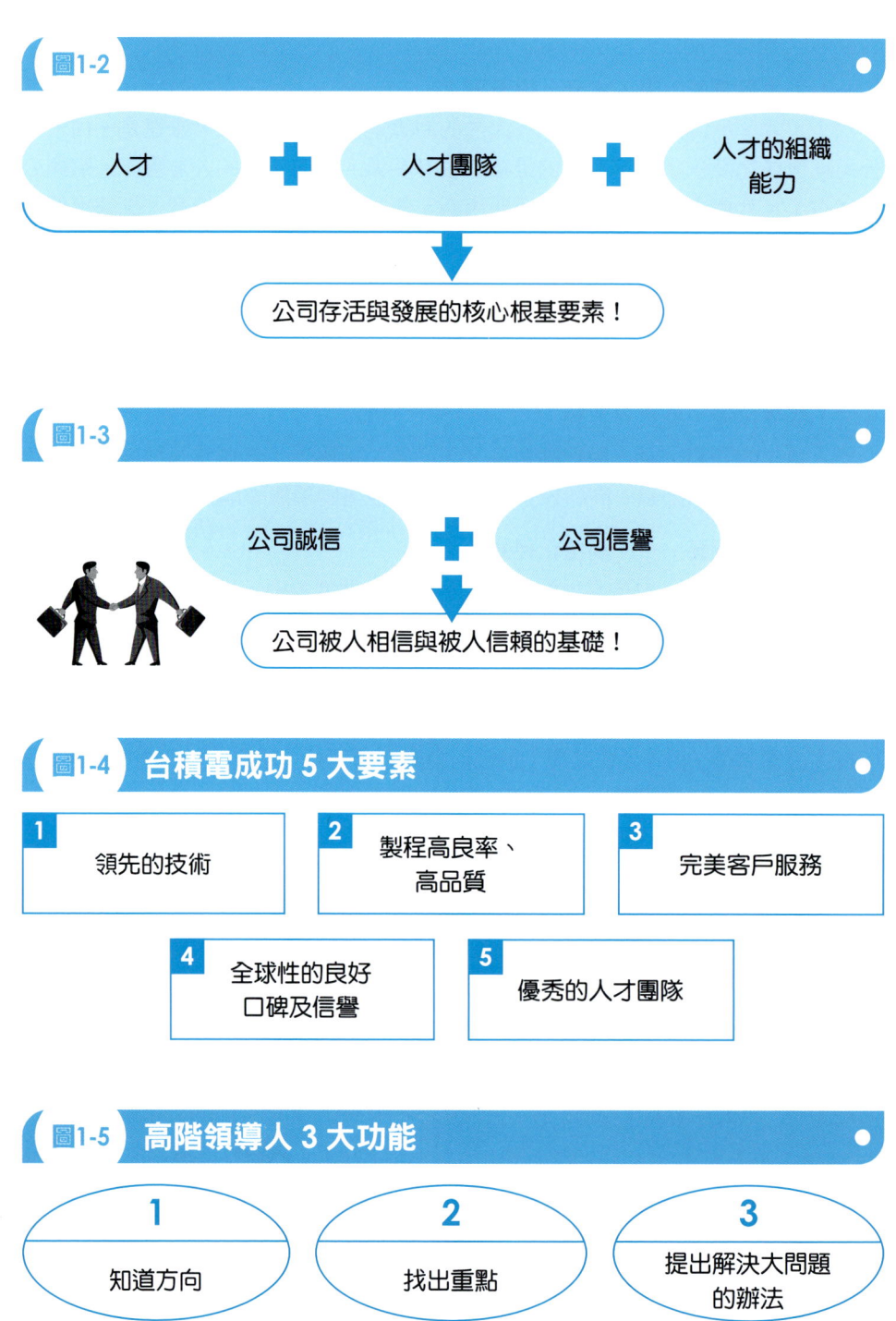

公司誠信 ➕ 公司信譽

⬇

公司被人相信與被人信賴的基礎！

圖1-4　台積電成功5大要素

1. 領先的技術
2. 製程高良率、高品質
3. 完美客戶服務
4. 全球性的良好口碑及信譽
5. 優秀的人才團隊

圖1-5　高階領導人3大功能

1. 知道方向
2. 找出重點
3. 提出解決大問題的辦法

圖1-6 台積電公司 3 大基石

願景 ＋ 企業文化 ＋ 策略

圖1-7

有世界級的企業願景 ➡ 才能邁向世界級的公司

圖1-8

認真、負責、有能力的「董事會」 ➡ 才會有好的「公司治理」！

圖1-9 高階領導人角色

能感測到：危機 ＋ 能洞悉到：良機

圖1-10

核心能力（core competence） ＋ 核心優勢（core competitiveness）
⬇
企業就能站穩競爭利基！

第 1 位　台積電前董事長張忠謀

圖 1-11　持續建立公司五大競爭障礙

技術 ＋ 成本 ＋ 法律（智產權）

服務 ＋ 品牌

圖 1-12

要成為世界級企業 ➡ 必須堅持走一條難走的路！

圖 1-13

每個員工 ＋ 每個主管 ＋ 每個部門

⬇

必須勇於自我檢討、自我改善！

⬇

公司就會保持不斷的進步！

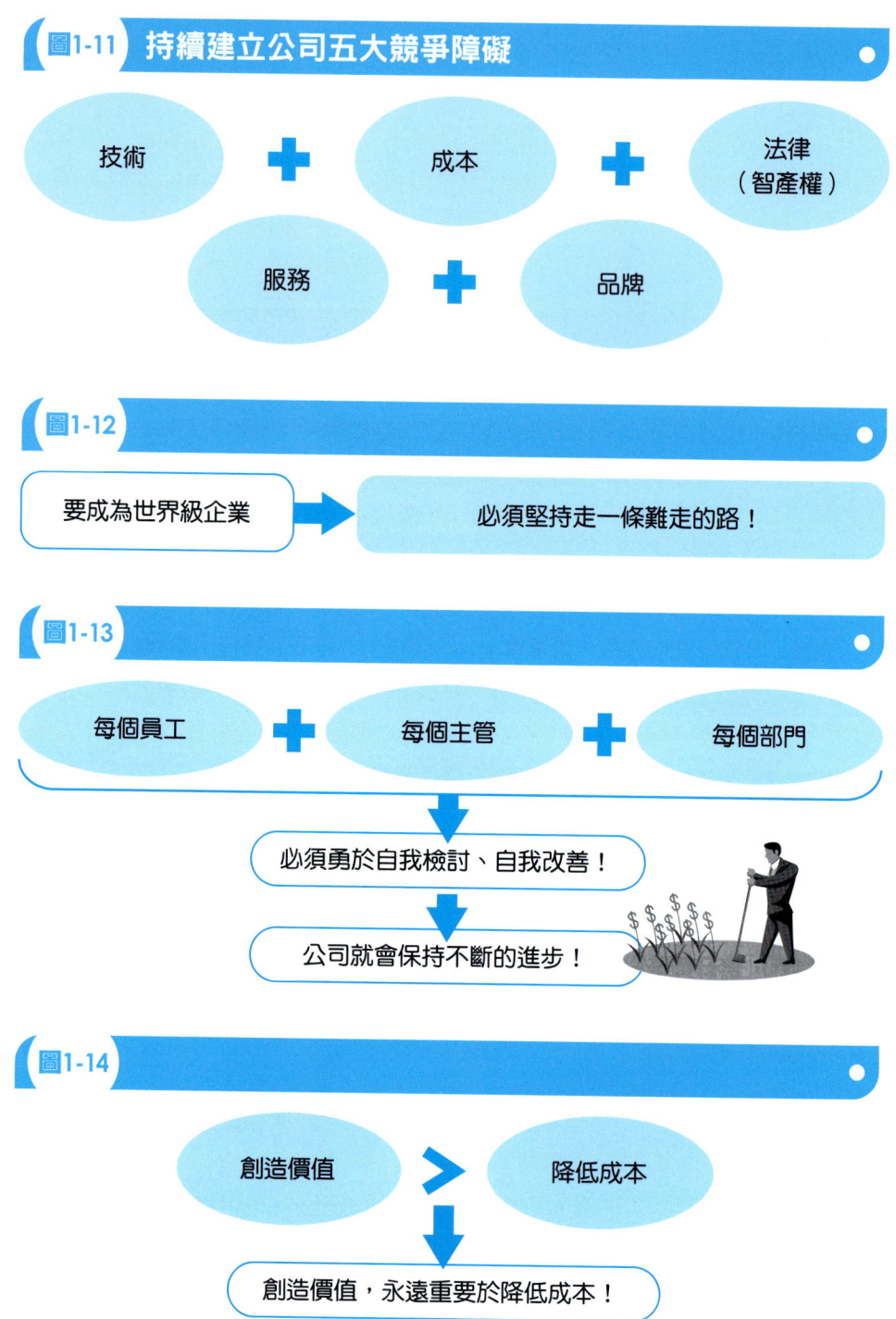

圖 1-14

創造價值 ＞ 降低成本

⬇

創造價值，永遠重要於降低成本！

圖1-15 提高獲利率的正確邏輯思考 4 部曲

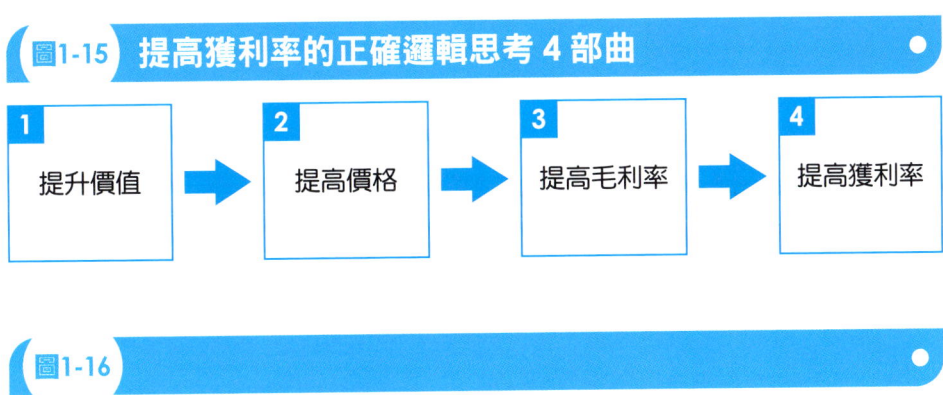

圖1-16

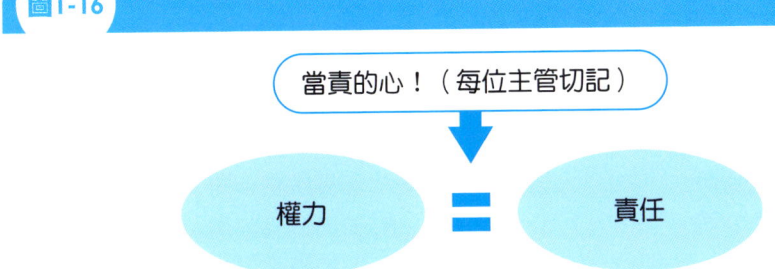

第 2 位　宏碁集團創辦人施振榮

一、公司簡介

- 施振榮為宏碁公司創辦人,目前已交棒給專業經理人,由陳俊聖擔任宏碁集團董事長,現在經營得不錯,已經把宏碁從最危難且虧損的時刻,挽救回來。
- 宏碁公司在 2024 年度,事業營收額為 1,700 億元,事業獲利 63 億元,獲利率 3.6%;另外,宏碁集團合併營收額為 2,750 億元,合併獲利 78 億元,合併獲利率 2.9%。宏碁目前股份為 33 元。
- 宏碁集團在陳俊聖董事長領導及全體員工努力下,目前,旗下子公司就有 10 家公司已經上市櫃,包括:
  1. 宏碁公司(母公司/總公司)
  2. 宏碁資訊公司
  3. 展碁國際公司
  4. 建碁公司
  5. 智聯公司
  6. 宏碁智醫公司
  7. 宏碁遊戲公司
  8. 倚天酷碁公司
  9. 海柏特公司
  10. 安碁資訊公司

二、領導人成功經營心法

1. 人才培育是領導人最重要的責任,也會為企業帶來長期最大的總價值。
2. 雖然人才培育,對企業是無形且隱性的價值投資,但卻十分關鍵,且具更長遠影響力。
3. 企業因為有好的人才,才能為企業未來創新,也才能引領企業在未來繼續創造嶄新價值。
4. 永遠要為人才,搭建更好的舞台。
5. 宏碁集團發展過程中,一直強調:
   (1) 分散式、分權式管理
   (2) 授權給同仁做決策
6. 要超前部署,培養未來的人才。我早在 1992 年就提出「群龍計劃」,目標培育出 100 位總經理當家做主。
7. 宏碁傳統事業的 PC(桌電)及 NB(筆電)毛利率越來越低,宏碁必須更加速轉型,發展新產品、新市場、新事業、新子公司,才會有賺錢新空間。(註:如上所述,宏碁集團目前已有 10 家上市櫃公司,其中,一家為母公司,九家為旗下子公司與小金雞)。

8. 企業要長期經營，就是要做好傳承計劃，不可能第一天就做好。
9. 傳承可能會有變化，並不是那麼容易，但要有計劃、有歷練、有布局、有時間，要看實際狀況，且要有好的傳承對象。
10. 傳承計劃是領導人的責任，而且要讓傳承的人，接好工作。
11. 所謂授權，就是慢慢把事情交出去，而不是一次就交完，這樣就不會出大事。
12. 現代企業經營不只強調獲利，要為大眾股東賺股利，但也要善盡企業社會責任、環保責任、公司治理責任，這才是「卓越」與「王道」企業的典範。
13. 台灣應該以「全球研發製造服務中心」為定位及努力方向。
14. 台灣應持續強化研發創新及運籌服務的全球布局，如此才能提升台灣所能創造的附加價值。
15. 台商製造的產品品質，可靠度、良率、成本等都具備競爭優勢。
16. 台灣下一波產品的研發要具備「使用者為中心」（user-centric design）的設計思維，做好 B2B2C（企業對企業再對消費者）出發，掌握市場的需求，來提高創造的價值。
17. 台商可扮演全球最佳信賴且可靠的夥伴。
18. PC 和 NB 市場空間已飽和，因此，一定要找新的空間，來做新的發展。
19. 沒有一個產業可以原來模式一直百年下去，一定要改變不可。
20. 事業要一直擴張及成長，不能做原來的東西。
21. 沒有競爭力的產品，就要放棄，不能投入而沒有回收。
22. 企業要走另一條路，要用資源去創造更多新的附加價值事業，像宏碁集團培養十家上市櫃子公司老虎隊，就是成功發展多元事業。

三、作者重點詮釋

（一）人才培育與傳承計劃：

　　企業人資部門（HRM），最重要的兩項工作為：全體人才培育、各級接班人才的傳承計劃。公司一定要重視並且推動各部門、各階層的優秀主管幹部及優秀幕僚人才、工程師人才的培育及教育訓練工作推動，讓他們能夠：(1) 不斷提升專業技能 (2) 提升領導能力，然後才能累積出愈來愈好、愈進步、愈有競爭力的組織能力出來。

　　另外，公司也必須做好傳承計劃，此處的傳承計劃是指旗下各子公司董事長及總經理的傳承計劃，以及母公司（總公司）董事長、總經理、各部門副總經理的傳承計劃。如此，集團才能生生不息，代代有優秀人才接班、層層有負責任的主管幹部人才；這樣集團才能永續、長期經營下去。

四、重點圖示

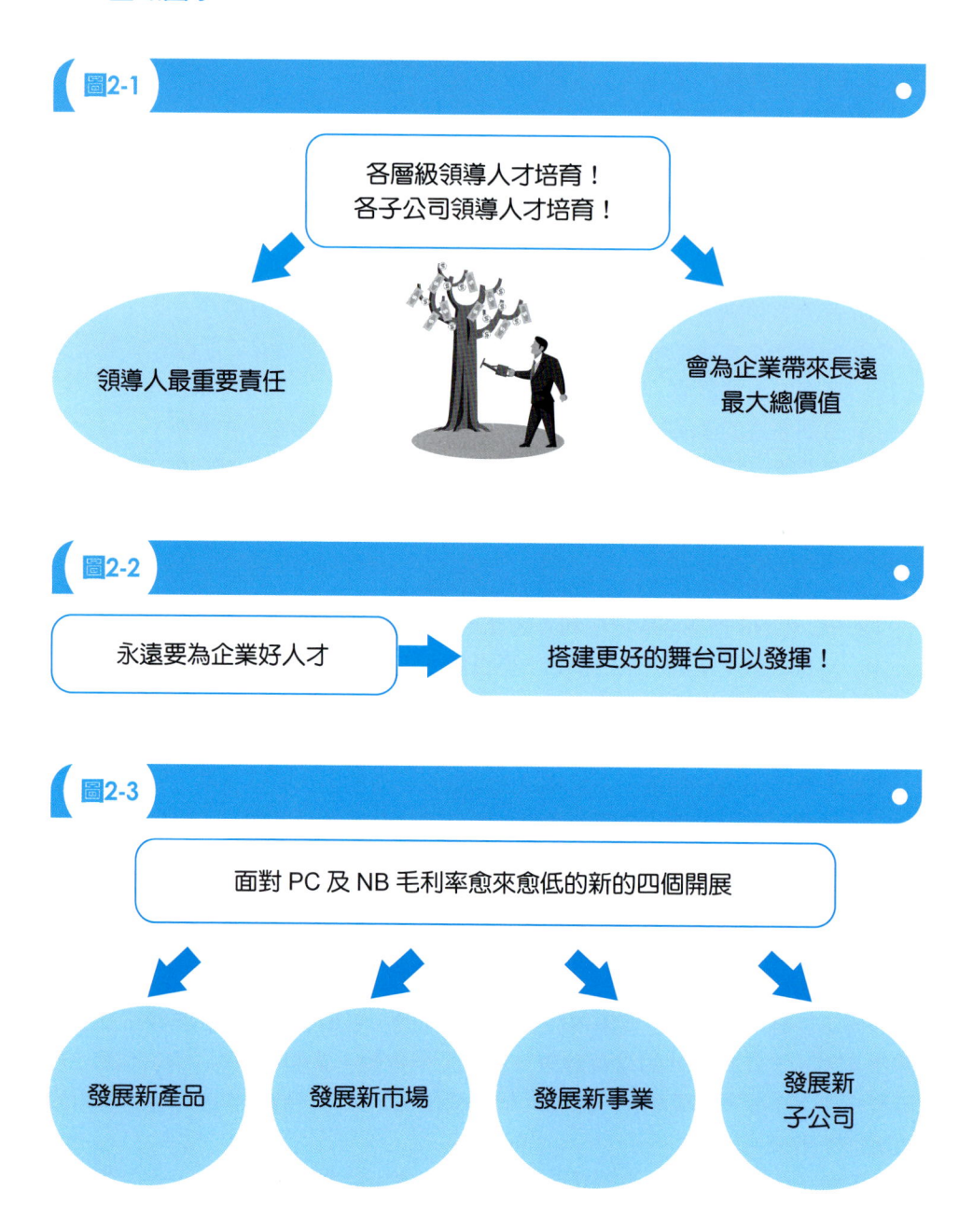

圖2-1

各層級領導人才培育！
各子公司領導人才培育！

→ 領導人最重要責任

→ 會為企業帶來長遠最大總價值

圖2-2

永遠要為企業好人才 ➡ 搭建更好的舞台可以發揮！

圖2-3

面對 PC 及 NB 毛利率愈來愈低的新的四個開展

→ 發展新產品
→ 發展新市場
→ 發展新事業
→ 發展新子公司

圖2-4

圖2-5

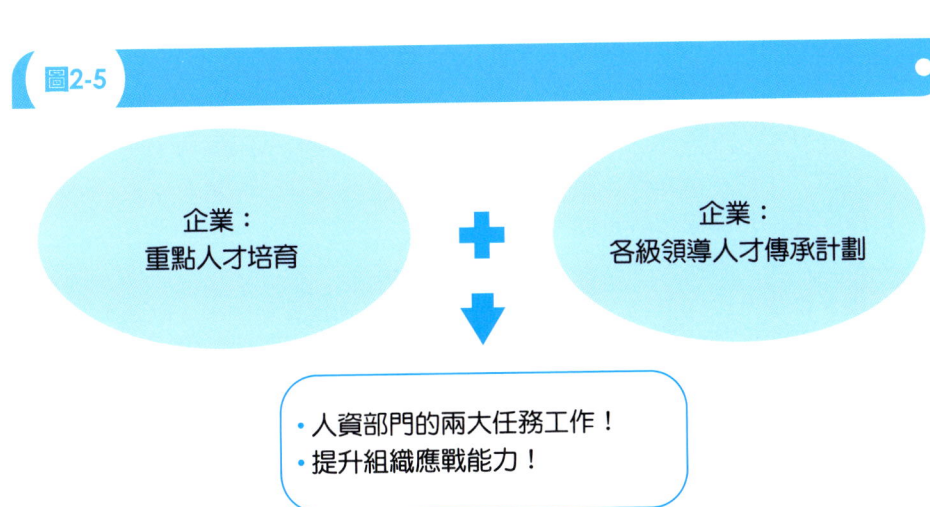

第 3 位　旺宏電子董事長吳敏求

一、公司簡介

- 旺宏電子公司是國內做快閃記憶的大廠，也是吳敏求董事長所創立（創業成功）。
- 旺宏電子在 2022 年的合併營收為 425 億元，毛利率為 44%，稅前淨利額為 89 億元，獲利率為 20%，ROE（股東權益報酬率）為 18%，EPS 為 4.8 元。
- 旺宏電子以研發為核心，一步一步建構世界級記憶體王國，站穩利基型記憶體龍頭地位。

二、領導人成功經營心法

1. 在變局中要掌握先機（洞燭機先）。
2. 要永遠的持續強化競爭優勢。
3. 在穩定中，追求持續成長。
4. 要不斷提升公司價位，並為大眾股東創造更高投資報酬率（ROE）。
5. 順境是失敗的開始，逆境是成功的轉機。
6. 我人緣不好，從不應酬，樹敵也不在乎，我只要客戶買我東西滿意就好。
7. 現在很好，不代表以後就很好。
8. 30 年前，我就超前布局，並堅持下去，造就旺宏核心競爭力。
9. 我堅持一定要創造，不然寧可不做。
10. 要時時刻刻保持對未來發展的高度危機感。
11. 經營事業是永無止境的，隨時都會有新問題，每天都有新挑戰，所以我每天都保持兢兢業業（我每天早上 6 點進公司，73 歲依然對工作保持旺盛熱情及活力）。
12. 我們不能太樂觀，因為國際競爭壓力仍非常大，我們前有三星及英特爾，後有中國大陸。
13. 學習尋求解決問題的方法，經營企業一定會遇到不少困難及問題，都是透過方法獲得突破；方法是人想出來的，一定要學習或養成解決問題的能力。
14. 建立強韌的心理素質也很重要，這樣在經營困難時，才能堅毅走下去。
15. 創新思維必須對公司有貢獻及成為長期影響力的。
16. 我們追求的價值觀是：創新、品質、效率、服務、團隊。
17. 要不斷朝「高附加價值」市場拓展才行。

18. 要為 B2B 客戶加值應用實力，才會深受客戶肯定及信賴。
19. 要保持對產品不斷精進／升級的堅持。
20. 要保持長期投入創新研發，擁有全球性最多專利與智產權。

三、作者重點詮釋

（一）掌握先機，洞燭機先：

企業面對外在大環境、經濟、產業、客戶、競爭、變局中，必須要有能力洞燭機先，與掌握先機，才會有更大的營收及獲利成長。

（二）創造更高公司價值及更高 ROE：

企業上市櫃取用來自大眾股東的錢，就必須有責任為大眾股東創造 3 高：
1. 高股利　2. 高企業市值（高股價）　3. 高 ROE。

（三）現在很好，不代表以後就很好；要常保持危機意識：

企業經營成功，固然值得高興，但不要忘了：現在很好，不代表以後就很好。因此，企業要牢記：「永保危機意識」；永遠要「居安思危」。

（四）超前布局、看向未來、永遠為未來做準備：

企業要永續／長期經營，永遠必須：
1. 超前布局　2. 看向未來　3. 永遠為未來做準備。

（五）全員培養出解決問題的能力：

企業經營一定會遇到各種問題，包括：產品、技術、製程、品質、研發、採購、資金、設備、物流、市場、行銷、競爭對手、經濟景氣、產業趨勢變化、跨業競爭、通膨、升息、通縮、出口衰退、人才不足、美國川普總統全球高關稅衝擊全球經濟衰退等諸多問題，所以，各級幹部及全體員工，必須培養出面對各種經營困境或問題時，要有快速的、團隊的、有能力的解決問題的執行力才行。

（六）保持對產品的不斷精進、改良、升級、加值、改版：

企業的「產品力」，永遠是最核心的根基，所以一定要做好「產品力」，也就是要不斷的為產品力：

1. 精進
2. 改良、改善
3. 升級
4. 加值（增加附加價值）
5. 改版（設計強化）

唯有如此，才能大力持續提升「產品力」。

四、重點圖示

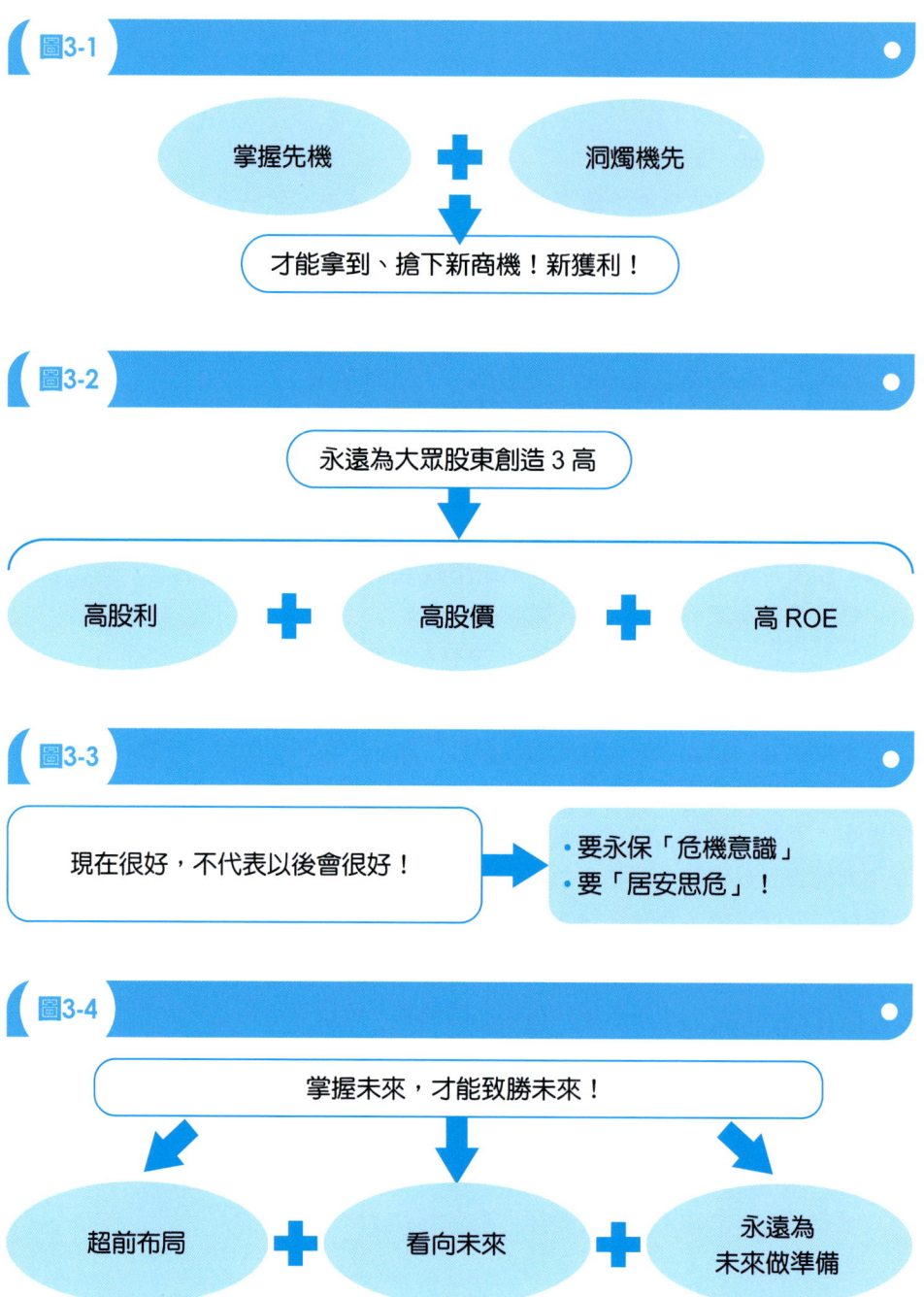

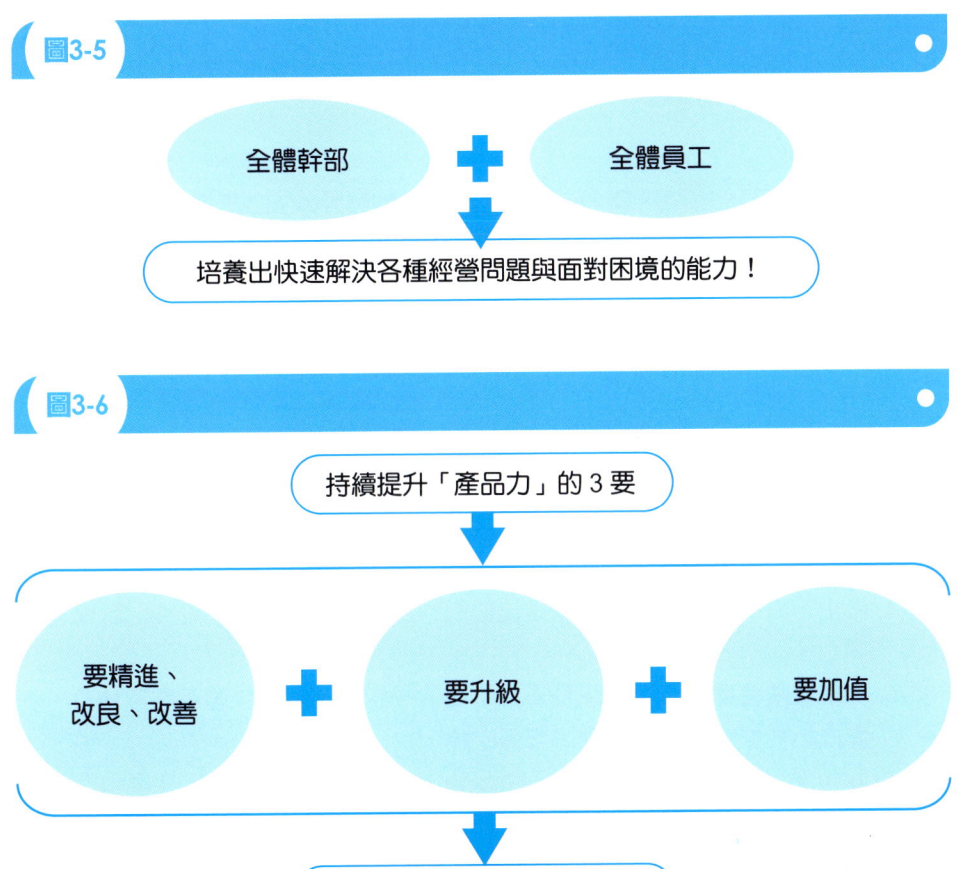

第 4 位　緯創公司董事長林憲銘

一、公司簡介

- 緯創集團旗下有：緯穎科技、啟碁科技及緯創軟體等公司，主要做：AI 伺服器、儲存設備、網路系統、通訊產品、軟體開發、ICT 產品與服務系統。
- 該公司在 2024 年合併營收額達 9,800 億元，合併獲利額 247 億元，獲利率高達 24%，EPS 為 4 元，股價為 60 元。

二、領導人成功經營心法

1. 集團事業發展，要多元領域布局，每一個點都存在機會，布局不能單一，因為會有風險。
2. 一定要成為該行業前兩名，否則就會面臨高風險。
3. 企業經營要讀懂市場及 B2B 客戶的壓力。
4. 做出「取」跟「捨」，就是做出致命性改變，緯創集團正在做「致命性改變」。
5. 緯創集團會重視資源分配及產業排名，一定要前兩名；若不在前段班，就會成為被獵食者，會被別人整個吃掉。
6. 做企業、做生意，要有取捨（trade off）、抉擇、選擇；當優勢消失，就要退出該產品行業及該戰局。
7. 公司好的時候，大家會覺得我董事長是烏鴉嘴，但好的時候，花無百日好；公司不好的時候，我則變成啦啦隊，鼓勵大家。
8. 機會跟負擔，是同步發生的，決策時要去平衡，不希望公司暴起暴落。
9. 企業要培養出能堅持到底的「韌性」，沒有韌性的企業，很難走下去。
10. B2B 大客戶給的壓力可以不加思考去做，但也可以思考背後的含意，分析利弊，任何案子沒有只有優點沒有缺點；機會很大的案子，動用資源就大，必須評估若跌倒，可否負擔得起。
11. 緯創集團未來 4 大營運方針：
    (1) 提升跨入新市場的速度及規模
    (2) 持續供應鏈的全球化
    (3) 將創新融入文化
    (4) 做好 ESG 永續開發策略

三、作者重點詮釋

（一）做好重大決策取捨，選擇、抉擇：

企業經營中，一定會碰到對重大政策、重大方向、重大策略的取捨，選擇及抉擇的思考、討論、分析及決策。高階主管一定要對重大的事，真正做好取捨及抉擇，才會使公司能走在正確方向及正確道路上，而不會身陷困境中。切記！切記！

（二）培養企業的「韌性」：

企業面對外部環境的挑戰，變化及競爭壓力，一定要有高度及堅定的「韌性」，做好應變，加速調整、抵抗／頂住壓力，勇敢面對經濟景氣衰退，展現企業可以繼續存活下去、戰鬥下去的強大「韌性」。

（三）落實執行 ESG 永續經營：

自 2020 年以來，全球上市櫃及中大型企業，全部都被要求要做好 ESG，邁向永續經營。也就是未來卓越企業的定義，不只是要做好或努力經營、營收成長經營而已，而且同時必須做好下列新增的三項大事：

1. 環境保護（E）；淨零碳排、節能減碳、減塑、減廢。
2. 社會關懷（S）；救助弱勢，關心社會、回饋社會。
3. 公司治理（G）；公正、透明、正派、無私、公開的公司營運。

四、重點圖示

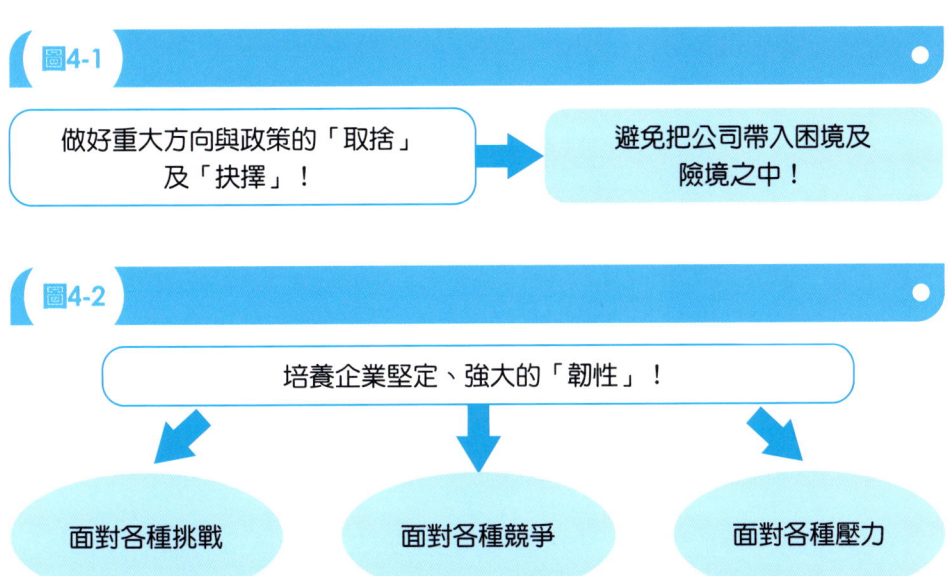

第 4 位　緯創公司董事長林憲銘

圖4-3

落實做好 ESG！ → 邁向永續地球、永續環境、永續經營！

圖4-4

一定要進入該行業的前兩名內！ →
- 才能長期存活下去
- 才不會有風險發生！

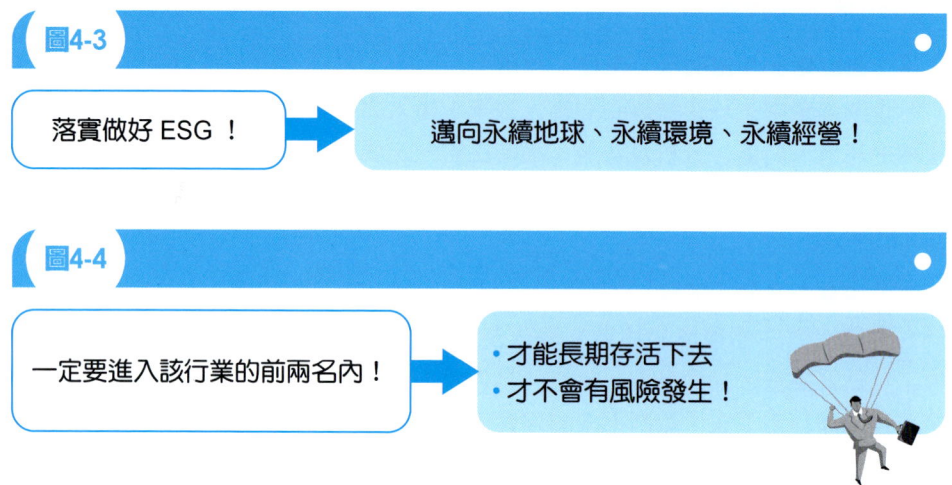

第 5 位 台積電董事長魏哲家

一、公司簡介

- 台積電公司為全球最大、最領先的先進晶片研發及製造廠,在台灣享有護國神山的美譽。
- 台積電在 2024 年度營收額高達 2.5 兆元台幣,毛利率高達 55%,年獲利額達 1 兆元,獲利率高達 45% 以上,是全台獲利額最高的第一名公司。
- 台積電在 3 奈米、2 奈米、1.4 奈米的先進製程晶片,都大幅保持領先韓國三星及美國英特爾競爭對手。
- 台積電近幾年獲美國及日本政府邀請,分赴美國亞歷桑那州及日本熊本縣設廠及歐洲德國設廠。台灣則在竹科、中科、南科及高雄均設有工廠;全球台積電員工達 7 萬多人。另外,中國南京也設有工廠。
- 台積電主要是 B2B 大客戶包括:美國的 Apple 蘋果公司 iPhone 手機,美國 Nvidia 輝達公司……等均是台積電主力客戶。

二、領導人成功經營心法

1. 台積電已成為世界的半導體主力供應商,未來的台積電持續在努力保持世界第一名公司。目前,B2B 客戶的信任度(trust),比 3 年前更增加。不管是技術、製造、服務,都得到客戶的「信賴」。
2. 我個人相信,台灣半導體在地緣政治緊張中,會有穩定的作用。
3. 台積電優質的 1 萬人工程師團隊及人才資產,是我們保持先進領先的最核心關鍵。
4. 先進技術領先、製程高良率、客戶服務好及客戶信賴度很高,是我們成功 4 項關鍵。
5. 企業的成長性,不只是單靠產業成長,而是靠著技術的永遠領先,也會使得未來業務增加,這機會一定要抓住。
6. 台積電未來如何在 10 ~ 20 年內,維持全球第 1 名領先地位,這就跟「人才」有密切關係。
7. 台積電現在及未來要做的五件事,是:
   (1) 持續技術領先
   (2) 擴大製造領先
   (3) 海外布局領先(美國、日本、德國、中國)
   (4) 讓客戶信賴更穩定

(5) 提高公司基本價值
8. 3奈米以下晶片，包括最先進2奈米及1.4奈米，都會先1～2年內根留台灣，在國內生產；然後再延伸到美國廠去生產。
9. 生成式AI（人工智慧）已為台積電帶來明顯營收挹注，未來發展前景，是令人振奮的。
10. 台積電對美國廠的員工管理能力仍不足，正在學習管理世界的人才。
11. 台積電在全球布局後，也會根據不同區域做出不同定價，例如：美國製晶片將比台灣製晶片更貴一些。
12. 2023年底，已看見B2B客戶庫存降低，市場需求回升，準備迎接2024年的成長，持續為股東創造更多股利及最大價值。
13. 台積電仍在穩定的道路上，持續快速成長。
14. 台積電每年每股配息（股利）約12元，隨著未來業績成長及資本支出增加，未來股息增加可期。
15. 台積電近幾年資本支出增加很多，主要是看到未來3～5年的成長機會而做準備的。
16. 台積電作為淨零碳排標竿，仍要持續擴大努力。
17. 台積電堅持每年營收額的8%，做為每年研發（R&D）的支出費用，以使技術保持領先。

三、作者重點詮釋

（一）得到客戶「信賴」：

不管是做B2B或B2C事業，得到客戶很大程度及長期的「信賴」（trust），是非常重要的一件大事。一旦客戶能信賴你的公司、你的產品、你的品牌、你的服務，那公司的B2B訂單生意就可以源源不斷接下來，或是B2C顧客就會經常性回購我們家的產品。

（二）人才，是公司最寶貴資產；也是10～20年長期發展的決定關鍵：

台積電為什麼可以在5奈米／3奈米／2奈米／1.4奈米的先進製程晶片半導體領先韓國三星集團及美國英特爾公司，說穿了，最根本及最核心的一個因素，就是台積電的高級工程師及研發人才團隊實力堅強，並且領先三星及英特爾。台積電擁有好幾千名、上萬名來自台大、清大、交大、成大及美國知名大學哈佛、麻省、加州理工、史丹佛等的理工科碩士、博士的優秀工程師人才，加上他們可以不眠不休投入技術研發工作的態度及精神，這是美國人、韓國人做不到的。

拿開這些優秀工程師人才團隊，台積電就不會是全球第一名半導體晶片公司。

（三）持續技術領先：

對高科技公司或產業而言，能夠擁有持續第 1 名技術領先，是保持領導地位的最重要點。但，一般消費品業、日用品業、餐飲業、零售業、服務業、旅遊業等，他們的技術就比較普遍，大家都可以做得到，比的可能就不是技術，而是行銷、品牌、定價、服務、宣傳。

（四）全球布局、海外布局：

對銷售市場在國外、在全球，而非國內內需市場的公司而言，他們的「全球布局」、「海外布局」規劃及執行能力，就非常重要。尤其，現在流行「短鏈」，也就是必須靠近 B2B 大客戶當地市場設立製造據點；以及「去中化」、「中美脫鉤對抗」、「移轉供應鏈到東南亞、到印度、到墨西哥及美國本土」等，都使得台灣電子業、零組件業、半導體業、資通訊業、製鞋業……等，更必須做好產銷據點的全方位全球布局及海外布局發展。

（五）全球終端市場需求性與經濟景氣：

對外銷／出口行業或公司而言，他們的業績，主要取決於海外 B2B 大客戶的外銷訂單，而訂單又取決於國外終端市場的需求性狀況與經濟景氣狀況如何了。2022 年下半年～2023 年上半年，台灣出口業績，連續 10 個月呈現衰退及負成長狀況，就是指：美國市場、中國市場、歐洲市場，這 3 大市場市場需求不振、庫存過多消化慢、經濟景氣不佳、通膨、升息、俄烏戰爭等因素所導致。這些變化，都大大影響企業的營運好壞及獲利好壞。

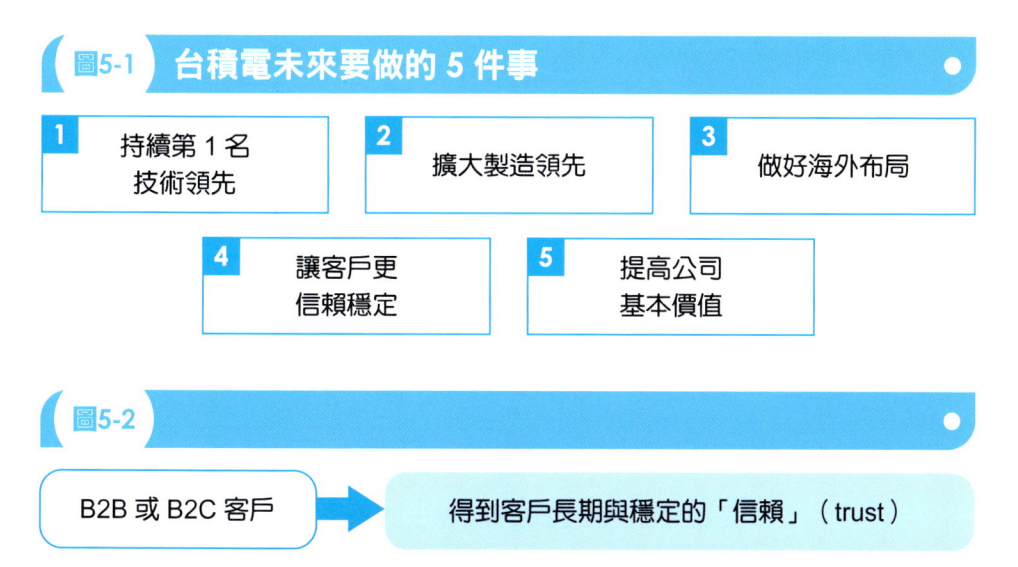

四、重點圖示

圖5-1　台積電未來要做的 5 件事

1. 持續第 1 名技術領先
2. 擴大製造領先
3. 做好海外布局
4. 讓客戶更信賴穩定
5. 提高公司基本價值

圖5-2

B2B 或 B2C 客戶 → 得到客戶長期與穩定的「信賴」（trust）

第 5 位　台積電董事長魏哲家

圖 5-3

人才與組織能力

公司最寶貴的資產　＋　公司未來 10～20 年長期成功的最核心關鍵！

圖 5-4

對高科技公司而言：→「持續第 1 名技術領先」，才可以獲得海外大客戶的訂單業績！

圖 5-5

做好：全球布局、海外布局

中國製造　＋　東南亞製造　＋　印度製造　＋　台灣製造　＋
墨西哥製造　＋　美國製造　＋　歐洲製造

圖 5-6

全球終端市場需求狀況好不好　＋　全球經濟景氣好不好　＋　川普經濟全球關稅戰

影響台灣外銷出口業者訂單生意好不好！

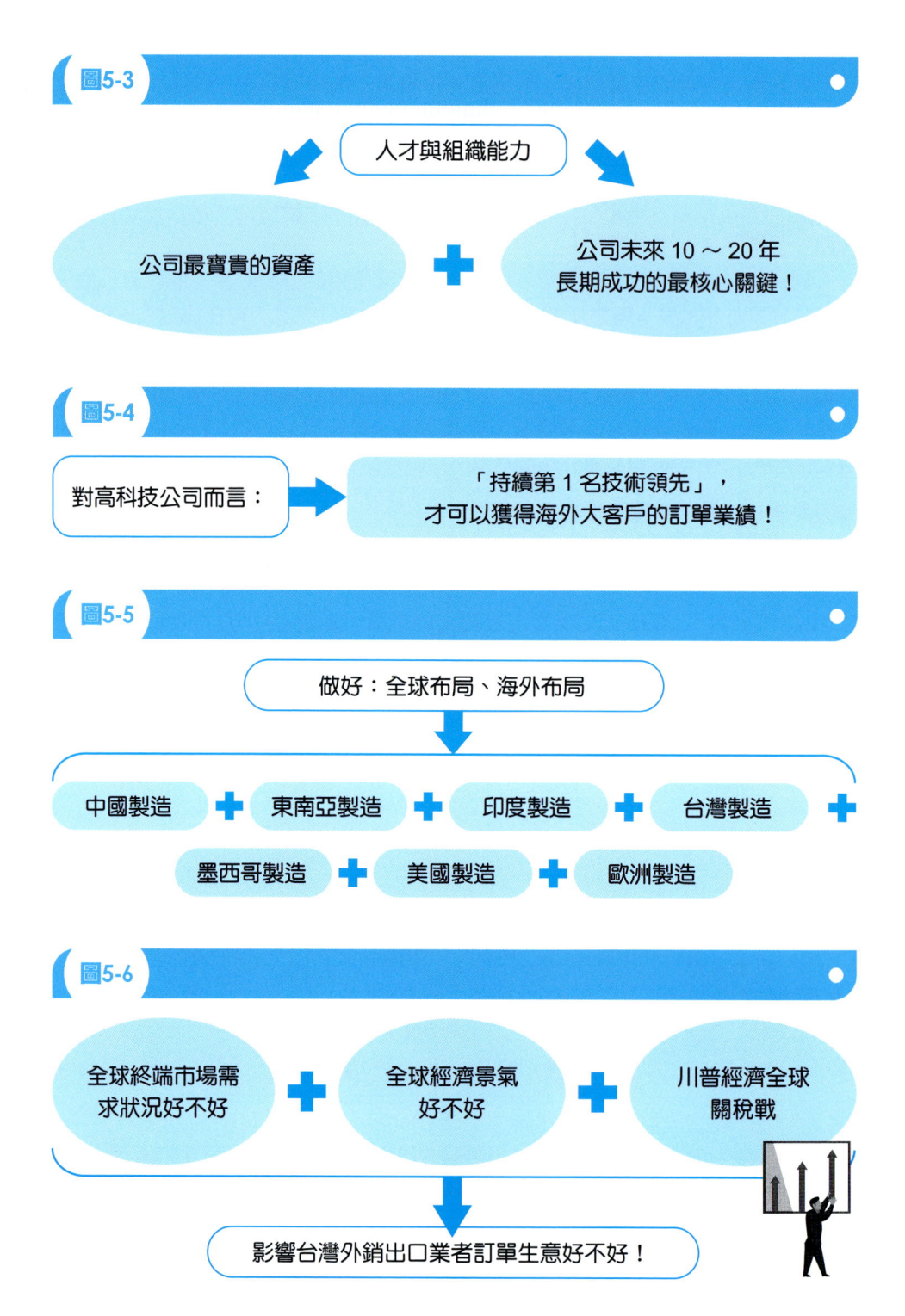

第 6 位　和碩集團董事長童子賢

一、公司簡介

- 和碩公司的主力產品線有：智慧手機類、筆電類及消費性電子產品等 3 大產品線。
- 和碩公司在 2024 年合併營收額高達 1.31 兆元台幣，合併稅後淨利達 151 億元，獲利率 1.6%；ROE 為 10.4%；EPS 為 5.6 元；目前股價為 78 元。
- 和碩與鴻海（中國富士康）是台灣代工美國 Apple 公司 iPhone 手機的 2 大代工天王。

二、領導人成功經營心法

1. 台灣在中美兩大國衝撞中，扮演微妙角色，地球不再是平的，而是到處彎彎曲曲，布滿荊棘。
2. 未來我們經營八字訣是：「全球布局，分散風險」。
3. 非中國產能占比，將拉高到占 15%。
4. 全球布局將在越南、印度、墨西哥設廠，在墨西哥設廠是因為有北美貿易協定的關稅優惠，以及接近美國客戶市場。而在越南及印度設廠，則是要「去中化，避風險」。
5. 未來將走向「中國＋1」及「台灣＋1」的格局；即是：「台灣＋越南」、「台灣＋印度」、「台灣＋泰國」、「台灣＋印尼」、「台灣＋墨西哥」。
6. 海外客戶需要怎麼樣的服務我們就在那個區域提供這些服務。
7. 「全球化、區域化管理」已成為我們的新課題；包括：供應鏈、幹部派遣、勞工取得、勞工管理等都是。
8. 未來，在產品組合上我們將更朝「產品多樣化」方向努力拓展，朝向：
   (1) 產品多樣化
   (2) 市場多樣化
   (3) 客戶多樣化
   (4) 營收及獲利多樣化
   (5) 地域多樣化

   若能成功做好這「五化」，和碩就能再繼續迎接更成長的未來 20 年。

三、作者重點詮釋

（一）全球布局，分散風險：

國內很多 OEM 代工外銷工廠，近幾年來，隨著「去中化」、「短鏈化」、「接

第 6 位　和碩集團董事長童子賢

近市場化」、「降低成本化」等發展狀況，紛紛朝向全球布局區域化及分散風險化發展。過去，台商大多集中在中國生產，但如今，已分散到東南亞的越南、泰國、印尼及印度，以及中美洲的墨西哥等國去設廠。

（二）「中國＋1」、「台灣＋1」及「美國設廠」：

由於中美兩大國的競爭及對抗，使得台商及外商大量移出中國工廠，喊出「中國＋1」的去中國化及降低風險。而台商也是一樣，喊出「台灣＋1」，現在台商最熱門設廠之處即在：越南、印尼、泰國、印度及墨西哥。在川普總統全球關稅戰之下，很多台商／外商均被迫到美國設廠。

（三）台商拓展海外市場，全方位朝向多樣化策略，尋求維持成長：

台商經過一、二十年海外市場拓展，多數已面臨未來成長不易的困境，因此，大多朝向「多樣化策略」拓展；包括：產品、市場、客戶、地域、營收／獲利來源，均要努力多樣化才行，此稱「五化策略」。

（四）客戶在哪裡，我們就到哪裡；客戶需求怎樣，我們就滿足需求，全都以客戶（B2B）至上：

現在，全台商做全球 B2B 大客戶的生意原則，只有兩個根本原則：
1. 海外客戶在哪裡我們就到哪裡。（工廠要靠近 B2B 客戶的國家市場）
2. 海外客戶需求什麼我們要快速滿足他們的需求與要求；包括：產品、技術、品質、服務、成本、報價、物流。

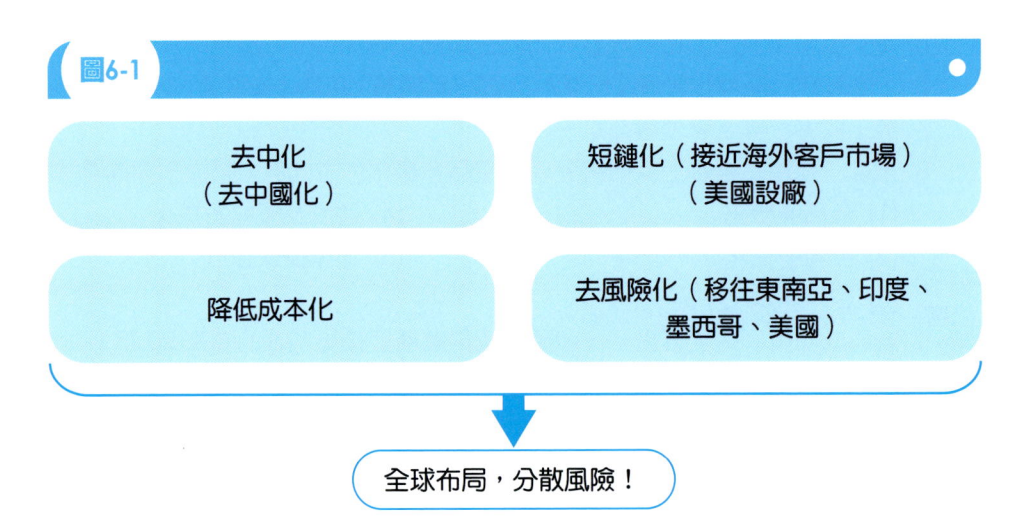

四、重點圖示

圖6-1

- 去中化（去中國化）
- 短鏈化（接近海外客戶市場）（美國設廠）
- 降低成本化
- 去風險化（移往東南亞、印度、墨西哥、美國）

↓

全球布局，分散風險！

圖6-2

「中國＋1」 ＋ 「台灣＋1」 ＋ 「美國設廠」

↓

代工工廠快速轉移到：越南、泰國、印尼、印度、墨西哥、美國去！

圖6-3　台商尋求未來業績再成長的多樣化策略！

1. 產品多樣化
2. 市場多樣化
3. 客戶多樣化
4. 地域多樣化
5. 營收／利潤多樣化

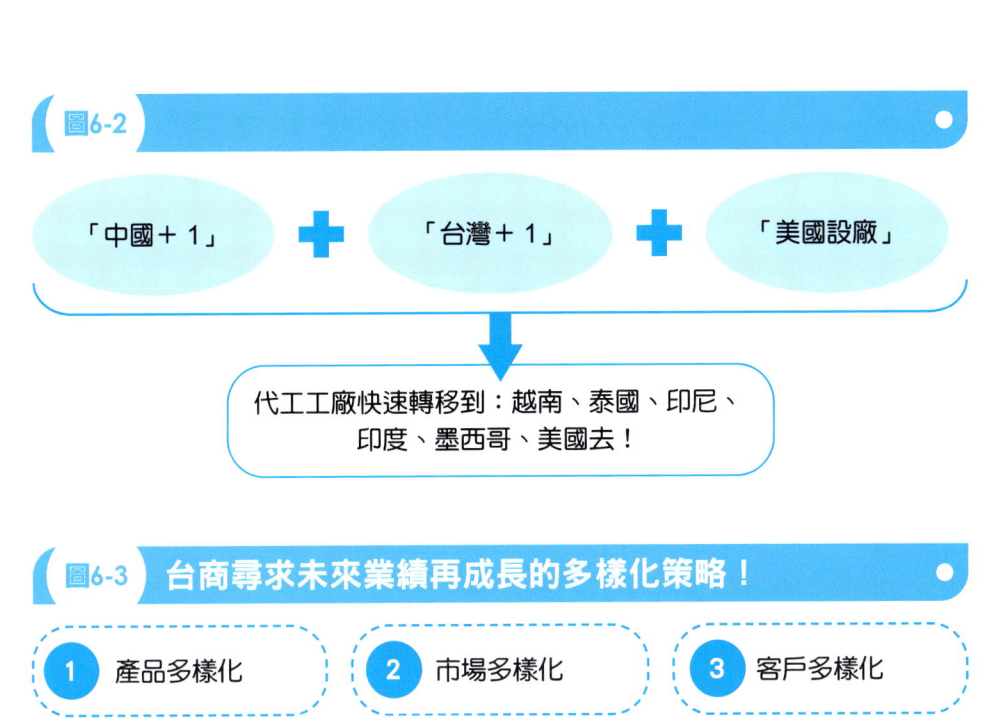

圖6-4

台商與海外 B2B 大客戶做生意的兩大原則

- OEM 代工工廠：客戶在哪裡，我們就到哪裡！
- ＋
- 客戶需求、要求些什麼，我們就快速滿足他們。（產品、技術、品質、服務、成本、價格、物流）

第 7 位　金仁寶集團董事長許勝雄

一、公司簡介

- 金仁寶集團成立已經 50 週年，該集團旗下有 8 家上市櫃公司，主力公司有：金寶、仁寶、康舒三家公司。
- 金仁寶集團在 2019 年疫情前的集團合併營收高達 500 億美元（約 1.5 兆台幣），但到 2024 年則降到 430 億美元（約 1.3 兆台幣）。
- 金仁寶集團在全球 10 大據點，計有 68 家工廠及 14 萬名員工之多。
- 金寶公司為東南亞最大電子製造代工廠；仁寶則為筆電／伺服器代工廠。
- 金仁寶集團董事長為許勝雄。

二、領導人成功經營心法

1. 未來集團將努力衝回 500 億美元的營收規模。
2. 將從過去追求高營收，轉為追求高毛利、高獲利、高 EPS、高 ROE 方向走去。
3. 集團在 2020～2022 年疫情期間及 2023 年全球景氣需求不振，確實受到很多挑戰及考驗。
4. 全球筆電市場已進入成熟飽和期，還有微幅衰退，接下來要轉型朝向較高利潤產品源開拓。
5. 集團未來積極發展的 3 大事業領域：
   (1) 綠能、儲能、蓄電　(2) 智慧家電、智慧通訊　(3) 精準醫療。
6. 集團經過 50 年歲月，未來下一個 50 年，更不能懈怠。
7. 必須用心檢視及改變相對過時的運作模式。
8. 要從改變內心為出發點，帶動：組織、產品、營運績效、產業競爭力各方面向，做好調整及優化。
9. 經營者要專注經營體質而不是股價波動；若太關注股價變化，將會扭曲短／中／長期的策略方向。
10. 絕不能因為外在環境變化不定，而躊躇不前，反而應該提前布局。
11. 在「去中國化」趨勢下，東南亞、印度、墨西哥及美國設廠擴展的腳步，要超前些，只要判定成功機率高，就要做下去。
12. 隨時要超前布局未來，每一年都有新挑戰。
13. 要持續投入研發，推出更多高附加價值產品出來。

14. 2022～2024年面對景氣「外冷內溫」，出口外銷業者將面臨重大考驗。
15. 企業面對壓力，仍要努力：「開源」＋「節流」。
16. 在製造、採購、品質等環節上，仍有很大改善與革新的空間。
17. 全球設廠在哪裡，要看海外大客戶的需求及要求而定。
18. 我們集團的經營理念，就是堅守「誠信的方針」。我們拜託海外客戶，都是在告訴他們，我們的「創新能力」及「研發能力」在那裡。
19. 中國大陸現在已成為競爭對手，推出他們自己更多的產品，所以，我們必須透過多角化布局，搶進各個領域。
20. 集團在很多國家設立工廠，未來如何更有效率的管理及經營好這些全球化工廠，也是一門要精進的課題。

三、作者重點詮釋

（一）不再追求太高營收，轉追求高毛利、高獲利、高 EPS、高 ROE：

當企業合併營收超過 1 兆元以上，就已經很高了，此刻不宜也不易再追求更高營收了；反而，應該追求另一個 4 高：高毛利、高獲利、高 EPS、高 ROE 才對；如此，對大眾股東更為有利、更受歡迎、更受肯定。

（二）未來下一個 50 年，更不能懈怠：

金仁寶集團走過 50 年，打下年營收超過 1.3 兆元台幣，未來下一個 50 年，它期許更不能鬆懈及懈怠，更必須居安思危、充滿危機感，始終戰戰兢兢再創更輝煌、更卓越的下一個 50 年

（三）隨時要超前布局未來，每一年都有新挑戰：

企業經營，不僅要顧好今年，做好現在，更要隨時超前布局未來，因應每一年都有的經營新挑戰。

（四）投入研發，推出更多高附加價值產品：

企業要轉向高值化經營，要提高更高毛利率及價格，就必須隨時投入研發，推出更多高附加價值產品，取代低附加價值產品。把產品升級、加職或轉向更高價值的品類／品項。

（五）積極推動新興事業領域，以保證企業持續成長：

企業在既有事業做久了，就不會保證未來能有所成長，甚至可能衰退，因此，必須思考及推動在新興事業領域的開拓，才能保持再成長需求。

第7位　金仁寶集團董事長許勝雄

（六）「誠信」做事業，是永遠的根本：

任何大企業或中小企業也好，永遠要記住：「誠信」做事業，是企業永遠的根本，一點都不能動搖或虛假。

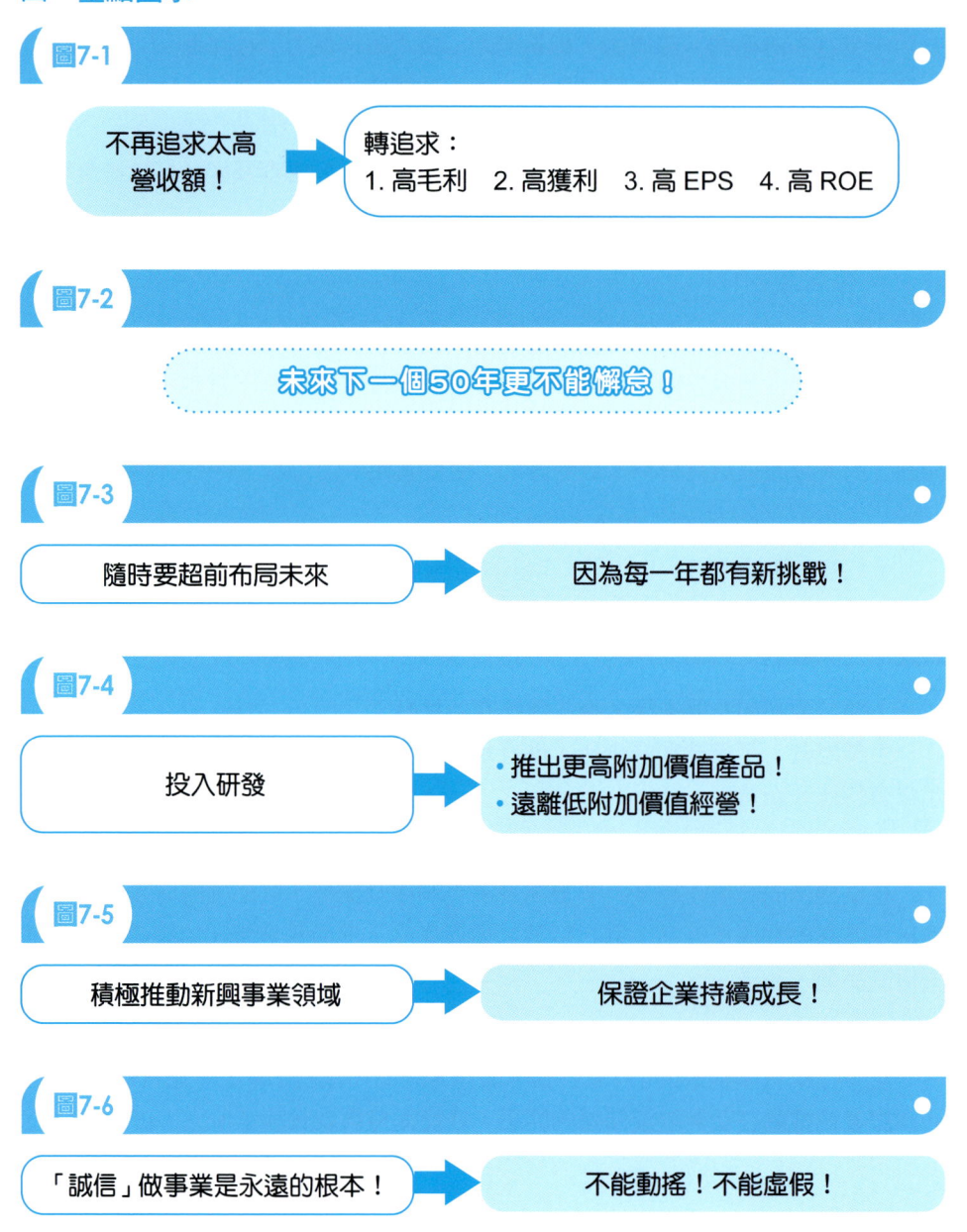

四、重點圖示

圖7-1

不再追求太高營收額！ → 轉追求：
1. 高毛利　2. 高獲利　3. 高EPS　4. 高ROE

圖7-2

未來下一個50年更不能懈怠！

圖7-3

隨時要超前布局未來 → 因為每一年都有新挑戰！

圖7-4

投入研發 →
- 推出更高附加價值產品！
- 遠離低附加價值經營！

圖7-5

積極推動新興事業領域 → 保證企業持續成長！

圖7-6

「誠信」做事業是永遠的根本！ → 不能動搖！不能虛假！

第 8 位　台達電子公司董事長鄭平

一、公司簡介

- 台達電公司原本是全球電源供應器龍頭老大,現已逐步轉向電動車、充電樁、儲能、工業自動化領域前進,成為驅動該公司成長新引擎。
- 台達電在 2024 年合併營收額達 3,800 億元,毛利率 29%,營業淨利額達 414 億元,淨利率 10%,EPS 為 13 元,ROE 為 19%,目前股價為 350 元,企業總市值上衝到 7,000 億元,排名在全台前十大之內。
- 台達電全球員工有 8 萬人之多,工廠遍及中國、美國、印度、泰國及東歐等多地。
- 台達電至今已有 52 年歷史,海外工廠包括:中國、美國、泰國、印度、東歐、台灣等。
- 台達電在 2023 年 6 月 19 日的股價上漲到 385 元,該公司市值正式突破 1 兆元,僅次於台積電的 15 兆元、鴻海 1.1 兆、聯發科 1.1 兆元,位居全台第 4 大企業市值公司。未來,很有可能繼續超越鴻海及聯發科,位居第二大企業市值公司。

二、領導人成功智慧金句

1. 我們對事業經理人的 KPI,不是看短期數字,而是要看長遠;我們的策略目標,都是等到五年、十年後,再來看達成率。
2. 在 2022～2024 年面臨外部大環境挑戰,台達電仍穩定向前行,並駛向一條新成長航道。
3. 台達電正在發展五大新領域,未來市場成長空間很大;我們將持續投入技術投資,抓住產業快速成長機會。
4. 我們如何落實成長動能?有 3 部曲
   (1) 內部不斷有對新技術、新市場的深入分析。
   (2) 找到自己缺的、不足的地方。
   (3) 通過併購方式,快速成長,並與內部既有事業群做整合,創造出新業績。
5. 我們成立一個 NBD（New Business Development）事業發展辦公室,學習產業上新技術及新市場趨勢,摸索未來方向要往哪邊走,是一個學習投資,此單位很重要。

6. 我們的價值及經驗告訴我們，還是從自己懂的領域往前進行比較穩妥。
7. 永遠要替客戶創造更高附加價值出來。
8. 我們企業的新口號是：「創新不止，美好不息」。
9. 要提前思考：未來十年、二十年，將何去何從？這是要積極解決的問題。
10. 永續環保及節能減碳，已是當前企業轉型的重要目標。
11. 台達電過去是硬體設備製造商，未來將調整為軟體＋硬體整合；目前，公司有三大塊事業領域及八大事業體。
12. 一旦決定目標，就要堅持到底，度過風風雨雨及挑戰。
13. 2009 年，公司營收出現衰退，必須轉型，否則將跟著市場一起萎縮，最終消失。
14. 我們 ROE 目標是 20% 起跳。
15. 迎向下一個 50 年的成長高峰。
16. 今年（2023 年）不是科技業寒冬，許多領域正百花爭鳴。
17. 我們與台大、北科大、成大皆成立聯合研發中心，每年投入 1 億元經費，做產學合作及培育校園優秀人才。
18. 我們做策略是做十年的；總部會提出十年策略規則，每個事業群總經理也要提出十年策略規則。如此，事業群總經理就會花更多時間做前期準備，包括投資新事業發展、併購、研究市場趨勢變化。
19. 因為有做十年策略規劃，才知道十年後什麼樣的產業會很好。
20. 我們用既有事業的營收及獲利，來培養新事業。
21. 我們做 ESG，是跟生意掛在一起的，做 ESG 也是在培養我們的核心競爭力。
22. 未來的製造生產線，一定要盡量自動化、AI 智慧化，過去用大量人力的製造模式是走不下去的。
23. 台達電公司在 2022～2023 年不受全球景氣影響，仍能穩定成長，最主要是：抓準技術核心，耕耘多元市場，並且從單一產品推進到整合型解決方案。
24. 電動車將是今年台達電成長最多的產品線。
25. 整體來看，整合方案的毛利率大於單一產品，成就台達電的高獲利能力。

三、作者重點詮釋

（一）面對大環境挑戰，仍要穩定向前行，並駛向一條新成長航道：

面對外部大環境挑戰，包括景氣衰退、終端需求不振、客戶訂單減少、地緣

政治變化、川普總統的全球關稅戰、供應鏈移轉、通膨、升息等狀況，企業領導人仍要率領全員，穩定向前行，並駛向一條新成長航道；柳暗花明又一村。

（二）要精準抓住產業改變的趨勢及新成長機會：

任何一個產業都是會變化、會改變的，有些步入衰退與飽和，有些則會冒出新成長，企業無論如何，都必須精準抓住產業改變的大趨勢及抓住新成長機會。例如：現在是電動車、AI 伺服器、生成式 AI 運用、車用電子、AI 筆電、AI 手機、AI 醫療大幅成長的機會來了。

（三）透過自己發展＋併購，步上快速成長的道路：

企業除了自己發展之外，也可以透過併購／收購，加快發展速度，趕上領導地位及抓住新商機。

（四）永遠要替客戶（B2B）創造出更高附加價值出來：

做 B2B 生意的，不要忘了，永遠要替 B2B 客戶，創造出更高附加價值出來，並走在他們提出需求之前，永遠要走在客戶的前面。

（五）企業新口號：創新不止，美好不息：

企業永遠要重視創新，不管是技術創新、產品創新、市場創新、服務創新、成本創新、研發創新、物流創新、行銷創新、門市創新，都可以為企業帶來更多競爭力，為客人帶來更多的美好生活。

（六）要提前思考：未來五年、十年、二十年，企業要何去何從？

經營企業，高階領導團隊永遠要「提前」思考：未來五年、十年、二十年，企業要何去何從？企業要走向哪裡？企業要如何做？一定要提前思考、提前布局、提早計劃、提早出發、提前策略規劃、提早執行下去。

（七）要用既有賺錢事業，來培養新事業：

企業要善用既有事業的賺錢及獲利，撥出一部分來培養未來十年、二十年後的新事業做起來，才能永遠生生不息。

（八）我們的策略規劃，都是做十年的：

台達電集團的未來策略規劃，都是做十年的；知道十年後的產業什麼會好。

第 8 位　台達電子公司董事長鄭平

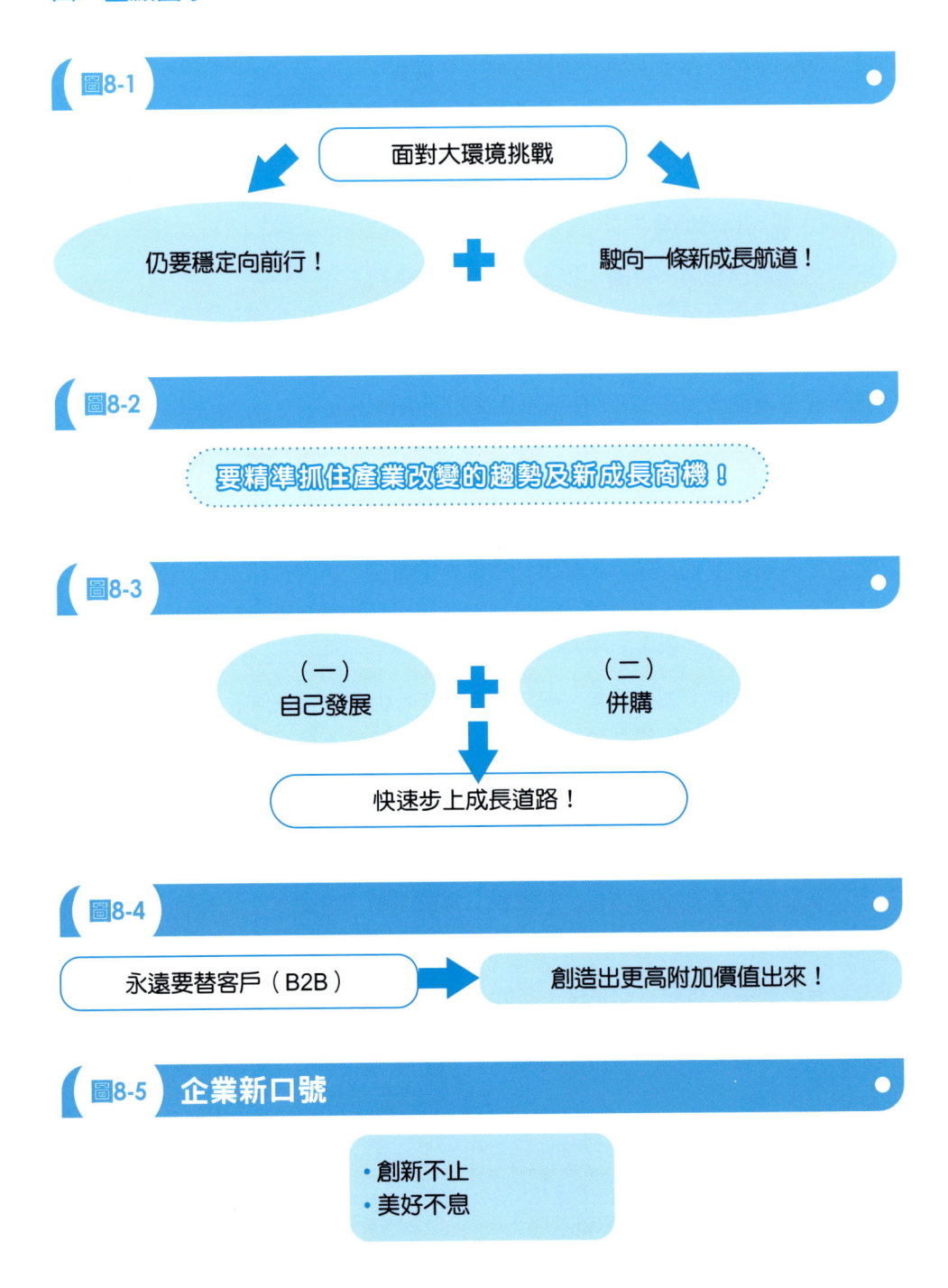

四、重點圖示

圖8-1

面對大環境挑戰

仍要穩定向前行！　＋　駛向一條新成長航道！

圖8-2

要精準抓住產業改變的趨勢及新成長商機！

圖8-3

（一）自己發展　＋　（二）併購

快速步上成長道路！

圖8-4

永遠要替客戶（B2B）　→　創造出更高附加價值出來！

圖8-5　企業新口號

・創新不止
・美好不息

圖8-6

要提前思考	
未來五年、十年、二十年企業要何去何從？	→ 要提早做好：策略規劃

圖8-7

要用既有賺錢事業	→ 來培養新事業，讓它茁壯起來！

圖8-8

> 我們的策略規劃，都是做十年的！

第 9 位　鴻海集團董事長劉揚偉

一、公司簡介
- 鴻海集團為國內營收額最大（第一大）的企業集團，它在 2024 年的合併營收額達 6.6 兆元台幣，合併營業淨利額達 1,737 億元，歸屬母公司淨利額達 1,414 億元，毛利率 6%，營業淨利率為 2.6%，稅前淨利率為 2.13%，EPS 達 10.2 元，股價為 130 元，企業總市值達 1.2 兆元。
- 鴻海集團在手機、PC、AI 伺服器的全球市占率均位居第一名。
- 2024 年鴻海集團（鴻佰公司）的伺服器營收額，已達 1.1 兆元之高，占全球市占率 4 成之多。
- 鴻海集團創辦人郭台銘，現已交棒給劉揚偉董事長負責，郭台銘曾讚揚劉揚偉接棒後表現很好，比他還會經營鴻海集團發展。

二、領導人成功經營心法
1. 度過 3 年的全球疫情期間，面臨很多挑戰，但鴻海集團依然年年成長。
2. 鴻海整體在全球 EMS（電子製造服務）市占率，持續上升，並未因競爭激烈而衰退，目前 EMS 市占率已達 45%。
3. 鴻海在 2024 年合併營收額已突破 6.6 兆元，再度創下歷史新高。
4. 我們在各事業領域都跑得非常快，要不斷往前跑，要跑得夠快才行。
5. 全球在 2022～2025 年仍受中美對抗、地緣政治緊張、川普全球關稅戰、通膨、升息、終端需求不振等總體經濟影響，經營面臨不確定狀態升高，挑戰也大；但集團仍會盡最大努力，保持穩定表現。
6. 鴻海集團今年的 3 大營運方向，就是：(1) 電動車 (2) 半導體 (3) 低軌衛星，3 大領域的加速拓展。
7. 要極大化 EPS 為優先目標，創造全體股東最大利益。
8. 鴻海的營運本地化（BOL）模式，將是重要策略。
9. 我們的事業投資愈來愈多，就像「八爪魚」一樣，只要是好事業、能賺錢、有未來性的既有事業及新事業，我們都會勇於投入、投資、經營。
10. 全球布局的兩大原則：
    (1) 與客戶攜手合作，以產能布局最適化為原則。
    (2) 持續開拓 BOL 新市場。

11. 鴻海絕對會掌握 AI 伺服器未來 100% 以上的成長大好機會。
12. 鴻海海外 4 大生產基地：
    第一大：中國，第二大：印度，第三大：越南，第四大：美國＋墨西哥。
13. 我們期盼中、美兩大國能夠和平穩定；但身為企業董事長，我必須思考，萬一最糟情況發生時，該怎麼辦？
14. 鴻海海外工廠正在「去風險化」，正重新布局部分供應鏈，從過去集中在中國，現在要分散到越南、印度、墨西哥、泰國及美國等。
15. 鴻海集團必須防範最糟情況發生。
16. 一些國外大客戶敦促我們把生產基地移出中國大陸，以去風險化。
17. 全球生產據點多元化布局是集團策略之一，也是美、中對立衝突下的必要行動。
18. 部分海外大客戶已要求我們要「去風險化」，所以，我們把部分生產線，已移到越南、墨西哥及美國去了。

三、作者重點詮釋

（一）我們在各事業領域，都跑得很快，不斷往前跑，要跑得夠快才行：
現在企業競爭非常激烈，要用跑的，走的已經不行了，會落後，要比對手跑得更快、更領先、更前面才行。

（二）極大化 EPS 及 ROE，創造大眾股東最大利益：
經營事業，要想方設法，創造最大化的 EPS（每股盈餘）及 ROE（股東權益報酬率），來回報給幾十萬、上百萬人的大眾股東，讓他們能領到最多的現金股利，大家歡歡喜喜。

（三）我們像八爪魚，只要有好事業、能賺錢、有未來性的，我們都勇於投資、投入經營：
企業經營，只要能賺錢的、有未來性的、有前瞻性的，都是公司應該勇於投資、投入的新事業體。

（四）全球供應鏈「去中化」、「去風險化」，是領導人必須考慮，並有所對策的：
面對中、美兩大國的競爭與對立及川普總統高關稅戰，台商必須考量到「去中化」、「去風險化」，保住企業的安全，要想到最壞狀況發生時的情境與對策。

第 9 位　鴻海集團董事長劉揚偉

四、重點圖示

圖9-1

在各事業領域，都要跑得很快，不斷往前跑，永遠保持領先地位！

圖9-2

極大化：EPS 及 ROE 數字！ → 創造百萬人大眾股東最大利益！

圖9-3

做事業，要像八爪魚！ → 只要能賺錢的、有未來性的、前瞻的新事業，我們都勇於投資、投入！

圖9-4

去中化（去中國化） ＋ 去風險化 → 考量最壞狀況時，該怎麼辦？要提前做好準備！

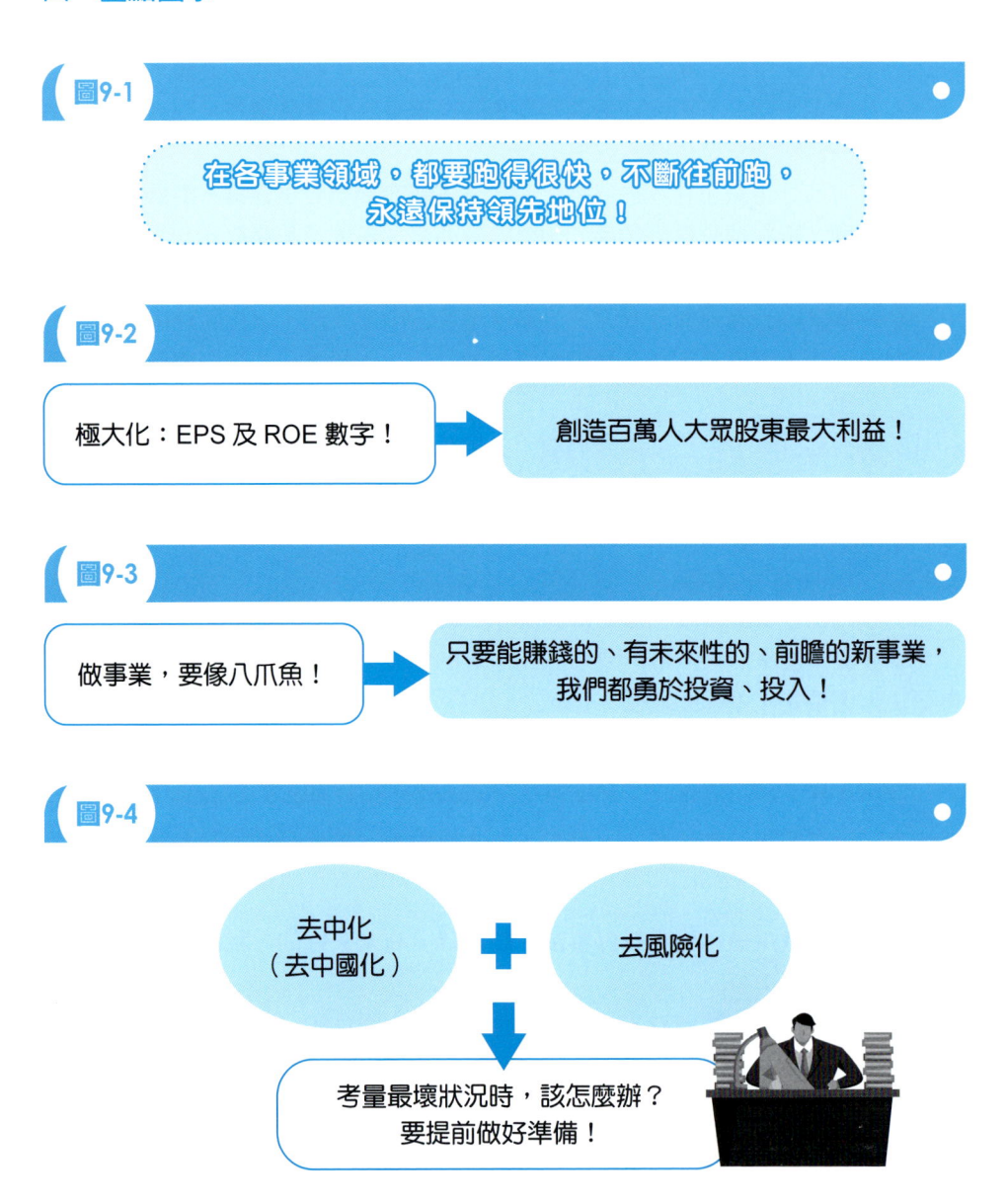

第 10 位　宏碁集團董事長陳俊聖

一、公司簡介
- 宏碁集團創辦人為施振榮先生,後來,宏碁一度陷入經營困境,虧損極大;施振榮找來曾在台積電工作過的陳俊聖先生擔任總經理,後接任董事長;陳俊聖在十年內,逐漸把宏碁拯救起來,終於避掉宏碁的衰敗。
- 目前宏碁集團已走向多元化、多角化的事業版圖發展,不再侷限只做筆電及桌電,並已有 10 隻小老虎子公司順利上市櫃了。
- 宏碁在 2024 年的合併營收達 2,754 億元,合併獲利為 65 億元,淨利率為 2%,ROE 為 8.2%,EPS 為 1.67 元,目前股價為 35 元。

二、領導人成功經營心法
1. 宏碁是一個品牌,以前是單一做 PC、NB 電腦,但 PC 及 NB 的全球市場已走到成熟飽和期,毛利率也下滑;因此,宏碁未來要以多元化產品及多元化事業,轉型擴充為「生活風格品牌」,這就是公司未來的成長策略。
2. 宏碁現在多角化,做很多不同類產品,都是在嘗試,目前已有幾十個不同市場,不斷尋找突破口,在此策略下,宏碁已有 10 家子公司上市櫃,我們稱為老虎隊。
3. 在本業方面,未來 AI 型筆電將成為主流,有望帶動未來五年的全球 PC 及 NB 換機潮。
4. 依公司治理來看,宏碁董事長及總經理要分開,由不同人擔任,不要都是我,這才是對的方向。
5. 我對人事升遷,不應「論資排輩」,要看能力及貢獻,一定要給極優秀人才舞台。
6. 要為集團內優秀人才,搭建好舞台,讓所有有潛力的優秀人才有未來發展空間,這就是我的管理策略。
7. 台灣不缺人才,缺的是舞台。
8. 不播種,就不會有機會。
9. 鼓動旗下子公司走 IPO,發展集團多元事業策略的布局。
10. 全部子公司營收已貢獻母集團超過兩成以上。
11. 在陰雨綿綿天氣中,要撬開一絲縫隙,讓光進來。
12. 面對極端困境時,我們不要列十個問題而是要列出十個機會;因為困境＝機會。

13. 我要的是：真正可以落地執行的策略，而不是紙上談兵。
14. 做事有 3 部曲：
    Good（好）→ Better（更好）→ Best（最好）
15. 當初（十年前）我接棒後，我給集團員工 3 樣東西：
    (1) 給授權（權力）　(2) 給機會　(3) 給舞台
    這就是我「3 給」的領導準則與自我要求。
16. 當每一個人都有了子公司舞台後，他們自己要努力再往上長高、長大，這就是「放大策略」。
17. 大環境是「助強，不助弱」的，所以，我們必須讓每一個自己、每一個子公司自己變強、變大，它才會幫助你。

三、作者重點詮釋

（一）加速公司轉型，邁向「多元化事業組合」策略前進：

為避免單一事業、單一收入之風險，企業必須加速轉型，搜尋、評估有未來性事業及賺錢事業，邁向多元化、多角化事業組合策略前進。

（二）不播種，就不會有機會：

企業經營，要在各方面勤於播種，有播種，就會有好機會產生；不播種，就一點好機會都不會產生。

（三）鼓勵旗下 10 家子公司，已成功大步走向 IPO 成為老虎隊：

宏碁集團多年來已走向多元化事業經營組合，不再獨善電腦事業了，旗下10 家公司已紛紛 IPO 上市櫃成功，成為老虎隊陣容。

（四）面對困境，不要列問題，而要列機會：

企業經常會面對內外部的各種困境及挑戰，但切記在困境時，不要一直看到問題點，而應看到機會點才會燃起希望，而非悲傷。

（五）給員工 3 樣東西：給授權、給機會、給舞台

做領導人，不要什麼事都集權在自己手裡，反而應該要給員工：
(1) 給授權　(2) 給機會　(3) 給舞台
如此，公司才會不斷茁壯、成長。

（六）每個子公司必須自己變大、變強、自己長大：

集團旗下各子公司，不能一直依賴母公司，一定要自己尋求長大、變大、變強，自己要努力 IPO 才行。

四、重點圖示

圖10-1

單一事業體 → 轉型:「多元化事業經營組合!」

圖10-2

不播種,就不會有機會!

圖10-3

領導人要給員工3樣東西:

1. 給授權 + 2. 給機會 + 3. 給舞台

圖10-4

人事升遷,不要論資排輩 → 要看能力、貢獻、熱忱!

圖10-5

旗下各子公司 → 自己要變大、變強、長大!
自己要努力成功IPO!成為老虎隊!

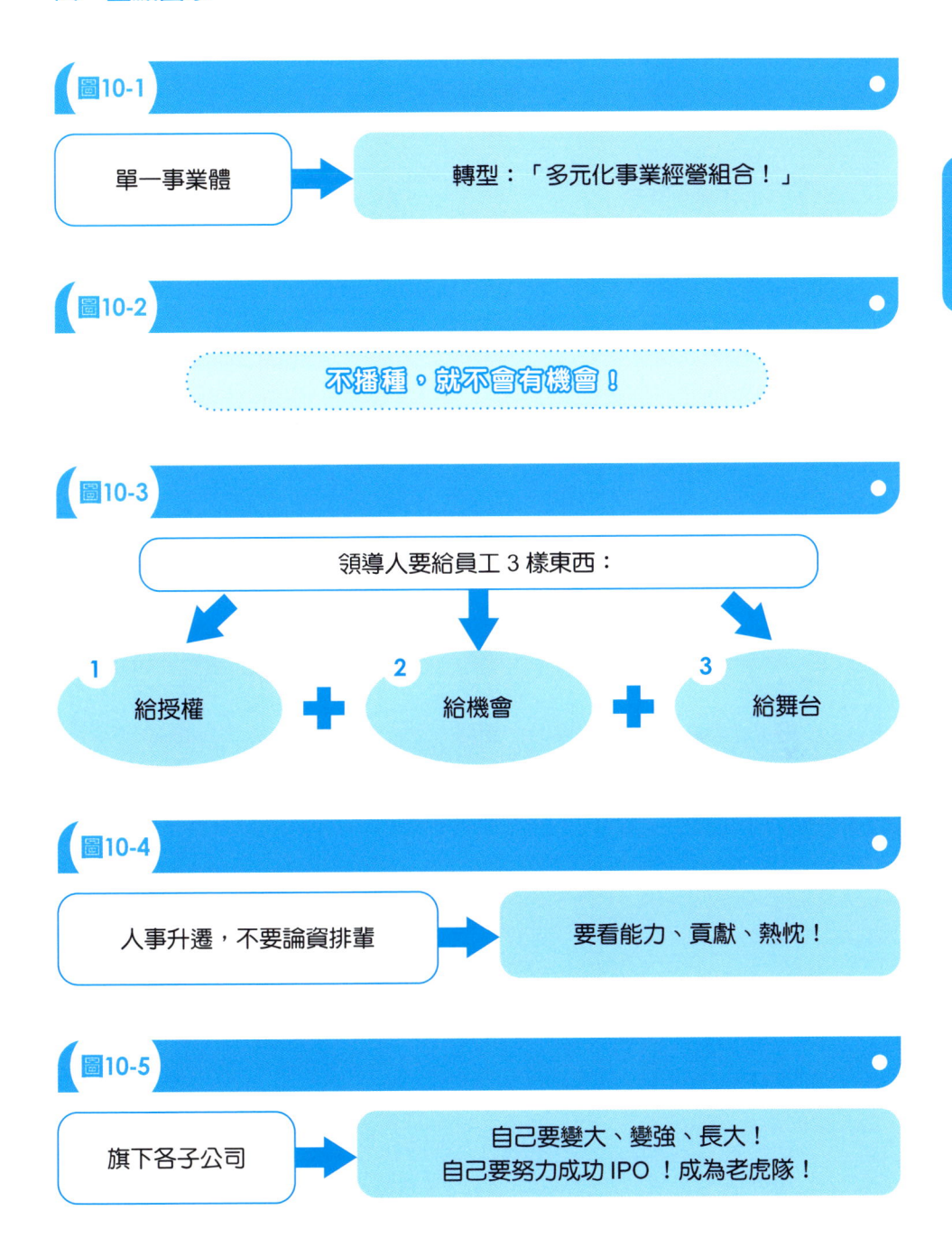

第 10 位　宏碁集團董事長陳俊聖

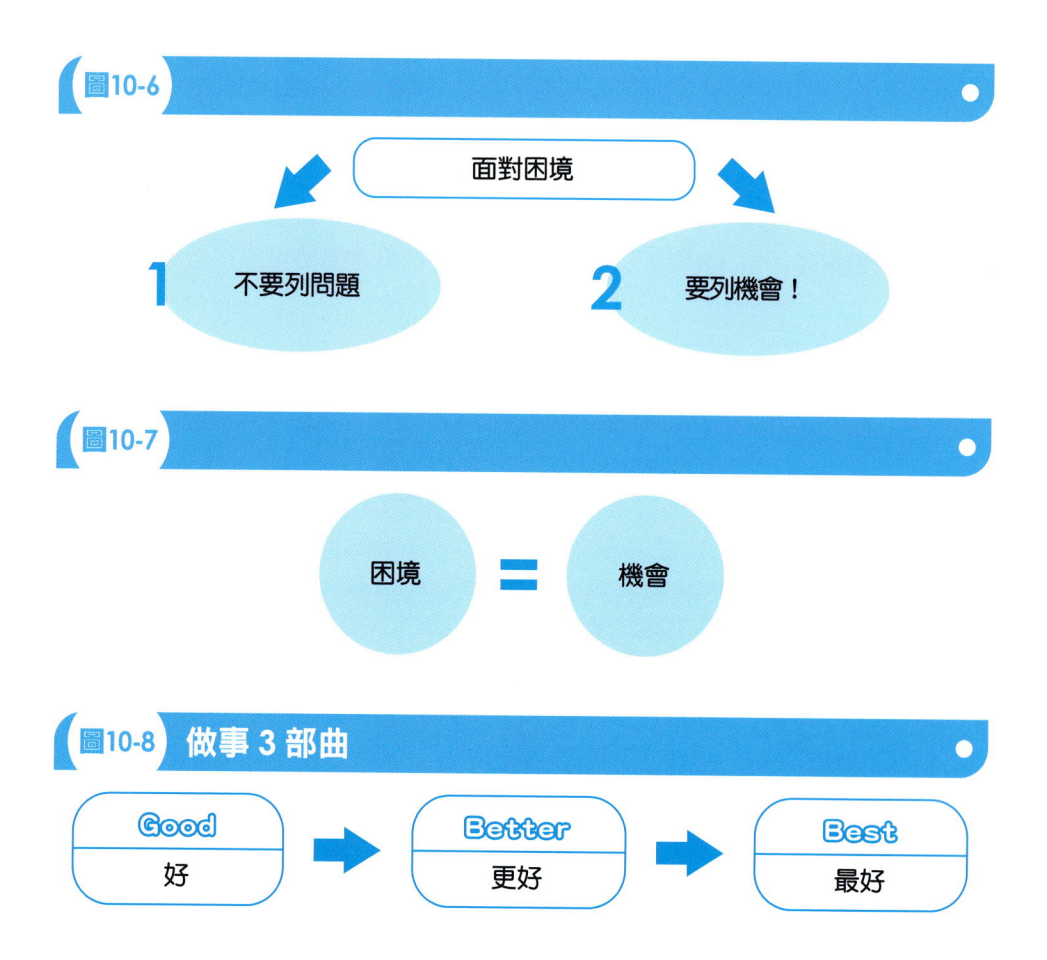

圖 10-6

面對困境

1. 不要列問題
2. 要列機會！

圖 10-7

困境 ＝ 機會

圖 10-8　做事 3 部曲

Good 好 → Better 更好 → Best 最好

第 11 位　鴻海集團創辦人郭台銘

一、公司簡介
- 鴻海集團是國內營收額最大的製造業集團，其 2024 年合併營收額高達 6.6 兆元台幣。
- 鴻海集團創辦人為郭台銘，以前大家都稱他為「郭董事長」（郭董），但他在 70 歲時（2020 年），交棒給劉揚偉，由他擔任董事長，郭董則退居幕後，郭董目前從事公益、醫療志業，也有一部分參與國內政治，想為台灣及兩岸和平發展，盡一份責任，他在 2024 年總統大選中，發表兩岸和平宣言，引起重視。
- 此章的智慧金句內容，都是取自他在一、二十年來，擔任董事長職位時，或是更年輕時，對經營鴻海事業的經營管理看法及經驗，雖已是早期的金句，但在今日看來，仍有相當值得學習及借鏡之處，畢竟，郭董從白手起家，做到台灣第一大製造業集團，也是很不容易的，值得肯定及尊敬。

二、領導人成功經營心法
1. 在今天的世界，沒有「大」的打敗「小」的；只有「快」的打敗「慢」的。
2. 鴻海有 3 大「快」：
   (1) 決策、執行、稽核的快速能力。(2) 研發、製造、服務的快速能力。
   (3) 溝通、協調、競爭的快速能力。
3. 所謂「不成功的領導」，就是：
   (1) 不身先士卒的領導
   (2) 遇事推諉的領導
   (3) 希望討好每個人領導
   (4) 朝九晚五的領導
   (5) 賞罰不分的領導
4. 贏的經營策略：
   及時開發、及時量產、及時交貨。
5. 翻轉產業的，不是「人海」，而是「腦海」。
6. 成功的途徑 4 部曲：
   (1) 抄　(2) 研究　(3) 創造　(4) 發明。
7. 「三局」就是：格局、布局、步局。
8. 胸懷千萬里，心思細如絲。
9. 不要只從數字看問題，要會從結構上看問題。
10. 心胸有多大，舞台就有多大。

第 11 位　鴻海集團創辦人郭台銘

11. 人才的競爭力，要有「知識」與「技術」的附加價值。
12. 「全球化」就是人才在地化。
13. 人才的三心：責任心、上進心、企圖心。
14. 年輕人最重要的是三對：入對產業、選對公司、跟對主管。
15. 創新人才的訓練：工作中訓練、挫折中教育、競爭中思考。
16. 機會總是留給有準備的人。
17. 工作壓力來源於：品質、時間、成本、技術。
18. 人力資源的工作職業：選才、育才、用才、留才。
19. 人要在工作中，不斷學習，並向對手學習。
20. 鴻海用人哲學：第一看品格；第二要有責任感；第三要有意願工作。
21. 計劃永遠趕不上變化。
22. 發展的根本：建立在「及時應變」、「快速應變」的執行能力上。
23. 主管每天要做什麼？
    (1) 定策略　(2) 建組織　(3) 布人力　(4) 置系統。
24. 公司的管理 4 化：
    (1) 合理化　(2) 標準化　(3) 系統化　(4) 資訊化。
25. 市場＝客戶＋產品
26. 鴻海要具備自我淘汰的能力，讓自己更強大。
27. 天下沒有最完美的辦法，但總有更好的辦法。
28. 逆境，才是學習成長的真正好機會。
29. 品質，是公司賴以生存的命脈。
30. 成功 3 部曲：
    (1) 選好策略　(2) 下定決心　(3) 用對方法。
31. 有責任感的人，遇到困難，會主動去解決，會設法去改變，就容易成功。
32. 成功的人找方法，失敗的人找理由。
33. 企業陷入困境的兩大原因：遠離客戶＋遠離員工。
34. 三助：自助、人助、天助。
35. 鴻海組織目標是「三合」：集合、整合、融合。
36. 決策的錯誤，是浪費的根源。
37. 鴻海工作精神：
    (1) 合作　(2) 責任　(3) 進步。
38. 企業要贏在「策略」，也要贏在「速度」。
39. 鴻海賣的是：

(1) 速度　(2) 品質　(3) 工程服務　(4) 成本　(5) 附加價值。
40. 沒有景氣問題，只有能力問題。
41. 景氣不是問題，關鍵是公司競爭力；企業將面臨一場殘酷的淘汰戰。
42. 鴻海有信心克服所有困難，沒有任何藉口。

三、作者重點詮釋

（一）三個立：立刻判斷、立刻決定、立刻執行：

企業面對各種狀況，一定強調三句話（三個立）：
1. 立刻判斷。
2. 立刻決定。
3. 立刻執行。

（二）人力資源的 4 個重點：選才、育才、用才、留才。

人資部門管理的 4 大重點：
1. 選才；選擇、選到優秀人才。
2. 育才；如何培育出好人才。
3. 用才；如何活用好人才。
4. 留才；如何留住好人才。

（三）「隨時應變」＋「快速應變」的強大執行力：

企業面對大環境的變化及挑戰，必須具備「隨時應變」＋「快速應變」的強大執行力。

（四）管理 4 化：合理化、標準化、系統化、資訊化

公司營運管理上，應努力做好 4 化，才能發得出好的營運效率出來，此即：
1. 合理化
2. 標準化（SOP 化）
3. 系統化
4. 資訊化

（五）市場＝客戶＋產品

市場，是可以做生意，可以賺錢的地方；而市場的組成，有兩個：一是有客戶，二是有產品。所以，抓住市場，亦即要：抓住客戶＋抓住產品。

（六）逆境，才是學習成長的真正好機會：

順境，太好做事了，不會使人成長；唯有逆境，才會使人進步、使人成長、使人更具競爭力。

（七）品質，是公司賴以生存的命脈：

產品品質，是顧客最在意的根本，品質不夠好，不夠穩定，品質不夠頂級、品質不夠升級；都必會危及公司的生存命脈。

（八）主管每天做什麼？定策略、建組織、布人力、置系統、激人心、遠大目標：

任何一個主管，每天都必須做好6件事：

1. 定策略
2. 建組織
3. 布人力
4. 置系統
5. 激人心
6. 遠大目標

（九）鴻海賣的事6件事：速度、品質、工程服務、彈性、成本、附加價值

鴻海的成功，從最基本上說，他們做好、做到6件事，然後使B2B客戶很滿意，此即：

1. 速度（速度快）
2. 品質（品質好）
3. 工程服務（服務滿意）
4. 彈性（彈性大）
5. 成本（成本低）
6. 附加價值（價值高）

（十）沒有景氣問題，只有能力問題、只有競爭力問題：

面對外部景氣不好時，仍有人會賺錢、得第一，因此，企業經營嚴格來說：沒有景氣問題，只有能力及競爭力不如人問題。

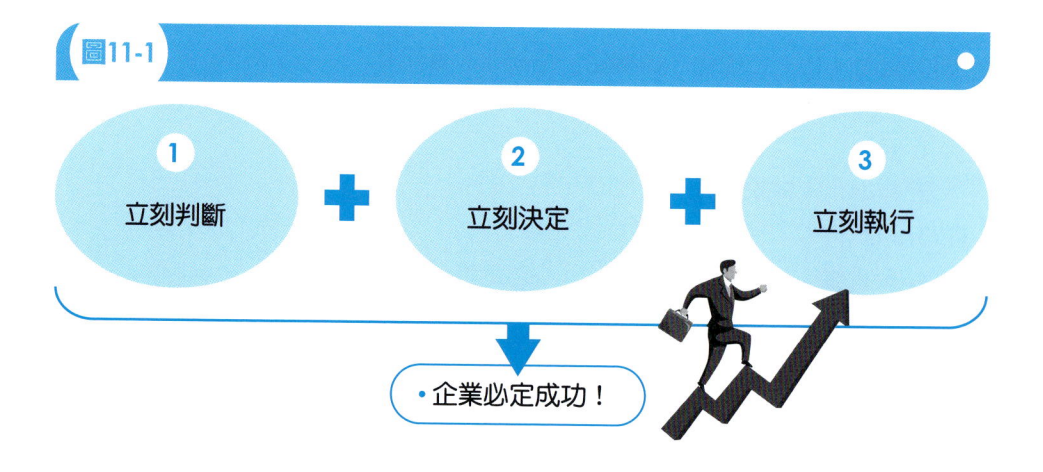

四、重點圖示

圖11-1

1. 立刻判斷 ＋ 2. 立刻決定 ＋ 3. 立刻執行

→ 企業必定成功！

圖11-2

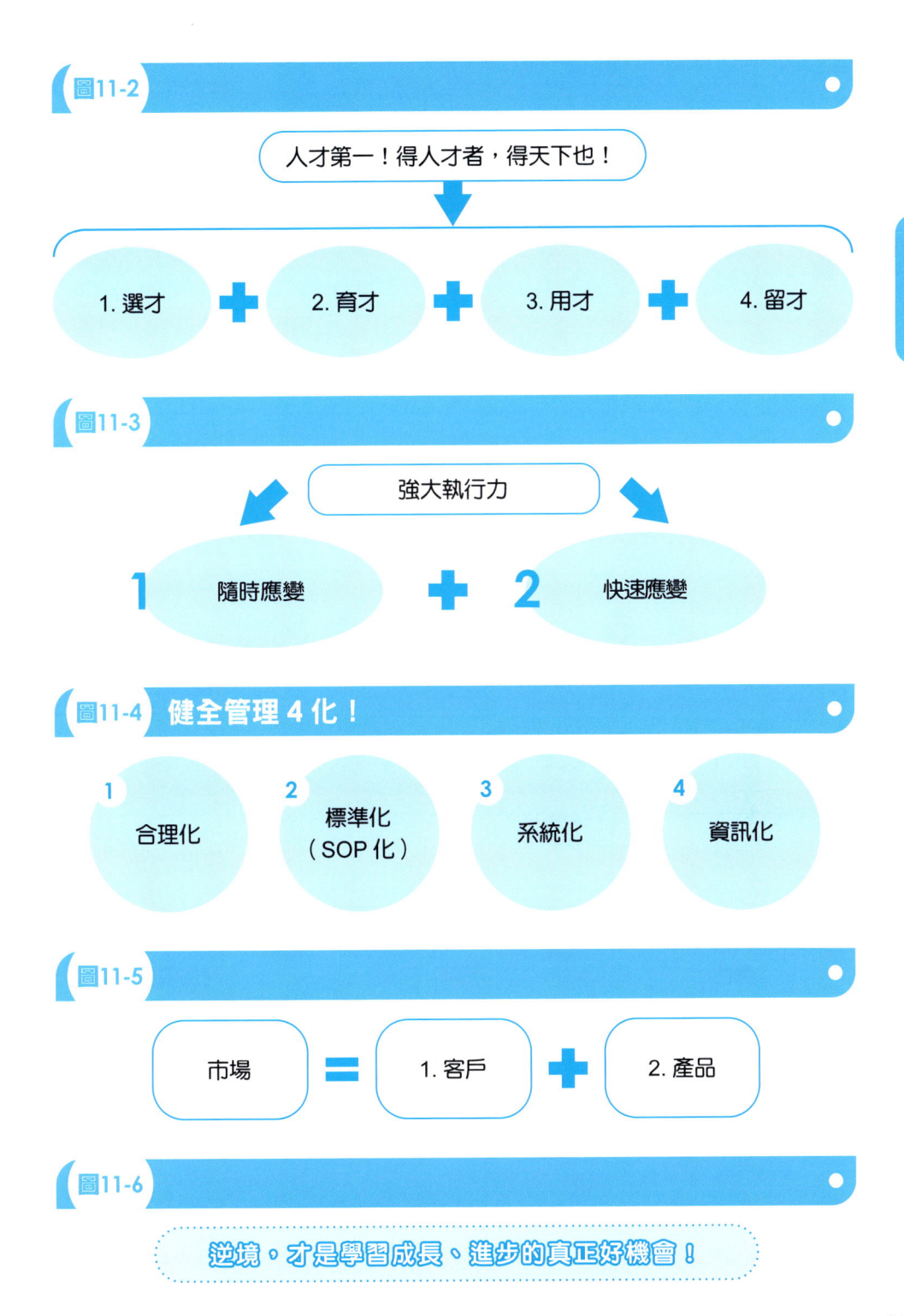

人才第一！得人才者，得天下也！

1. 選才 ＋ 2. 育才 ＋ 3. 用才 ＋ 4. 留才

圖11-3

強大執行力

1 隨時應變 ＋ 2 快速應變

圖11-4 健全管理4化！

1 合理化　2 標準化（SOP化）　3 系統化　4 資訊化

圖11-5

市場 ＝ 1. 客戶 ＋ 2. 產品

圖11-6

逆境，才是學習成長、進步的真正好機會！

第 11 位　鴻海集團創辦人郭台銘

圖11-7

品質 → 公司賴以生存的命脈

圖11-8

主管成功，每天必做好 6 件事

1. 定策略
2. 建組織
3. 布人力
4. 置系統
5. 激人心
6. 遠大目標

圖11-9　鴻海賣的是 6 件事

1 速度	2 品質	3 工程服務
4 彈性	5 成本	6 附加價值

圖11-10

沒有景氣問題，只有能力不足問題，只有競爭力不足問題！

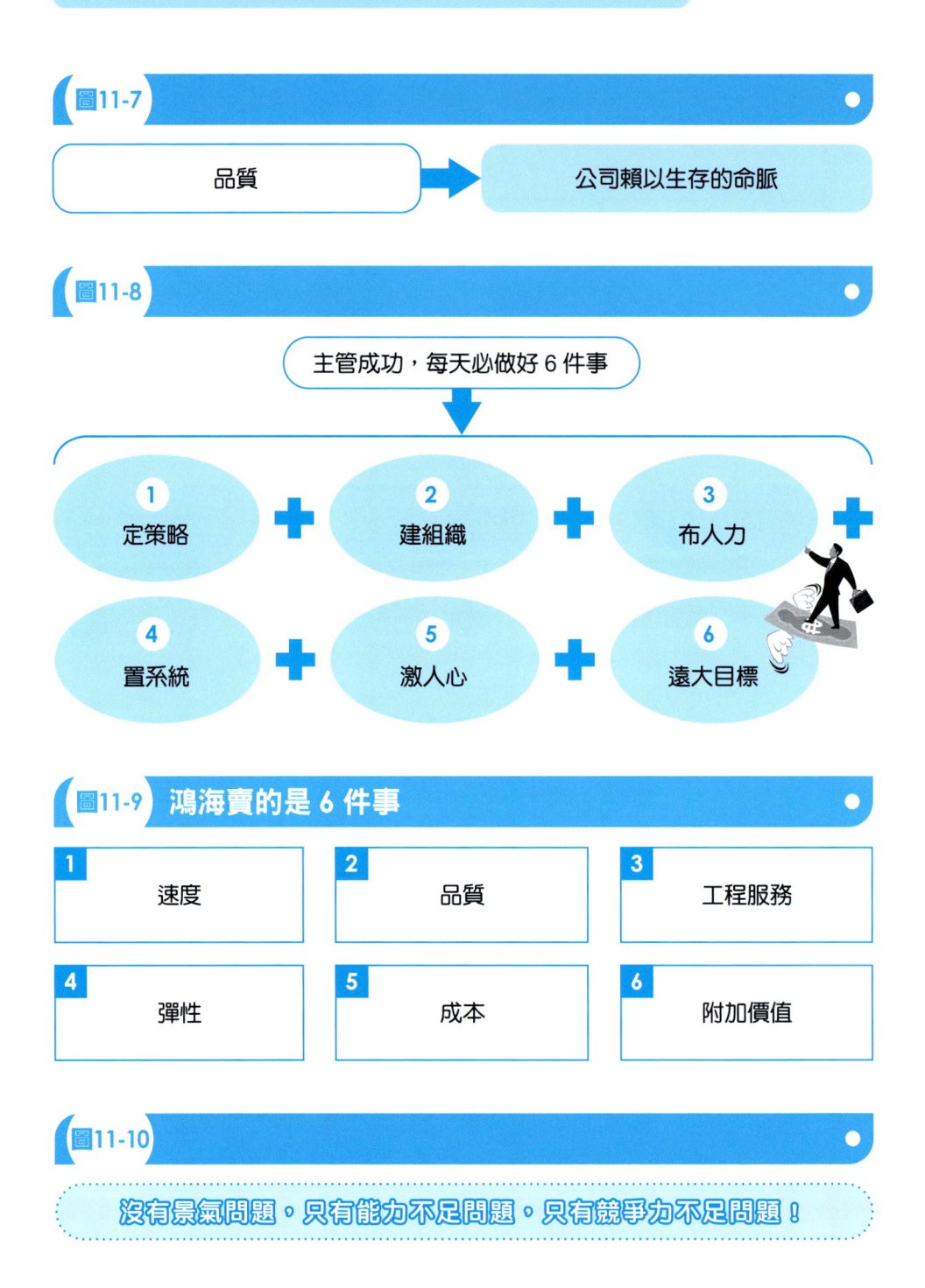

第 12 位　中鋼公司董事長翁朝棟

一、公司簡介

- 中鋼公司為全國第一大鋼鐵廠，2024 年合併營收高達 4,500 億元，合併獲利 230 億元，本業母公司獲利 190 億元，EPS 為 1.2 元，目前股價為 30 元。
- 中鋼公司在 2022～2025 年面臨全球鋼鐵生產量過剩，而需求不足，致使鋼價下跌，影響營運。

二、領導人成功智慧金句

1. 因應國際競爭情勢變化，中鋼首次編制十年期（2023～2032 年）經營發展策略，擴大中鋼經營視野。
2. 過去傳統五年經營策略，是「從現在看未來」，現在，十年經營發展策略，是「從未來看現在」，審視未來面臨更大挑戰，研討十年因應策略與具體計劃。
3. 未來中鋼，不再追求量變，不再生產更多鋼鐵，而關鍵在質變，要創造更大價值。
4. 在綠能減碳及公司治理各方面，持續精進。
5. 朝著「韌性中鋼」、「智慧中鋼」、「永續中鋼」三方向著手。
6. 朝 6 大工作事項，尋求再精進：
(1) 生產流程　　　　　　　　(4) 綠能減碳
(2) 產品組合　　　　　　　　(5) 投資布局
(3) 營運模式　　　　　　　　(6) 公司治理

三、作者重點詮釋

（一）首次編制十年期（2025～2035 年）經營發展策略與計劃：

中鋼公司首次編制十年期的發展戰略及計劃，能夠擴大中鋼的經營視野，從未來看現在，審視未來面臨哪些挑戰，以及如何因應及突圍。

（二）未來，不再追求量變，而是質變，不追求銷售量最大，而追求獲利最大：

未來，不再追求銷售量最大，而是追求獲利最大，才是經營的重心及新思路所在，所以，質變＞量變才對。

第 12 位　中鋼公司董事長翁朝棟

四、重點圖示

圖12-1

首次編制十年期（2023～2032年）經營發展策略及計劃！

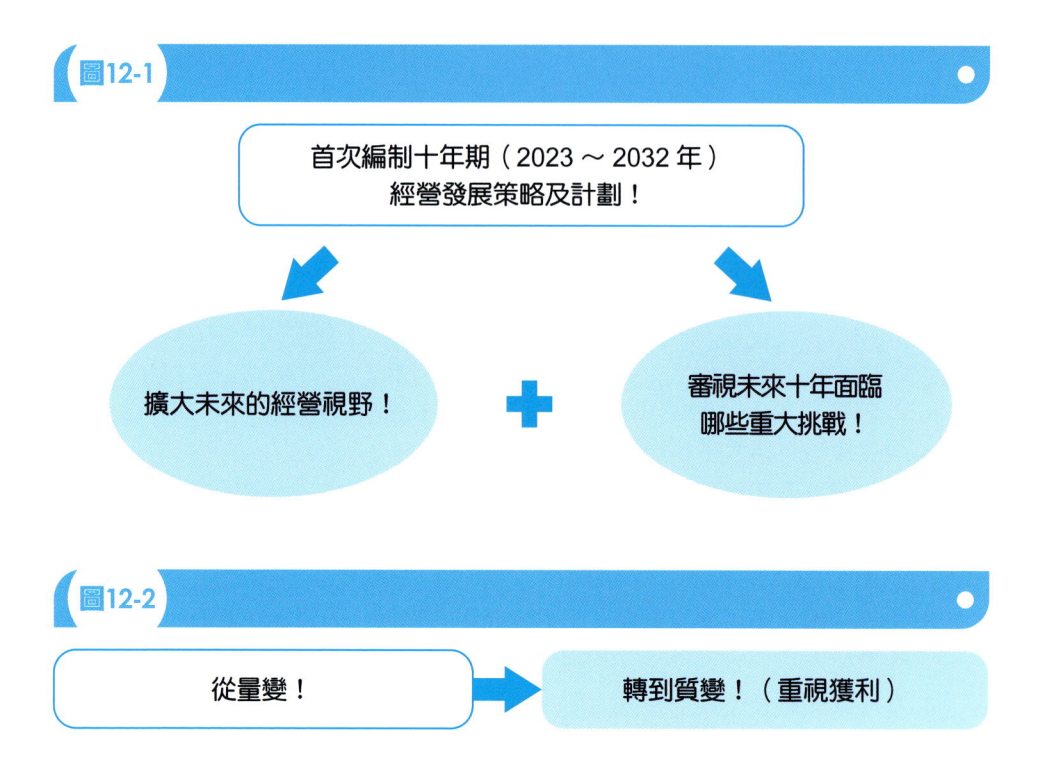

↓　↓

擴大未來的經營視野！ ＋ 審視未來十年面臨哪些重大挑戰！

圖12-2

從量變！ → 轉到質變！（重視獲利）

第 13 位　宏全國際公司總裁曹世忠

一、公司簡介
- 宏全公司是台灣最大瓶蓋及寶特瓶製造廠，年營收 213 億元，獲利 12 億元，現在股價 105 元。
- 宏全創立於 1969 年，品質嚴格把關，從瓶蓋到飲料填充代工一條龍服務。包括：瓶蓋＋寶特瓶＋標籤＋飲料充填。
- 宏全在全球計有 47 個生產基地，涵蓋：台灣、中國、泰國、越南、馬來西亞、緬甸、印尼、柬埔寨、莫三比克，員工人數 4,900 人。

二、領導人成功智慧金句
1. 正派經營、照顧員工、重視人才、回饋社會是我們的企業宗旨。
2. 我們全方位一條龍服務，提高市場競爭優勢。
3. 客戶各種需求，我們都辦得到。
4. 創新思維，只為更好。
5. 事業是做出來的，不是講出來的。
6. 自己要淘汰自己，等著讓人淘汰就來不及了。
7. 企業發展要配合時代的轉變及社會與客戶的需求，不斷尋找新的機會；隨時要靈活應變，自己要去發掘，自己要去努力。

三、作者重點詮釋

（一）我們的企業宗旨：正派經營、照顧員工、重視人才、回饋社會
宏全國際公司的企業宗旨，主要有 4 項，如下：
1. 正派經營：一切公開、公正、正派、透明、符合政府法規經營。
2. 照顧員工：照顧員工的薪水、獎金、紅利、福利、休假。
3. 重視人才：視人才為公司最重要資產。
4. 回饋社會：善盡企業社會責任，做好 ESG。

（二）客戶（B2B）各種需求，我們都辦得到：
宏全公司主要做 B2B 客戶生意的，只要客戶有任何的需求或要求，宏全都盡全力為他們做到，100% 滿足客戶的各種需求，客戶的滿意度也很高。

（三）創新思維，只為更好：

企業經營，所有的創新，就是為了使公司更好，包括：技術創新、產品創新、服務創新、行銷創新、供應鏈創新等，都是希望公司在各項營運活動上，提升更好的效率及效能，而創新確實也能達成這些功效。

（四）企業發展，要配合時代的轉變及社會與客戶的需求，不斷尋找新機會：

宏全曹世忠董事長認為企業發展，必須抓住兩件大事：

1. 要抓住時代的轉變及社會與客戶的需求。
2. 要不斷尋找新機會。

若能如此，企業就能穩健的成長下去。

（五）隨時要靈活應變，自己要去發掘，自己要去努力：

宏全曹董事長認為企業面臨外在大環境的激烈變化下，必須要有高度的「靈活應變」，並且自己要多方去發展機會、自己要多去努力探索新商機，機會與商機不會天上自己掉下來，要自己多去努力。

（六）自己要淘汰自己，等著讓人淘汰，就來不及了：

宏全曹董事長認為，在今天競爭激烈的市場環境中，自己要有更高意識，自己要淘汰沒有進步的自己，自己不進步，就等著讓人淘汰，這一切就會來不及了；所以，公司自己一定要不斷進步、不斷革新、不斷創新，保持一直的領先性。

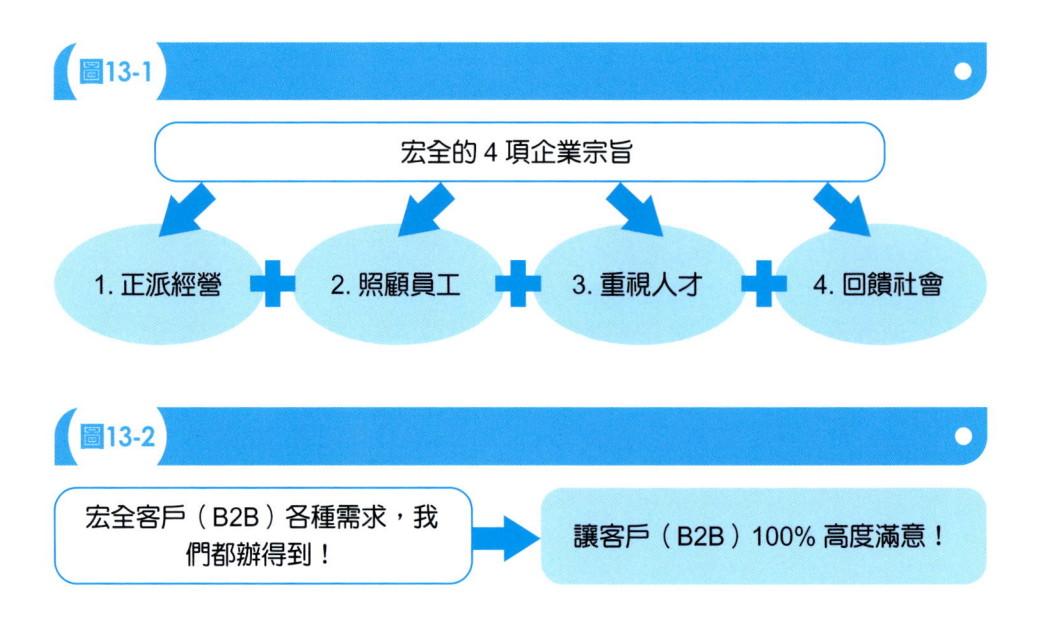

四、重點圖示

圖13-1

宏全的 4 項企業宗旨

1. 正派經營 ＋ 2. 照顧員工 ＋ 3. 重視人才 ＋ 4. 回饋社會

圖13-2

宏全客戶（B2B）各種需求，我們都辦得到！ → 讓客戶（B2B）100% 高度滿意！

圖13-3

創新思維,只為更好!

圖13-4

宏全公司的發展,抓住兩件大事

(一)抓住時代的轉變及客戶需求的滿意!

➕

(二)不斷尋找新市場、新機會!

圖13-5

隨時要靈活應變!自己要去努力、要去發掘新商機!

圖13-6

自己要淘汰自己
自己要進步、要革新 ➡ 等著讓人淘汰,就來不及了!

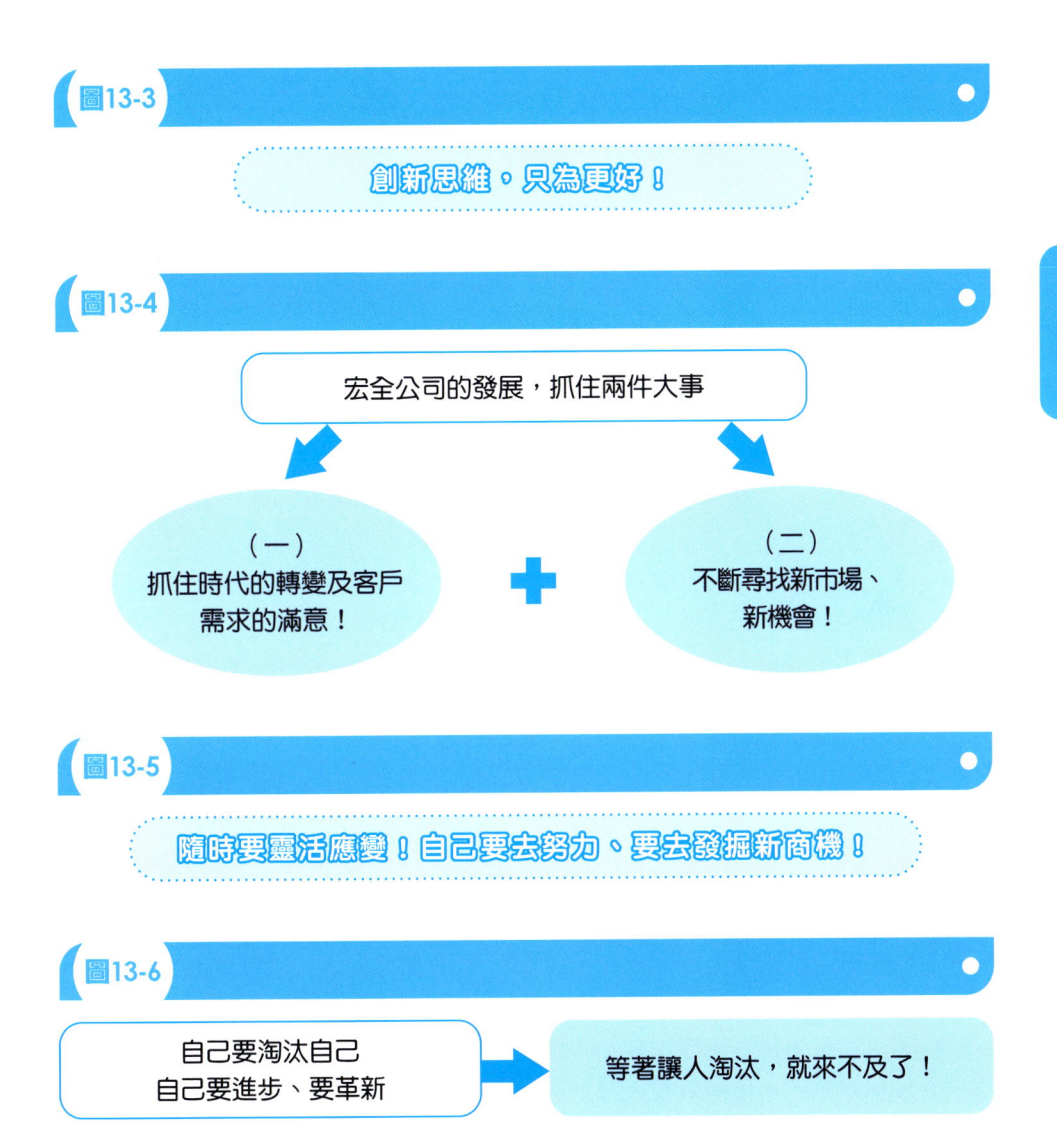

第 14 位　牧德科技公司董事長汪光夏

一、公司簡介

- 牧德公司為國內 PCB 領域光學檢測設備的龍頭廠商，2024 年營收 27 億元，獲利 5 億元，EPS 為 13 元，獲利率達 20%，目前股價為 220 元。

二、領導人成功經營心法

1. 領先者不是跟別人 compete（比賽），而是跟自己，如果沒有推出新東西，後面就有人追上來。
2. 先深耕產業，再向外擴張，建構前無敵手，後無追兵的強大堡壘。
3. 發揮自身優勢，掌握客戶需求，打造領先競爭對手的產品。
4. 要專注、深耕，才知道產業的下一步是什麼。
5. 領導者謙卑，公司細心，員工就會願意貢獻熱情及才能。
6. 先認清公司的優點及長處，不要拿缺點跟人家打，這樣沒有勝算。
7. 公司資源有限，不可能包山包海，要把自己的長處展現出來。
8. 人沒有準備，就不要一天到晚想著投資擴充。
9. 技術領先當然很重要，要發揮自己的優勢，做出超越對手的產品；再來就是你的人願不願意付出，結合這 3 個部分，公司就成長起來了。

三、作者重點詮釋

（一）領先者不是跟別人 compete（比賽）而是跟自己，如果沒有推出新東西，後面就有人追上來：

牧德公司董事長汪光夏認為：「領先者不是跟別人競賽，而是跟自己，如果你沒有推出新東西，後面就有人追上來。」所以，企業經營，你必須時時保持警覺心，永遠居安思危、永遠超前、保持領先，才能有成功可期。

（二）先深耕產業內，再向外擴張：

汪光夏董事長認為，企業在多樣化、多角化經營，應先在自己熟悉的產業內做起。例如：產業的周邊事業或上、中、下游事業等，如此比較容易成功；然後再向外面多角化事業擴張，如此才是比較穩妥的。

（三）要專注、深耕，才知道產業的下一步是什麼：

企業經營，必須先在自己的產業內專注、深耕、洞悉、遠見；如此，才知道

產業的下一步是什麼,然後,抓住正確下一步的新商機。例如:現在是 AI 新世代來臨,AI 伺服器需求量很大,這就是伺服器產業的下一步新商機。

(四)公司資源有限,不可能包山包海,要把自己的長處展現出來:

每家公司的資源總是有限的,包括:人才有限、資金有限、技術有限、專業有限、設備有限、產業知識有限;因此,不能包山包海去做,只要把自己的長處、優點、優勢展現出來,就比較容易成功。

(五)要保持技術領先,加上能做出超越對手的好產品,公司就會成長起來:

公司要業績成長,其實只要先做到兩件事:一是保持技術領先、二是有比競爭對手更好的產品。如此,客戶就會下單給我們,公司業績就會成長起來。

(六)人才先準備好,然後再去想投資及擴充:

公司想要多樣化、多角化去追求企業版圖擴張,首要之務,就是先把人才先準備好,然後再去想投資與擴充。除非,是利用併購方式,可以直接去擴充、去壯大。

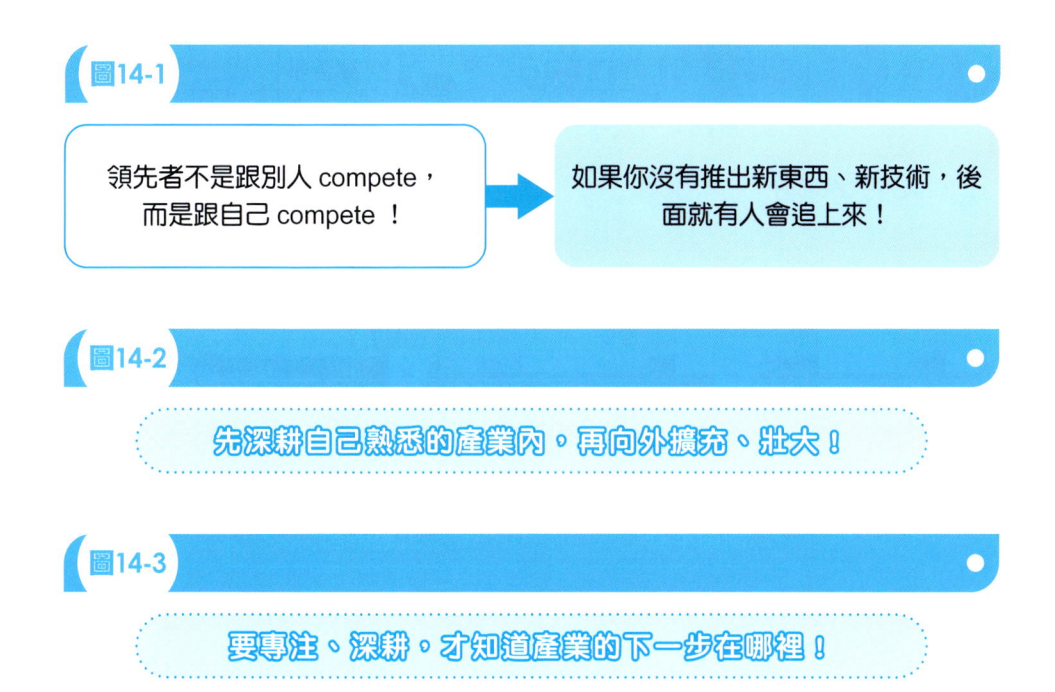

四、重點圖示

圖14-1

領先者不是跟別人 compete,而是跟自己 compete! → 如果你沒有推出新東西、新技術,後面就有人會追上來!

圖14-2

先深耕自己熟悉的產業內,再向外擴充、壯大!

圖14-3

要專注、深耕,才知道產業的下一步在哪裡!

第 14 位　牧德科技公司董事長汪光夏

圖 14-4

公司資源有限，不可能包山包海！ → 儘量把自己的長處、優點、優勢，展現出來，比較容易成功！

圖 14-5

（一）保持技術領先 ＋ （二）有超越對手的好產品

→ 公司業績就會成長！

圖 14-6

人才先準備好 → 然後再去想其他多樣化、多角化事業投資及擴充！

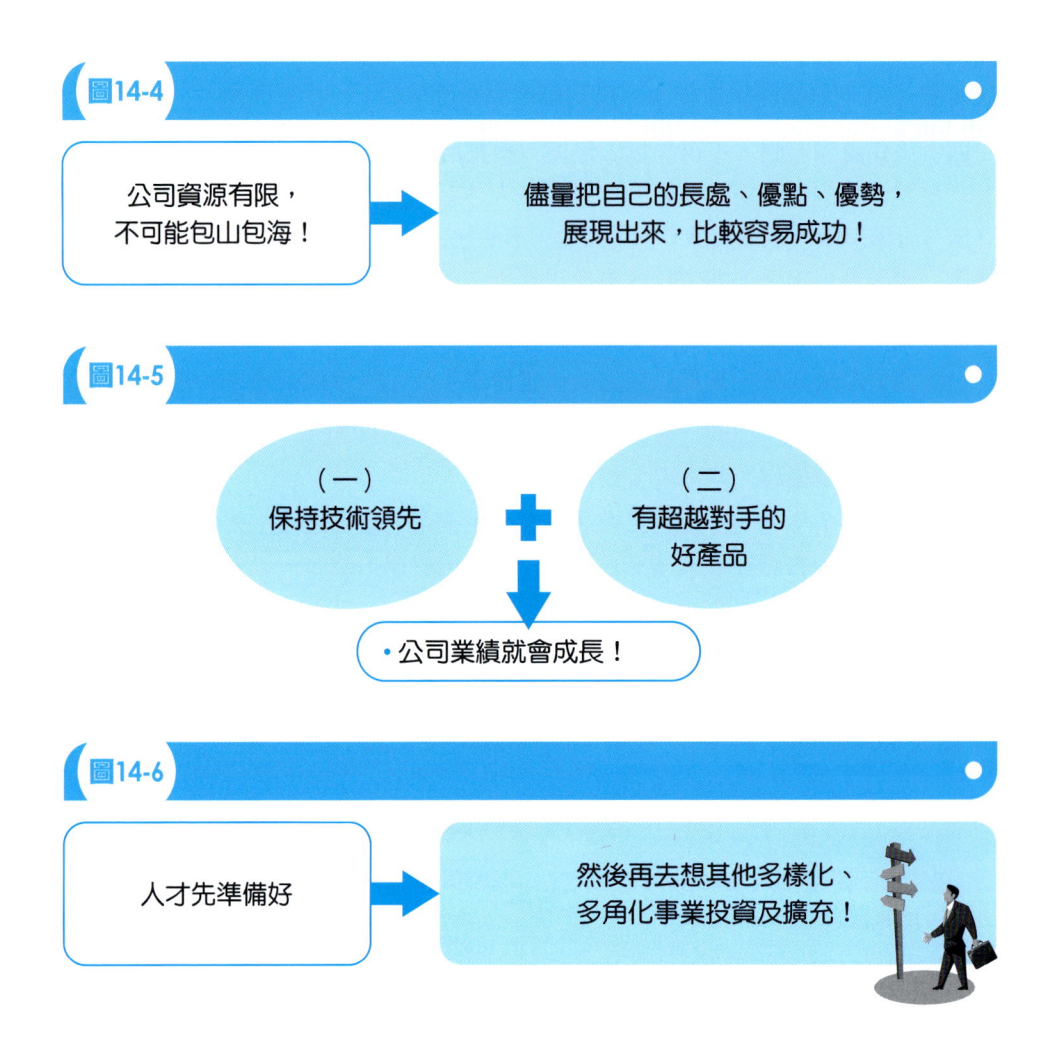

第 15 位　聚陽成衣製造公司董事長周理平

一、公司簡介

- 聚陽公司為國內最大成衣製造公司,該公司生產據點遍布在:台灣、中國、印尼、越南、菲律賓、柬埔寨等國,總員工人數達 3.4 萬人,成立 35 年。
- 聚陽生產各式服飾,有流行服飾及運動休閒服飾;其客戶有:優衣庫 Uniqlo、GU、NET、H&M、GAP、Walmart、Skechers……等美、日大品牌公司及大賣場、大百貨公司。
- 聚陽在 2024 年度營收達 290 億元,獲利 30 億元,獲利率 9%,EPS 為 8 元,目前股價為 303 元。

二、領導人成功經營心法

1. 企業文化:「與時俱進」+「沒有最好,只有更好」。
2. 面對困境,反正就是要活下去,要活就要找出跟大家不一樣的思維及模式。
3. 聚陽能穩定成長,主要由於兩點:
   (1) 能夠長遠布局。　(2) 多元化產品線+多國家生產據點並進布局。
4. 企業要百年永續成長,每一代的接班計劃不可少,我已啟動未來接班計劃。
5. 聚陽爭取客戶的優勢有:
   (1) 全球化生產據點的營運及管理經驗。
   (2) 提供更多附加價值與整合能力服務(從設計、製造、銷售、行銷、市場分析、全球規劃、物流交貨、售後服務)。

三、作者重點詮釋

(一)企業要長久存活,就要有長遠布局:

　　任何企業,要 30 年、50 年、100 年長久存活下去,就必須有「長遠布局」才行,不能走一天、算一天,不能走一年、過一年的短期眼光或窮忙於眼前的每月業績;除短期業績達成外,更必須要有「長遠布局」,包括:長遠的事業版圖、長遠產品線、長遠客戶線、長遠人才培育等都要去規劃。

（二）企業文化：與時俱進＋沒有最好，只有更好

聚陽公司周理平董事長的企業文化，就是兩個：

1. 要永遠與時俱進。
2. 任何工作，沒有最好，只有更好。

（三）做對的事：

多元化產品線＋多國家生產據點布局；影響深遠：聚陽公司能夠長期30多年存活下去，主要仰賴兩件事做得對：

1. 多元化產品源布局。
2. 多國家生產據點布局。

企業的成功，一定是有某些事情當初做對了！所以，做對事，很重要。

（四）要百年永續成長，就要每一代有好的接班計劃：

企業要100年、130年永續長期經營下去、活下去，不可能只靠老闆自己的一代人而已；而是要靠每一代有好的、優秀的接班人計劃或接班團隊計劃，代代有好的接班團隊，就可百年長青不墜。

（五）為客戶（B2B）提供一套完整的高附加價值服務（從設計、製造、物流、交貨、售後服務、市場資訊和分析與行銷建議），創造最大自我行銷優勢：

做客戶（B2B）生意，最重要的是提供客戶一套完整的高附加價值服務體系，而這恰是你競爭對手做不到的優勢，那你就贏了。這一套高附加價值服務體系，包括：「設計→製造→物流→交貨→售後服務→市場資訊分析→行銷建議。」

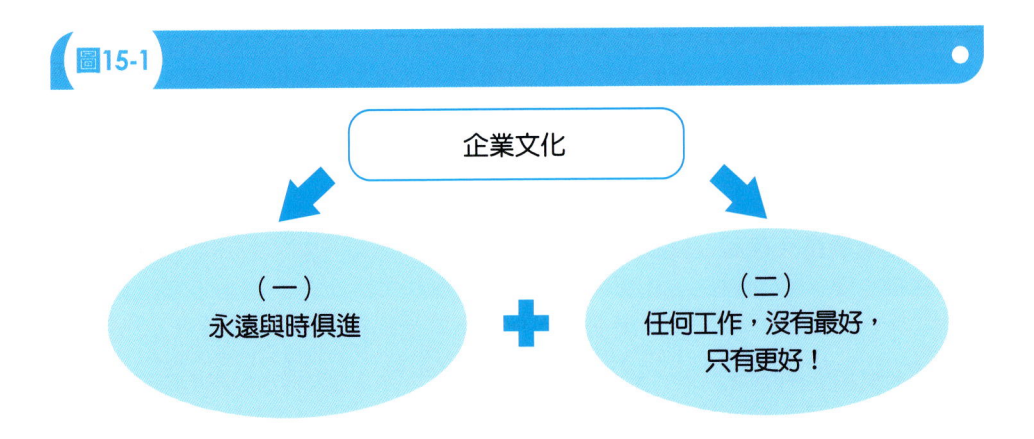

四、重點圖示

圖15-1

企業文化

（一）永遠與時俱進 ＋ （二）任何工作，沒有最好，只有更好！

圖 15-2

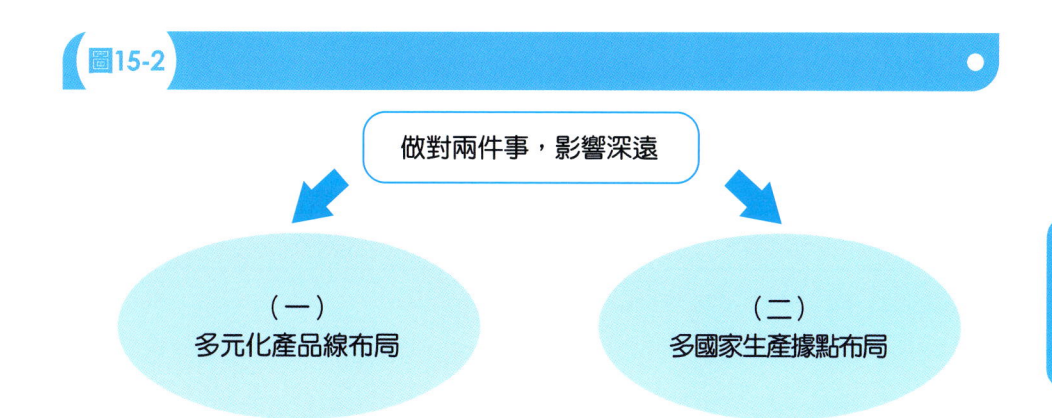

做對兩件事，影響深遠

- （一）多元化產品線布局
- （二）多國家生產據點布局

圖 15-3 企業「長遠布局」10 大長遠布局重點

1 長遠事業版圖布局	2 長遠產品線布局	3 長遠多品牌策略布局	4 長遠海外市場開拓布局
5 長遠客戶線（B2B）布局	6 長遠人才培育布局	7 長遠門市店展店布局	8 長遠獲利提升布局
	9 長遠公司核心能力及競爭優勢布局	10 長遠集團化發展布局	

圖 15-4

企業百年基業長青 → 每一代都有好的、完善的接班計劃！

第 15 位　聚陽成衣製造公司董事長周理平

圖15-5

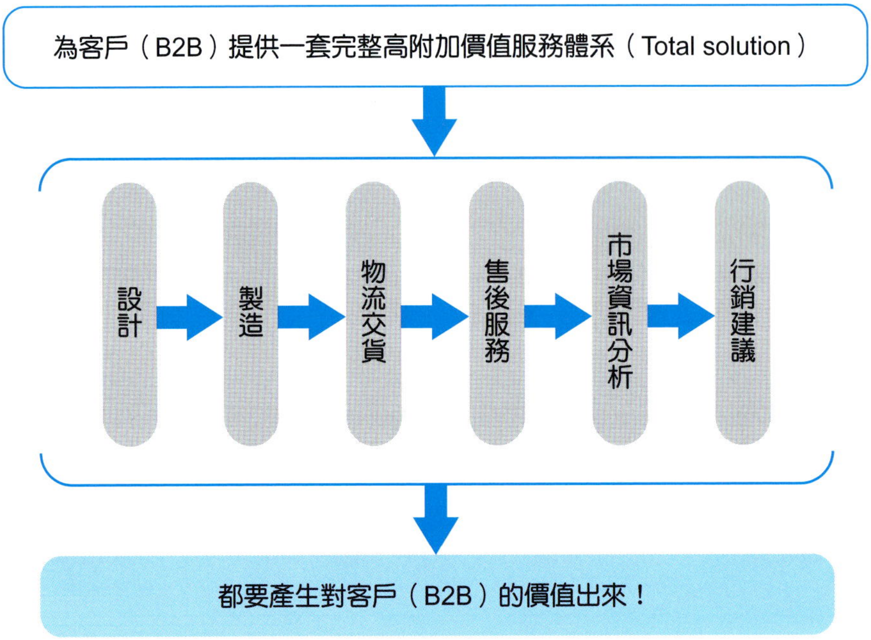

為客戶（B2B）提供一套完整高附加價值服務體系（Total solution）

↓

設計 → 製造 → 物流交貨 → 售後服務 → 市場資訊分析 → 行銷建議

↓

都要產生對客戶（B2B）的價值出來！

第 16 位　廣達集團董事長林百里

一、公司簡介

- 廣達公司為國內知名電腦及伺服器代工公司，該公司在 2024 年合併營收額高達 1.28 兆元，合併稅後淨利額達 298 億元，稅後淨利率為 2.3%；EPS 為 7.5 元。
- 廣達公司 2024 年度研發支出達 213 億元，占合併營收額 1.7%。
- 廣達公司在 2023 年 7 月時，股價升到 200 元，企業市值破 6,700 億元。
- 廣達公司董事長林百里在 2023 年 7 月，成為台灣首富，身價高達 2,900 億元。
- 廣達公司在 2023 年 7 月，因受 AI 伺服器之帶動，股價大幅上漲。
- 廣達公司為國內電子五哥之首，它在筆電（NB）代工及雲端伺服器代工均位居第一名。
- 廣達集團在 2024 年合併營收達到 1.28 兆元台幣，合併稅前淨利達 400 億元；而在本業年營收則達 1.17 兆元，本業淨利達 370 億元，EPS 為 7.5 元，獲利率為 3.3%。
- 廣達集團成立已 38 年，董事長林百里默默耕耘伺服器及 AI 伺服器 20 年，現已開花結果，非筆電營收已超過 55%。
- 廣達股價已上升到 126 元，超越鴻海，原因是廣達已成為最近最熱門 AI 伺服器的第一名代工者，旗下子公司雲達科技公司專責此事。

二、領導人成功經營心法

1. AI 將是廣達的大未來，未來 10 年成長速度將比過去 30 年都快速。
2. 經營事業，眼光要敏銳，能精準抓住未來十年趨勢。
3. 廣達的成功，歸功給公司全體員工。
4. 絕不以目前狀況為自滿，未來的廣達還會更壯大。
5. 各行各業必須掌握與活用 AI，這將成為競爭勝出的關鍵。
6. 秉持求知若渴的精神，勇敢創新，積極回應客戶（B2B）需求。
7. 要持續為全體股東創造價值。
8. 持續推動各事業群利潤中心（BU）制度，使內部產生良性競爭。
9. 要不斷提升產品與服務的總競爭力。
10. 對廣達的發展，要堅持一直走在競爭對手之前。
11. 喜愛研發，也愛好創新，擁有奔放卻精確的「未來想像力」。
12. 廣達對於研發的執著，就是我們最大的武器。

第 16 位　廣達集團董事長林百里

13. 最近 20 年來，我們已連中三元，在筆電、雲端、AI 伺服器等 3 大領域，我們都搶得第一，AI 伺服器是我們的第 3 次大轉型。
14. 要堅持「前瞻眼光」及「技術發展」熱情，才能做出跨時代好產品來。
15. 我已 76 歲，還要再做十年，後面十年貢獻給 AI，不輕言退休。
16. 廣達未來還有很多新東西、新技術、新應用，廣達都會領先。
17. 面對全球大環境外在困境，要展現「企業韌性」。
18. 廣達要加速布局全球，在越南 NB 廠、泰國伺服器廠、墨西哥電動車零件廠。
19. 廣達要持續掌握技術優勢，擴大領先。
20. 優化 AI 智慧製造，提升管理效能，強化競爭力。
21. 要用更創新的科技產品及服務，積極因應 B2B 大客戶需求。
22. 面對外在大環境挑戰，必須保持「更快速度」及「更大彈性」。
23. 永續願景：「以科技創新福利人群」。
24. 要持續為全體股東創造更大價值。
25. 「前路寬廣卻崎嶇，勇者不懼更奮進。」
26. 我們是 AI 伺服器龍頭，也是 Nvidia（輝達公司）背後的造王者。
27. 根據 B2B 大客戶的需求，做出最好的產品。
28. 堅持「烏龜精神」，默默耕耘，低調收割，終於迎向 AI 大時代浪潮的新商機，搶得大頭香。
29. 林百里的「VIP 哲學」：

    V：vision 願景；I：integration 整合；P：position 位置。

    要想想公司未來 10 年、20 年後的願景是什麼？要在產業、世界上扮演何角色？要站上什麼位置？後來終於成功找到雲端伺服器及 AI 伺服器。

三、作者重點詮釋

（一）AI 將是我們的大未來，百年難得機遇：

廣達集團董事長林百里認為：AI 將是我們的大未來，是百年難得一遇的機會。特別是 AI 伺服器、AI 筆電、AI 汽車等的商機非常大，而廣達也準備了十年的功夫，準備搶入。

（二）眼光要敏銳，能精準抓住未來十年趨勢：

林百里董事長認為高科技產業變化非常快，平均每十年就產生一個大的商機變化與產品變化，因此，眼光一定要具敏銳性並抓住未來十年的最新產業趨勢，才能取得新商機。

（三）我們的成功，歸功於公司全體員工：

林百里董事長把廣達集團在過去 30 年的成長、成就及成功，歸功於該集團的全體員工，完全沒有私心、沒有老闆自身的利益，這是很難得的，不愧是國內電子五哥中的大哥地位。

（四）要持續為公司及全體股東創造更高價值：

企業經營到最後，不是看大老闆分了多少股息（股利），而是要為全體幾萬名、幾十萬名、上百萬名的公司小股東，創造更高的價值及更多的每年股息收入，這才是公司經營的最後王道。

（五）推動利潤中心（BU）制度，使內部產生良性競爭，公司會更強大：

國內有愈來愈多的各行各業都採取劃分獨立單位的利潤中心制度，即 BU 制度（Business Unit），依各事業群、各事業部、各產品線、各品牌別、各分公司別、各子公司別、各店別、各館別等成為 BU 單位。

（六）要持續不斷提升公司的核心價值鏈的價值出來：

公司營運最主要就是要把公司價值鏈流程運作的價值發揮提高出來。這些價值鏈單位，包括：研發、採購（SCM）、製造、品管、物流、行銷、銷售、客服、法務、財會、人資、IT 資訊、建廠……等，每個單位都必須更大發揮它們的價值出來。

（七）秉持求知若渴精神，勇敢創新，並積極回應客戶（B2B）需求：

林百里董事長認為，根本上來說，必須做好三件事情，企業就能長遠的經營下去，包括：

1. 求知若渴精神，知識不斷進步。
2. 勇敢創新，並有成果。
3. 積極回應客戶需求。

（八）要堅持一直走在競爭對手面之前：

企業經營一定要思考並努力，如何一直走在競爭對手之前，才能有效領先對手。包括：技術、研發、製造、品管、行銷、銷售、服務、物流、策略、集團化、產品力、品牌力、通路力等各方面，都要堅持走在競爭對手之前，要提早做、要超前部署，以及要領先做。

（九）對研發的執著，就是我們最大的武器：

對研發，要執著，要勇於投入更大的人力、物力、財力、心力，若能做到研發領先、研發突破、研發攻頂，這就會成為我們最大的武器。

（十）「前瞻眼光」＋「洞燭機先」：

企業經營的眼光，必須要有「前瞻性」，意指，不只看到現在、看到本季度、看到本年度而已；而是更要看到未來的五年、十年、二十年的發展趨勢與發展方向才行。而「洞燭機先」，就是指在前瞻性的過程中，必須有眼光，有敏銳性、有警覺性、有洞察性的看到「機會」、看到「新商機」、看到「賺錢事業」，這就是洞燭機先。

（十一）永保「企業韌性」：

面對外在／內在大環境的挑戰、困境，甚至是危機，企業及全體員工，更必須永保「企業韌性」，能更堅持、能夠忍受、能夠風吹雨打、能夠訂單萎縮；但都打不倒、擊不潰我們的堅毅的心及奮戰意志，這就是「企業韌性」當挑戰、困境、危機一過企業又活過來了，又站起來了。

（十二）「更快速度」＋「更大彈性」：

企業面對大環境與全球景氣不振衝擊，要以「更快速度」＋「更大彈性」，去因應此種大變局，才能安然度過。

（十三）根據客戶需求，做出最好產品；根據市場需求，移到海外客戶在地化生產：

做 B2B 客戶生意的企業，最重要的兩點就是：
1. 要根據客戶需求狀況及要求，做出最好的產品來供應。
2. 要根據市場需求，而將供應鏈移到海外在地化／接近化生產。

（十四）十年後；願景＋角色＋位置的3問：

企業領導人，永遠要思考十年、二十年後：
1. 我們的未來願景是什麼？
2. 我們在此產業的扮演角色是什麼？
3. 我們要站的位置在哪裡？站在什麼位置上？

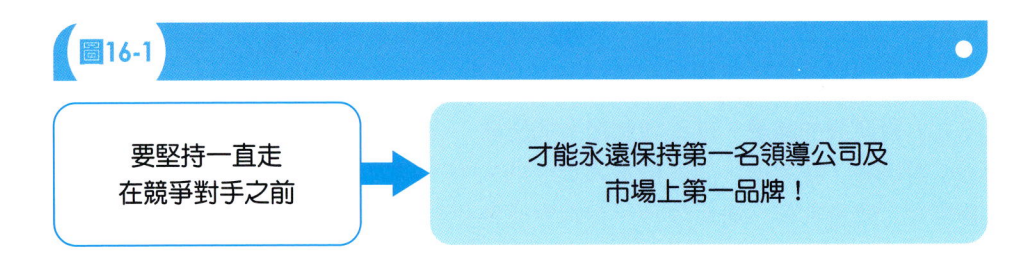

四、重點圖示

圖16-1

要堅持一直走在競爭對手之前 → 才能永遠保持第一名領導公司及市場上第一品牌！

圖16-2

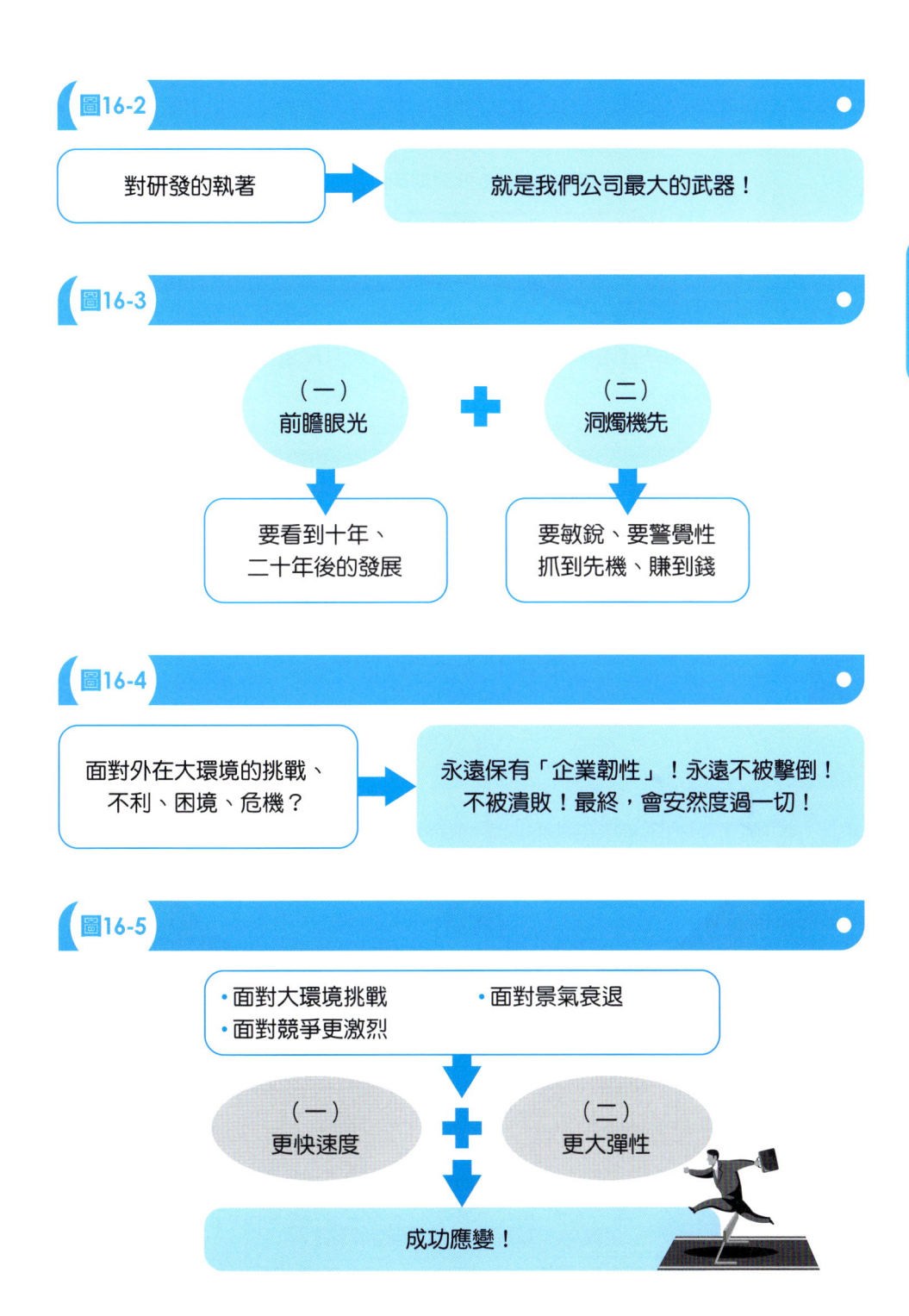

對研發的執著 ➡ 就是我們公司最大的武器！

圖16-3

（一）前瞻眼光 ＋ （二）洞燭機先

- 要看到十年、二十年後的發展
- 要敏銳、要警覺性，抓到先機、賺到錢

圖16-4

面對外在大環境的挑戰、不利、困境、危機？ ➡ 永遠保有「企業韌性」！永遠不被擊倒！不被潰敗！最終，會安然度過一切！

圖16-5

- 面對大環境挑戰
- 面對競爭更激烈
- 面對景氣衰退

（一）更快速度 ＋ （二）更大彈性

➡ 成功應變！

第 16 位　廣達集團董事長林百里

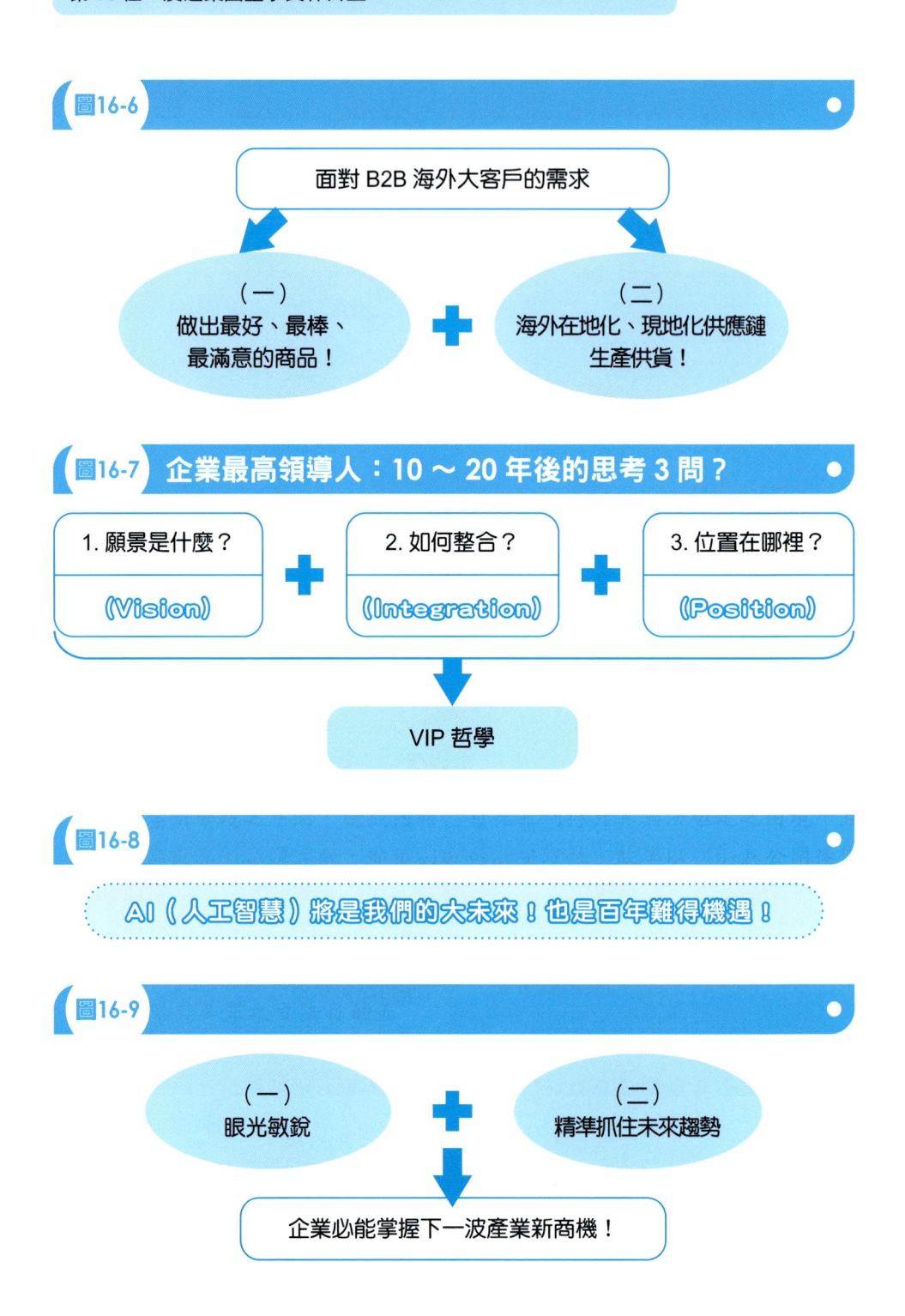

圖 16-6

面對 B2B 海外大客戶的需求

（一）做出最好、最棒、最滿意的商品！

＋

（二）海外在地化、現地化供應鏈生產供貨！

圖 16-7　企業最高領導人：10～20 年後的思考 3 問？

1. 願景是什麼？(Vision)

＋

2. 如何整合？(Integration)

＋

3. 位置在哪裡？(Position)

↓

VIP 哲學

圖 16-8

AI（人工智慧）將是我們的大未來！也是百年難得機遇！

圖 16-9

（一）眼光敏銳

＋

（二）精準抓住未來趨勢

↓

企業必能掌握下一波產業新商機！

圖16-10

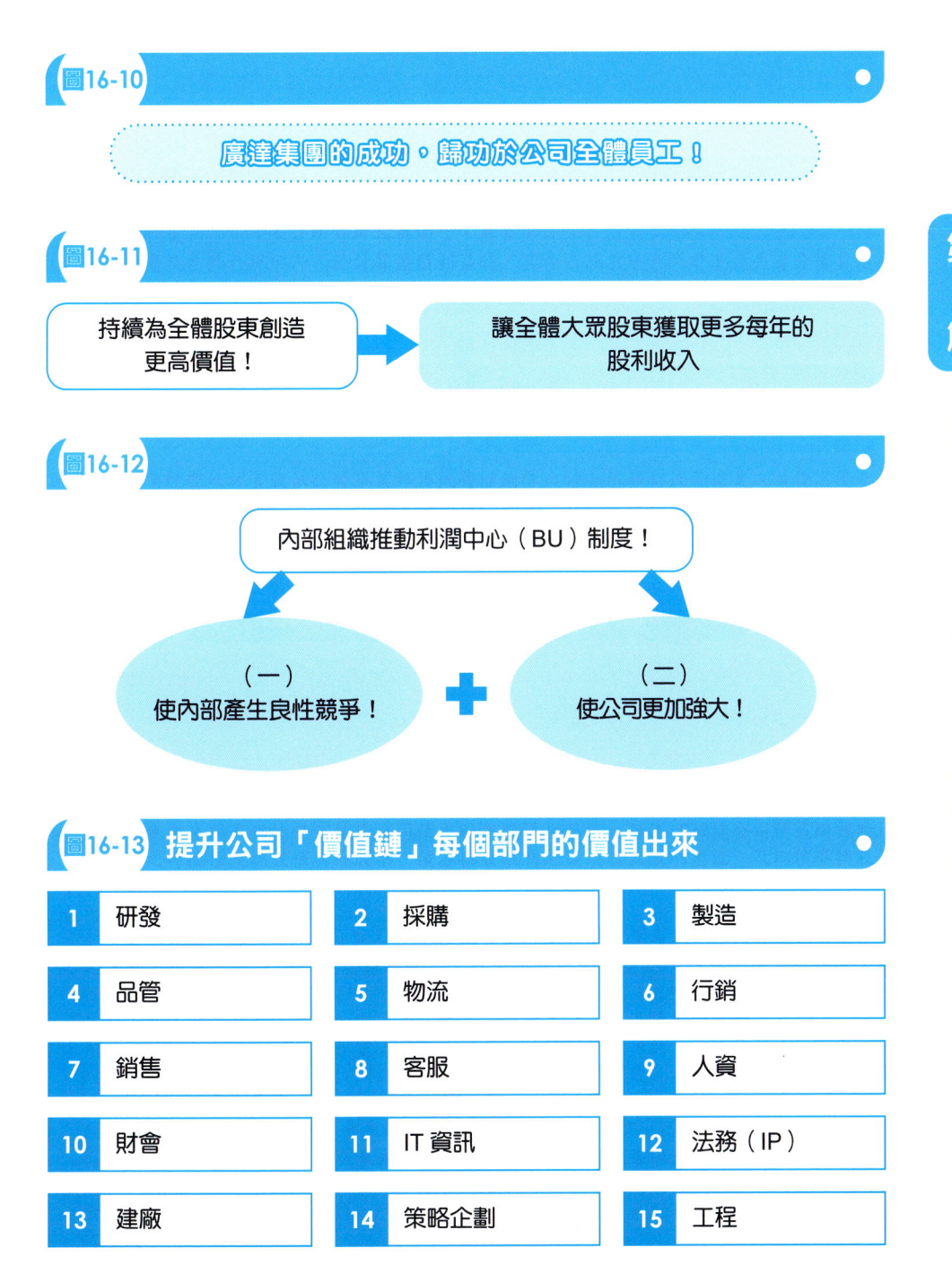

廣達集團的成功，歸功於公司全體員工！

圖16-11

持續為全體股東創造更高價值！ → 讓全體大眾股東獲取更多每年的股利收入

圖16-12

內部組織推動利潤中心（BU）制度！

（一）使內部產生良性競爭！ ＋ （二）使公司更加強大！

圖16-13 提升公司「價值鏈」每個部門的價值出來

1	研發	2	採購	3	製造
4	品管	5	物流	6	行銷
7	銷售	8	客服	9	人資
10	財會	11	IT 資訊	12	法務（IP）
13	建廠	14	策略企劃	15	工程

第 16 位　廣達集團董事長林百里

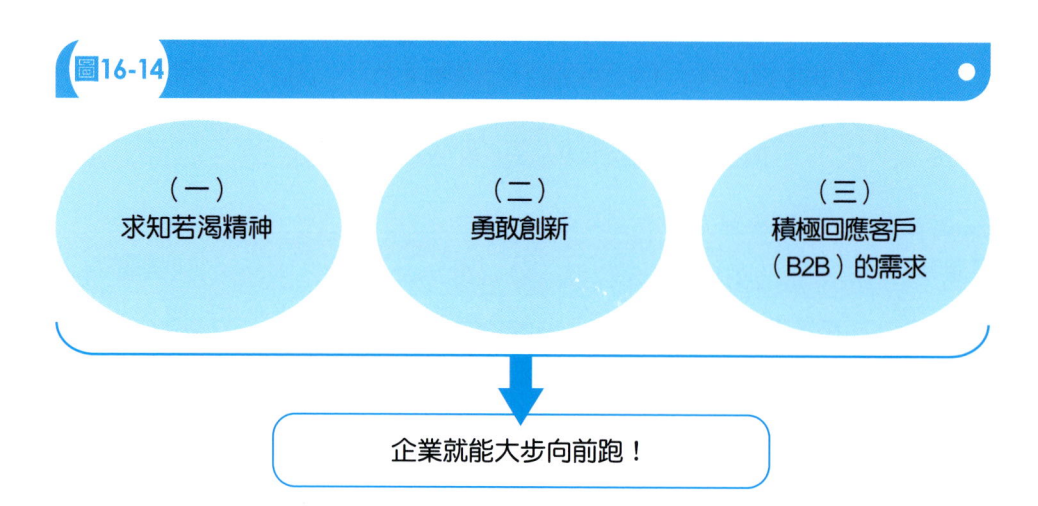

圖16-14

- （一）求知若渴精神
- （二）勇敢創新
- （三）積極回應客戶（B2B）的需求

↓

企業就能大步向前跑！

第 17 位　台灣國際航電（Garmin）公司董事長高民環

一、公司簡介
- Garmin 為知名車用導航及穿戴型裝置的領導品牌。
- Garmin 成立於 1989 年，研發總部位在美國，是全球最具指標性的 GPS 企業。目前已是航空、航海、車用、運動健身等市場都有產品布局。
- Garmin 產品有驚艷設計、卓越品質及優異可靠性。

二、領導人成功經營心法
1. 「求難，不求易」，是我們的經營哲學。
2. 培育多條產品線，形成五大事業體。
3. 經營企業，就要：晴天時，做好下雨天的準備。
4. 現在有豐碩果實可以吃，即是十年前種下的因。
5. 我們的資源配置，會思考現在、未來、更未來的面向發展。
6. 我們不會滿足於現在的成長，我們一直都有很多條線在布局。

三、作者重點詮釋

（一）「求難，不求易」，是我們的經營哲學：
　　Garmin 公司高民環董事長的經營哲學，就是：「求難，不求易」，因為做簡單的，每家公司都會，根本沒有進入門檻；做難的，才不會太多人輕易進來競爭。雖然「求難」是很辛苦的，但卻也值得去做。

（二）晴天時，要做好下雨天的準備：
　　企業經營，當順風賺錢的時候，千萬不要忘了逆風時的虧錢；因此，企業必須在順風且晴天時，為逆風雨天做好準備，包括：人才、資金、設備、產品、定價、客戶、通路等；才不會在雨天時措手不及。

（三）現在有豐碩果實可以吃，都是十年前種下的因：
　　Garmin 公司的眼光、視野放得很長遠，今天之所以有豐碩果實吃，都是十年前種下的因，才有今天的果。所以，現在國內外大企業、大集團都是用「十年眼光」，來對未來做今天的準備。所以「長遠眼光」是很重要的。

（四）我們資源配置有三個方向：現在、未來（3～5年）、更未來（5～10年）

Garmin 公司的人才資金及產品研發的總體資源配置，放在 3 個方向：

1. 現在（1～2年內）（短期）
2. 未來（3～5年）（中期）
3. 更未來（5～10年）（長期）

所以，能夠兼顧短、中、長期三個方向的資源合理配置。換言之，公司要有一批人是做現在的，也另有一批人是做中長期未來的事。

（五）我們不會滿足現在的成長，我們一直都有很多條事業線在布局：

Garmin 公司的經營理念，就是不會只滿足現在、現有的成長或業績，該公司一直都有很多條事業線在布局未來，如此，即可保持短、中、長期公司的未來成長動能，這種「超前布局」是很需要的，企業經營不能只看到今天，而沒看到明天、明年、五年後的預想。

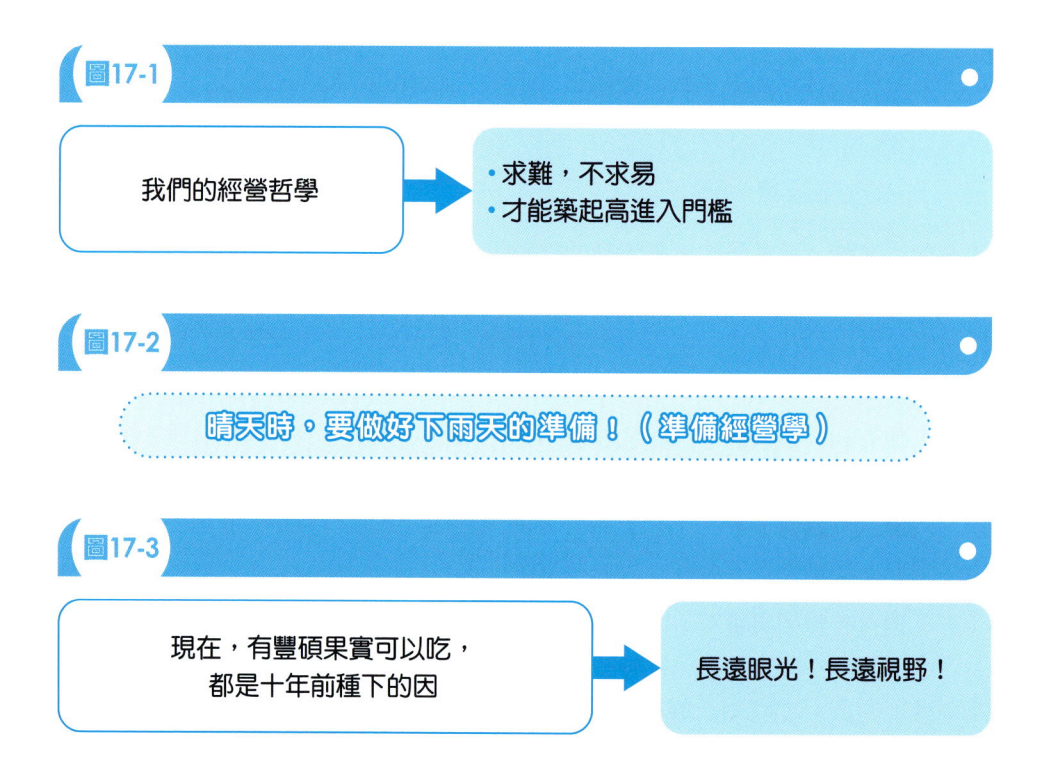

四、重點圖示

圖17-1

我們的經營哲學 → ・求難，不求易
・才能築起高進入門檻

圖17-2

晴天時，要做好下雨天的準備！（準備經營學）

圖17-3

現在，有豐碩果實可以吃，都是十年前種下的因 → 長遠眼光！長遠視野！

圖 17-4

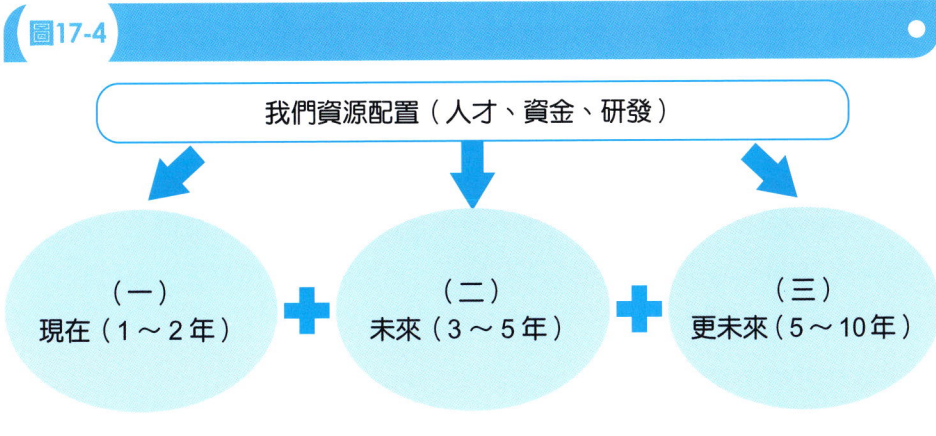

我們資源配置（人才、資金、研發）

- （一）現在（1～2年）
- ＋（二）未來（3～5年）
- ＋（三）更未來（5～10年）

圖 17-5

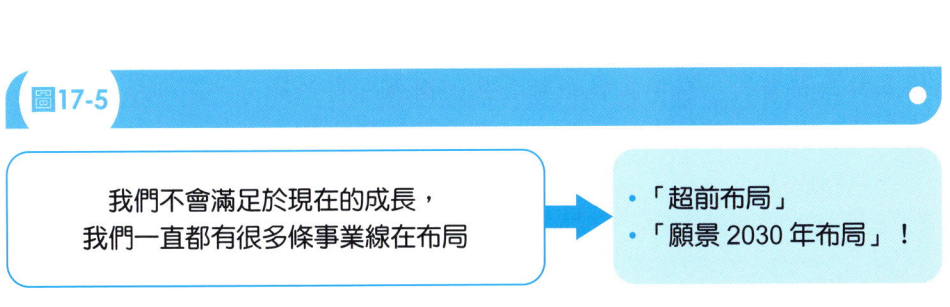

我們不會滿足於現在的成長，我們一直都有很多條事業線在布局 →
- 「超前布局」
- 「願景 2030 年布局」！

第 18 位　佳世達集團董事長陳其宏

一、公司簡介
- 佳世達集團係由大量併購而成的集團，目前事業領域包括：網通事業、醫療事業、智慧解決方案事業等非常多角化事業集團。
- 該集團 2024 年合併營收額達 2,400 億元，稅前獲利額 96 億元，獲利率 4%，EPS 為 4 元，股價 47 元。

二、領導人成功經營心法
1. 凡意志力所到之處，必能找到一條路走。
2. 併購這麼多家公司，遇到最大挑戰是：人是最難的。人對了，事情就對了。
3. 人事任用，要讓人才，在對的領域去發揮。
4. 集團有這麼多的資源及人力，只要缺什麼，我們就補什麼，當他們堅強的後盾。
5. 我們選擇併購對象，是先從隱形冠軍開始。
6. 訂下策略之後，先聚焦巨觀方向，不要急著從微觀下手，不然會像迷路的小兔。
7. 未來，要擴大高毛利、高附加價值的產品及事業，要把體質再往上提升，改善整個集團獲利。

三、作者重點詮釋

（一）凡意志力所到之處，必能找到一條路走：
　　佳世達集團董事長陳其宏認為「凡意志力所到之處，必能找到一條路走」，表達出經營事業的意志力很重要！只要公司確立目標之後，就要很有意志力的全力以赴，必可達成目標。

（二）人對了，事情就對了：
　　企業很多事情，都是人做出來了，只要用人用對了，凡事必可成功，所以，陳其宏董事長說：「人對了，事情就對了。」所以，「適才適所」，也是此意。

（三）人事任用，要讓人才在對的領域去發揮：
　　凡是人事任用，重點是：必須讓人才在對的領域去發揮，有人適合在第一線去衝業務，有人則適合在公司當幕僚，所以，找對人、把人用對地方，是主管必須考量之事。

（四）要決心往高毛利、高附加價值方向走去：

　　企業經營，整體來說，就是往高毛利、高附加價值方向走去，如此，就能拉高獲利率，並且強化公司競爭力體質，是一舉兩得的，千萬不要在低附加價值、人人都做得出來的簡易產品的紅海市場裡，做辛苦的低價競爭。

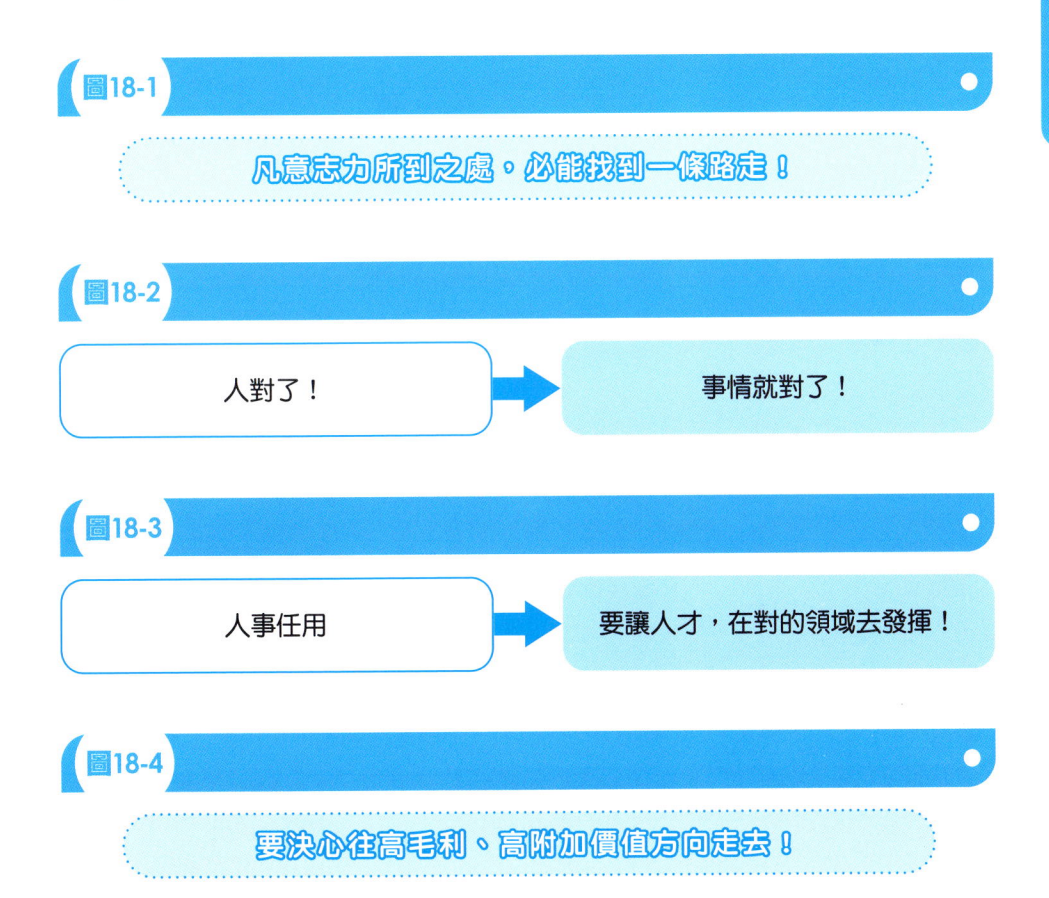

四、重點圖示

圖18-1

凡意志力所到之處，必能找到一條路走！

圖18-2

人對了！ ➡ 事情就對了！

圖18-3

人事任用 ➡ 要讓人才，在對的領域去發揮！

圖18-4

要決心往高毛利、高附加價值方向走去！

總歸納／總結論

高科技業、外銷產業 18 位企業領導人的成功經營智慧 98 則總整理

1 人才最重要！得人才者，得天下也

2 領先的技術及高良率致勝

3 價值經營及高值化經營

4 堅守誠信與信譽

5 高度重視人才培育及傳承計劃

6 掌握先機、洞燭機先

7 創造更高公司價值及更高 ROE

8 現在很好，不代表以後就很好，要永保危機意識

9 要超前布局，看向未來，永遠為未來做準備

10 全員必須培養出解決問題的能力

11 保持對產品的不斷精進、改良、升級、加值、改版

12 做好重大決策的取捨、選擇、抉擇

13 培養出企業的韌性

14 落實執行 ESG 永續經營

15 得到客戶（B2B）信賴

⑯ 人才，是公司最寶貴資產，也是未來 10～20 年長期發展的決定關鍵	⑰ 必須做好持續性的技術領先	⑱ 全球布局、海外布局，打世界盃比賽
⑲ 關注全球終端市場需求性與全球經濟景氣	⑳ 做好全球布局並分散風險	㉑ 中國＋1，台灣＋1，美國設廠
㉒ 台商拓展海外市場，全方位朝多樣化策略，尋求保持成長性	㉓ 客戶（B2B）在哪裡，我們就到哪裡；客戶需求怎樣，我們就滿足他們，全都以客戶至上	
㉔ 未來下一個 50 年，更不能懈怠	㉕ 不再追求太高營收，轉追求高毛利、高獲利、高 EPS、高 ROE	㉖ 隨時要超前布局未來，每一年都有新挑戰
㉗ 必須投入研發（R&D），推出更多高附加價值產品	㉘ 持續積極推動新興事業領域，以保證企業持續成長	㉙ 「誠信」做事業，是永遠的根本
㉚ 面對大環境挑戰，仍要穩定向前行，並駛向一條新成長航道	㉛ 要精準抓住產業改變的趨勢及新成長機會	㉜ 透過自己發展＋向外併購，才能步上快速成長的道路

總歸納／總結論

33 永遠要替客戶（B2B）創造出更高附加價值

34 企業新口號：創新不止、美好不息

35 要提前思考：未來五年、十年、二十年，企業要何去何從

36 要用既有賺錢事業，來培養新事業

37 我們的策略規劃，都是做十年的

38 我們在各事業領域，都跑得很快，不斷往前跑，要跑得飛快才行

39 極大化 EPS 及 ROE，創造大眾股東最大利益

40 我們像八爪魚，只要有好事業、能賺錢、有未來性的，我們都勇於投資

41 全球供應鏈去中化、去風險化，是領導人必須考慮，並有所對策的

42 加速公司轉型，邁向多元化事業組合策略前進

43 不播種，就不會有機會

44 鼓勵旗下 10 家子公司，已成功走向 IPO，成為老虎隊

45 面對困境，不要只列問題，而是要列出機會

46 給員工 3 樣東西：給授權、給機會、給舞台

47 三個立：立刻判斷、立刻決定、立刻執行

48 人力資源的 4 個重點：選才、育才、用才、留才

49 「隨時應變」+「快速應變」的強大執行力

50 管理 4 化：合理化、標準化、系統化、資訊化

51 市場＝客戶＋產品

52 逆境，才是學習成長的真正好機會

53 品質，是公司賴以生存的命脈

54 主管每天做什麼？定策略、建組織、布人力、買系統、激人心、遠大目標

55 鴻海賣的5件事：速度、品質、工程服務、彈性成本、附加價值

56 沒有景氣問題，只有能力問題及競爭力問題

57 首次編訂十年期（2025～2035年）經營發展策略與計劃

58 未來，不再追求量變，而是質變；不再追求銷售量最大，而是追求獲利最大

59 我們公司宗旨：正派經營、照顧員工、重視人才、回饋社會

60 客戶（B2B）各種需求，我們都辦得到

61 創新思維，只為更好

62 企業發展，要配合時代的轉變及社會與客戶的需求，不斷尋找新機會

63 隨時要靈活應變，自己要去發掘，自己要去努力

64 自己要淘汰自己，等著讓人淘汰，就來不及

65 領先者不是跟別人compete（比賽），而是跟自己，如果沒有推出新東西，後面就有人追上來

66 先深耕產業內，再向外擴張

總歸納／總結論

67 要專注、深耕，才知道產業的下一步是什麼

68 公司資源有限，不可能包山包海，要把自己的長處展現出來

69 要保持技術領先，加上能做出超越對手的好產品，公司就會成長起來

70 人才先準備好，然後再去想投資及擴充

71 企業要長久存活，就要有長遠布局

72 企業文化：與時俱進＋沒有最好，只有更好！

73 永遠要做對的事，下對的決策

74 要百年永續成長，就要每一代有好的接班計劃

75 要為客戶（B2B）提供一套完整的高附加價值設計、生產、服務、情報

76 AI將是我們的大未來，百年難得機遇

77 眼光要敏銳，能精準抓住未來十年趨勢

78 我們的成功，全部歸功於全體員工

79 要持續為公司及全體股東創造更高價值

80 要推動利潤中心（BU）制度，使內部產生良性競爭，公司將更強大

81 要持續不斷提升公司的核心價值鏈的價值出來

82 秉持求知若渴精神，勇敢創新，並積極回應客戶需求

83 要堅持一直走在競爭對手之前

84 對研發的執著，就是我們最大的武器

85
「前瞻眼光」+「洞燭機先」

86
永保「企業韌性」

87
「更快速度」+「更大彈性」

88
根據客戶需求，做出最好產品；根據市場需求，得到客戶在地化生產

89
十年後：願景＋角色＋位置的 3 問

90
「求難，不求易」，是我們的經營哲學

91
晴天時，要做好下雨天的準備

92
現在有豐碩果實可以吃，都是十年前種下的因

93
我們資源配置有三個方向：現在、未來（3～5年）、更未來（5～10年）

94
我們不會滿足現在的成長！我們一直有很多條事業線在布局

95
凡意志力所到之處，必能找到一條路走

96
人對，策略就會對、事情就會對

97
人事任用，要讓人才在對的領域去發揮所長

98
要決心往高毛利、高附加價值方向走去

MEMO

第二篇

內銷業、零售業、服務業、傳統製造業、消費品業 36 位企業領導人的成功經營智慧

第 19 位　統一企業集團董事長羅智先

一、公司簡介

- 統一企業是國內最大食品與飲料公司,也是國內擁有統一超商(7-11)及家樂福量販店的第一大零售業公司。
- 統一企業集團 2024 年度合併營收高達 6,100 億元,稅後合併獲利達 220 億元;而本業營收額為 467 億;企業市值達 4,000 億元,居全台前 20 大企業市值公司之一。
- 統一企業本業擁有相當多元化的產品線,包括有:泡麵、茶飲料、豆漿、果汁、優酪乳、咖啡、布丁、醬油、鮮奶、礦泉水……等知名品牌,我們每個人都或多或少會消費到該公司產品。
- 統一企業集團旗下的統一超商(7-11),全台已有 7,200 店,全年營收額達 1,900 億元,是全台第一大便利商店,帶給大家很大生活便利性。
- 統一企業市值超過 4,000 億元,保持全台名列前 20 名公司內。
- 統一企業母公司本業營收收入為 467 億元,獲利 23 億元。

二、領導人成功經營心法

1. 統一企業創辦人高清愿在 1967 年創立統一企業,其經營理念就是「三好一公道」,至今仍可使用。
2. 統一集團今天若有一些成績,都是因為前輩辛苦打下來的根基,加上所有同仁勤奮努力所共同創造的,我羅智先(董事長)只是代為執行而已。
3. 統一企業的經營理念,就是:
   (1) 務實勤奮　(2) 創新求進。
4. 統一企業守護食安,絕不妥協;沒有食安,就沒有統一;一定要對供應商、原物料、製程及產品嚴格把關才行。
5. 要落實企業三品政策;即:品格、品牌、品味。
6. 品質及信用,是企業永語的命脈。
7. 未來每一天都要秉持:
   (1) 不斷創新　(2) 與時俱進。
   上述兩項的經營態度及工作精神。
8. 經營事業,必須先把基礎打好、做強,一切自然就會逐步發展出來、成長上去;要堅持「穩健經營」至上,不要急躁、不要悲觀。

9. 統一企業要有 4 個努力：
   (1) 持續穩固各個市場基礎建設。
   (2) 強化組織能力與競爭力。
   (3) 提升營運系統建設。
   (4) 注重人才培育。
   以此追求持續成功及永遠進步。
10. 要發揮集團資源綜效，共創最大價值。
11. 統一集團有很健全及完善的人資制度，未來仍將持續引進業界有經驗的好人才加入團隊，目標成為年輕人最嚮往的公司之一。
12. 未來希望能夠永續集團的各項穩定因素，讓我們可以在一個穩定架構下，持續把這個組織更發揚光大。
13. 統一集團下一個 50 年的成長經營大戰略，即是「一個核心，四個主軸」：
   (1) 一個核心：以「生活品牌」為戰略核心。
   (2) 四個主軸：製造＋研發；貿易＋流通；體驗＋零售；聯盟＋併購。
   以此建構「亞洲級流通生活平台」。
14. 零售業沒有飽和問題。
15. 沒辦法看下半年景氣，去年底看今年上半年的觀察，沒有一樣準的，只能用心、盡力好好過每一天。
16. 對通膨漲價看法，如果從原物料價格當標準，會一直漲不完，但對組織解決問題並沒有幫助，而應透過更合理、更順暢的流程，努力降低成本，會比直接漲價更好。
17. 做零售業（超商業／量販業），要思考消費者進入門市店後，如何讓顧客願意多花點錢，那就要有理由及條件。要努力提升消費者有理由做更多的消費，如何讓消費者更能滿足內心需求、期待及想望，這些都應是經營團隊每天在思考及要有執行力的事情。
18. 到目前為止，統一企業及旗下子公司營運都還蠻令人安心的，整個節奏掌握得都還不錯。
19. 做食品／飲料生活產業的經營核心，就是要做好「品牌經營」與「品牌行銷」，一定要持續打造「品牌力」，持續累積「品牌資產價值」；並把「品牌」與「顧客心」，長期的緊緊連結在一起。
20. 不只要做好顧客對「企業的信賴」，更要做好顧客對「品牌的信賴」，爭取顧客的「信賴／信任」，是生活產業及零售產業的最核心根基與努力目標。
21. 統一企業、統一超商、統一家樂福、統一康是美、統一時代百貨、統一星巴克，都一定不斷地拉升、鞏固、強化、深耕顧客對我們的「信賴度」、

第 19 位　統一企業集團董事長羅智先

「指名度」、「喜愛度」、「好感度」、「忠誠度」、「黏著度」及「情感度」。

22. 統一企業的經營戰略，就是「一個核心＋四個主軸」，即：
    (1) 一個核心：以「生活品牌」為戰略核心。
    (2) 四個主軸：以「製造＋研發」、「貿易＋流通」、「體驗＋零售」、「聯盟＋併購」為四個主軸。

    以建立亞洲流通生活平台，為消費者帶進更美好生活。

23. 今年（2025 年）整體經濟環境仍充滿不確定因素，尤其是川普總統全球關稅戰，仍持續強化市場地位與競爭力，開創一個向上提升的未來。

24. 未來，對外將積極開發市場，善用經濟規模、區域擴張、組織能力及行銷戰力，持續保持競爭優勢。

25. 對內，則持續內部管理優化體質。

26. 基本政策方針，就是 (1) 持續調整結構　(2) 穩定成長　(3) 價值營銷。

27. 統一集團合併年營收已突破 6,200 億元，我們的目標是未來幾年內能先突破 7,000 億元合併營收里程碑，這才是真本事。

28. 穩健經營，是我們招牌不倒的祕訣。

29. 經營企業必須靠制度及系統，才能永續經營。

30. 唯一能破壞統一的就是安全，我只是擔心食安、工安、環安，這三安能做好，統一就不會出太大的事情。

31. 統一集團終極目標，是達到「亞洲大平台」，先做亞洲 20 億人口的生意，這個大市場生意，就可以做幾十年了，能做好亞洲市場，就很感恩了。

32. 這疫情 3 年期間，因國外原物料上漲，但統一產品售價沒上漲，因此，吃掉一些利潤，但看起來我們也已熬過來。

33. 統一中國式廠營收額在五年內將努力翻倍到 500 億人民幣（約 2,200 億台幣），成為統一集團最大單一營收來源。

34. 公司只要腳踏實地扎實去做，保持進步就表示方向是對的，至於集團總營收何時達到 7,000 億元，這是世事難料的，但我們會很努力去做的。

35. 我們產品不漲價，是因為我們想從生產流程方面有沒有優化空間，再把優化成本回饋給消費者。

36. 未來，希望發揮集團在生產製造、零售／百貨流通方面做好集團綜效，共創更大的集團價值。

三、作者重點詮釋

（一）做好食安，食安第一：

任何食品、飲料、餐廳、速食、早餐店等行業及公司，最重要的一點，就是要確保「食安問題」，食安一出問題，公司就完蛋了；因此，務必做到「零食安問題」及「100 分食品安全」的終極目標。

（二）不斷創新＋與時俱進：

「不斷創新」＋「與時俱進」是確保公司永遠向前發展、業績成長與領先競爭的兩大法寶。

（三）穩健經營至上：

羅智先董事長的根本信念，就是「穩健經營」至上；因為，統一集團合併營收額已衝到 6,200 億元之多，早已是國內內需產業的第一名領導公司，更必須「穩健步伐」，也不必「衝太快」，「衝太大」，因為，它已經很大了、夠大了；所以，只要每年保持 3 ～ 5% 的穩健成長，就算是成功了。

（四）零售業沒有飽和問題，只要做好下面 14 項：

1. 步步為營。
2. 創新求變。
3. 增加價值。
4. 聯盟合作。
5. 集團綜效。
6. 顧客第一。
7. 創造新市場、新需求、新客群。
8. 深耕會員。
9. 提升顧客滿意度。
10. 貼心服務。
11. 快速應變。
12. 敏捷能力。
13. 穩固高回購率。
14. 做好、做強、做出吸引人的「行銷」。

就能繼續擴大市場大餅、擴增營收及鞏固高的市占率。

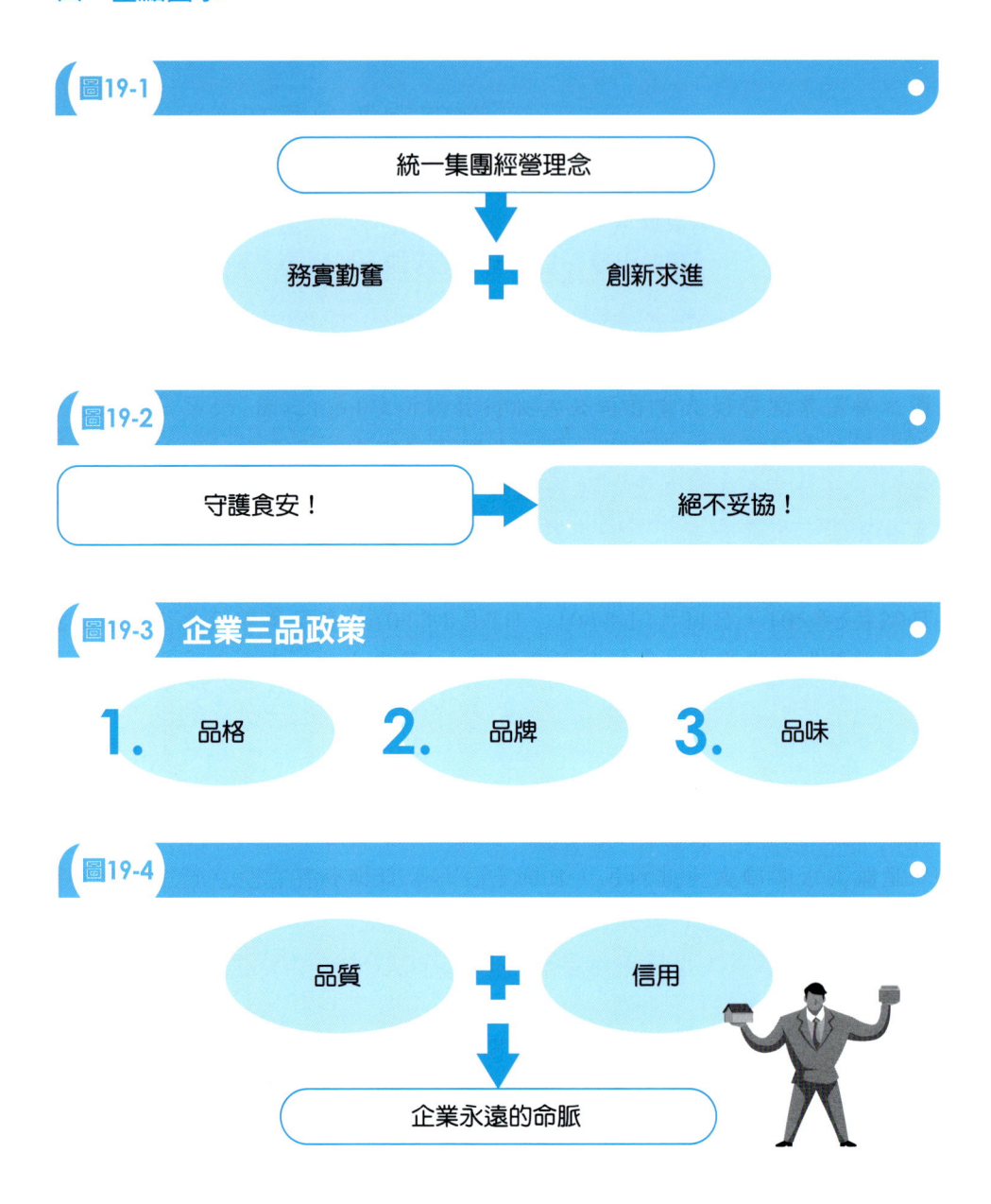

第 19 位　統一企業集團董事長羅智先

四、重點圖示

圖19-1

統一集團經營理念 → 務實勤奮 ＋ 創新求進

圖19-2

守護食安！ → 絕不妥協！

圖19-3　企業三品政策

1. 品格　2. 品牌　3. 品味

圖19-4

品質 ＋ 信用 → 企業永遠的命脈

圖19-5

未來每一天都要秉持
↓
不斷創新 ＋ 與時俱進

圖19-6

統一集團穩健經營至上！

圖19-7 統一集團4個努力

1	2	3	4
持續穩固各個市場基礎建設	強化組織能力與競爭力	提升營運系統建設	注重人才培育

圖19-8

發揮集團資源綜效 → 共創最大價值！

圖19-9

零售業沒有飽和問題！

圖19-10

未來大環境變化多！ → 必須更用心、更盡力好好過好每一天！

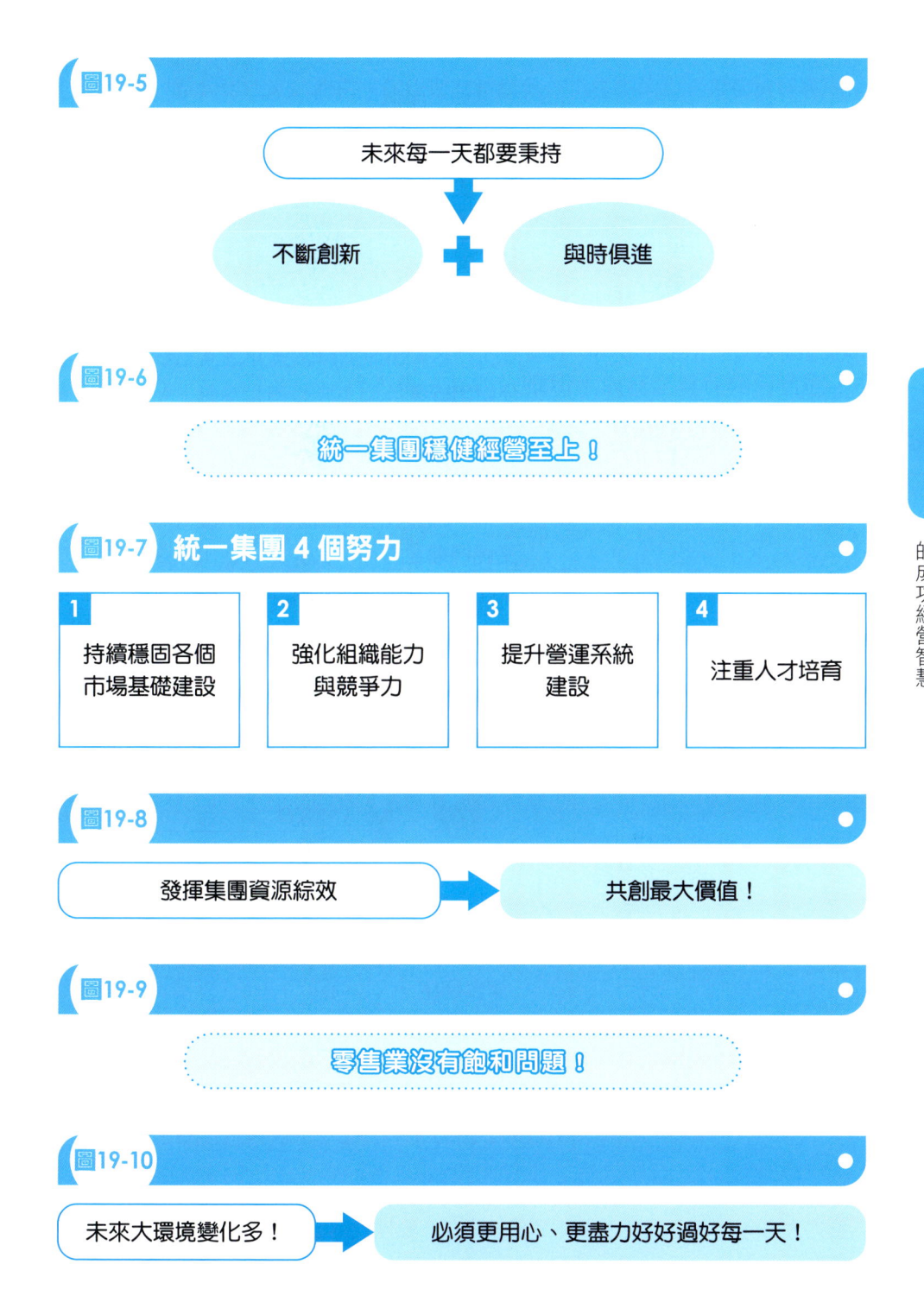

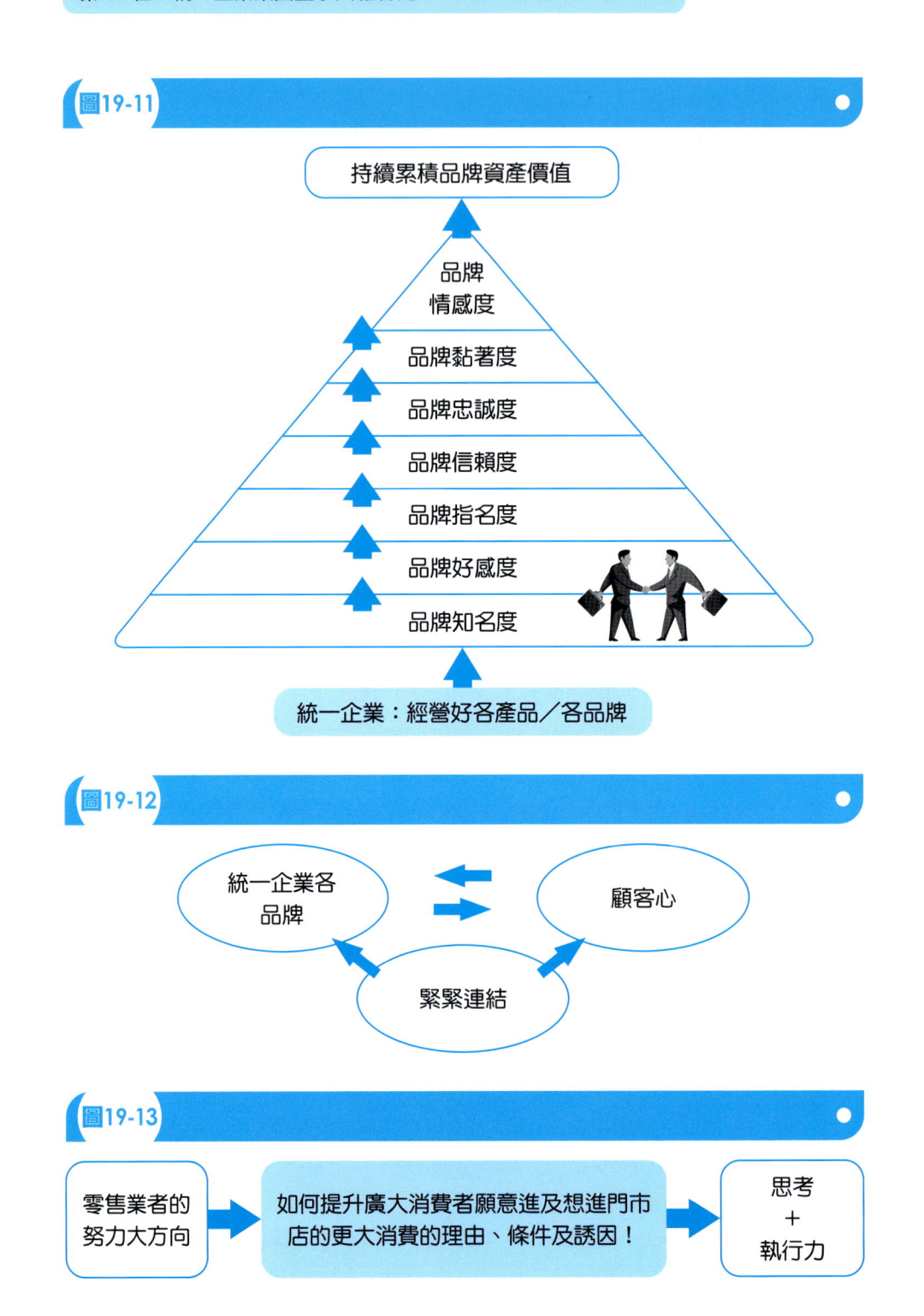

第 19 位　統一企業集團董事長羅智先

圖 19-11

持續累積品牌資產價值

（金字塔由上而下）
- 品牌情感度
- 品牌黏著度
- 品牌忠誠度
- 品牌信賴度
- 品牌指名度
- 品牌好感度
- 品牌知名度

統一企業：經營好各產品／各品牌

圖 19-12

統一企業各品牌 ⇄ 顧客心

緊緊連結

圖 19-13

零售業者的努力大方向 → 如何提升廣大消費者願意進及想進門市店的更大消費的理由、條件及誘因！ → 思考 ＋ 執行力

第 20 位　遠東集團董事長徐旭東

一、公司簡介

- 遠東集團為國內大型且多元化的企業集團,主要公司包括:遠傳電信(營收額 850 億元,股價 80 元)、遠東百貨(營收 550 億元)、SOGO 百貨(營收 500 億元)、遠東大飯店、遠東銀行、亞洲水泥、亞東醫院、遠東紡織……等企業。

二、領導人成功經營心法

1. 對景氣要樂觀一點,特別是零售業這幾年都還可以,但也要小心,因為人是會變的,消費者可買或可不買,每天都是會變化的。
2. 景氣必有好壞,行業也有高高低低,沒有不好的時間點,只有自己不夠努力,只有自己沒有市場競爭力,只有自己被消費者淘汰。
3. 做不好的,就要趕快修正,在好的時機,就要加速重新調整,提升自己的競爭力。
4. AI(人工智慧)可望減少不必要人力,但未來缺的將是「知識工」。
5. 遠傳電信市場會縮小為 3 家大的競爭,遠傳將持續以高品質的網路服務,以及多元的創新科技應用,創造差異化優勢。
6. 全世界都變了,你必須適應這變革、參與變革,甚至創造變革。
7. 遠東集團只挑難路走,而且要執著創新,重視企業社會責任,才能在難以預料變化中,站穩腳步,大步向前行。
8. 要趕快做好準備,應對快速變化的未來。
9. 要掌握趨勢,並創造新模式。
10. 唯有積極應對趨勢變化,才有機會開創新局。
11. 身為企業領導人,更必須及早掌握趨勢,加速因應。
12. 全球供應鏈已經重新布局,並「去中化」,供應鏈大量轉移到東南亞及印度去,少量轉到日本及美國。
13. 要努力執行打造「淨零碳排」,推動環境永續。
14. 科技高速演進,企業要加快數位轉型。
15. 自 2024 年起,將是 AI 新時代來臨。
16. 要勇敢迎戰「變化」新常態。
17. 在快速變遷新時代,若轉型速度跟不上世界節奏,將被市場淘汰。

18. 只有不斷調整及與時俱進，才能在新常態中，保持持續成長。
19. 企業必須：
    (1) 了解自己的定位（who are you）；掌握企業發展現況。
    (2) 你為何在這裡（why are you here）；要看清自己與同業競爭優劣勢，確認企業在整體產業的地位。
    (3) 你未來要去哪裡（what do you want to be）；據此擬訂企業未來的發展策略與方向。

三、作者重點詮釋

（一）沒有景氣好壞，只有自己能力與努力不夠：

企業面對國內／外大環境變化，是無力左右的，市場景氣也是變化不定的；唯有自己加速努力、加強組織能力提升，變成同業中最強者，就沒有景氣問題。

（二）適應變革、做好準備、快速創新，掌握趨勢四招：

面對變化多端的內／外大環境，企業必須拿出四招應變才行，即：
(1) 適應變革。
(2) 做好準備。
(3) 快速創新。
(4) 掌握趨勢。

（三）不斷調整、與時俱進的兩原則：

企業在面對各種競爭變化中與景氣不明中，唯有掌握兩大原則：
(1) 不斷調整。
(2) 與時俱進。

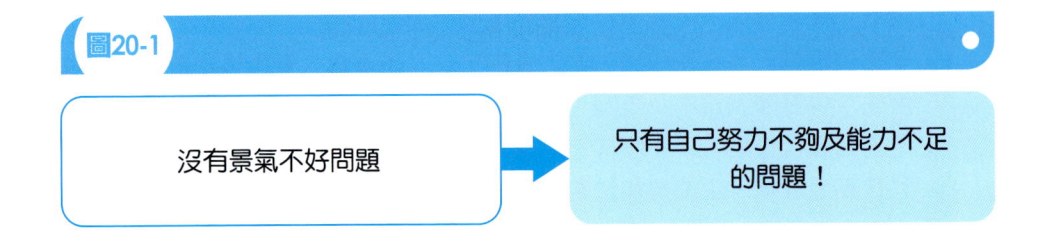

四、重點圖示

圖20-1

沒有景氣不好問題 → 只有自己努力不夠及能力不足的問題！

圖20-2

企業四招應變大環境巨變！

適應變革 ＋ 做好準備 ＋ 快速創新 ＋ 掌握趨勢

圖20-3

面對市場景氣不明、景氣衰退

不斷調整 ＋ 與時俱進

圖20-4

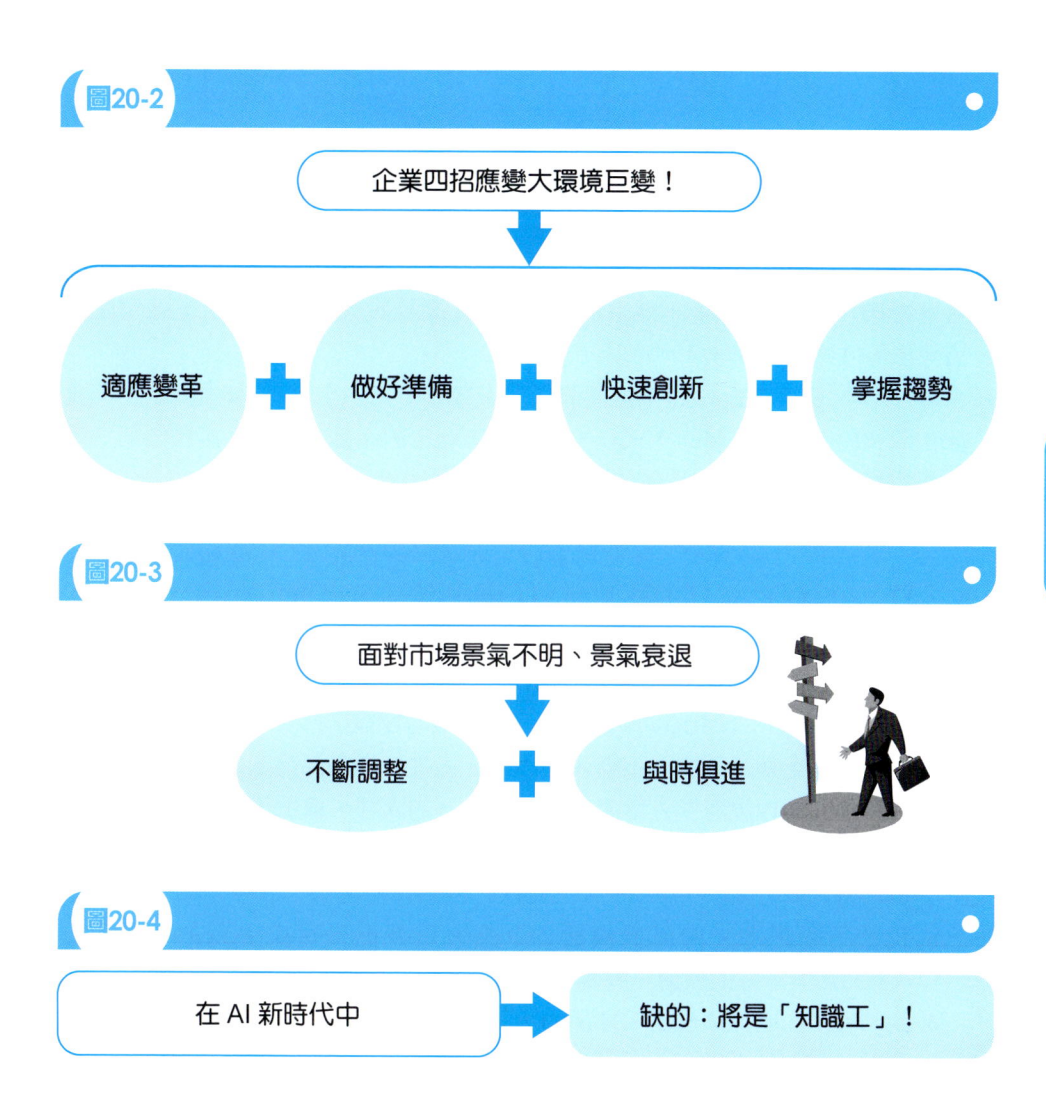

在 AI 新時代中 ➡ 缺的：將是「知識工」！

第 21 位　台灣好市多（Costco）台灣區及大中華區總裁張嗣漢

一、公司簡介

- 台灣好市多（Costco），成立於 1994 年在高雄設立第一個店，但連續虧損五年後，才開始賺錢。
- 台灣好市多（Costco）目前年營收額達 1,200 億元，全台有 14 個大店；年營收額僅次於：統一超商的 1,900 億元及全聯超市的 1,800 億元，居國內第 3 大零售業者。
- 台灣好市多（Costco）目前會員有 350 萬人，每人每年會費 1,350 元，合計，每年可有淨收入 50 億元，這是台灣好市多最大獲利來源，而且每年都如此獲利。

二、領導人成功經營心法

1. 台灣好市多（Costco）業績連年成長的核心祕訣，只有一個：「人」、「人才」。這一切，都脫離不開人的因素。人才會驅動商品流通，才能把業績做出來。人會思考、人會產生好策略、好的人才，會把策略執行好。
2. 擺上對的／好的商品，就是對會員們最好的服務；這讓會員享受到非會員無法得到的好處。
3. 我們不斷思考：如何提供給 350 萬會員們更是可感受到的「價值」（value）、好的價值、有用的價值、感動的價值。
4. 我們有了對的採購經理，才能決定熱賣商品上架。
5. 我們的採購人員有 80 人，負責 4,000 個品項，平均每個人只負責 50 個品項，他們都很專精這 50 個品項的採購及選品。
6. 我們提供超棒的商品、超便宜的價格、超好的購物體驗，所以，會員們的滿意度很高，回購率也很高。
7. 我們堅持會員第一，我們不做每個人生意，只服務具高價值的會員。
8. 我們產品毛利率堅持不超過 11%，比起零售業界的 20～35% 低很多，所以，我們能低價出售給會員，感受到高 CP 值。
9. 我們全台會員有 350 萬人，平均隔年的續卡率高達 92%，我們的主顧客群是高度穩固的。

10. 我們有一半品項是進口的，台灣人喜歡進口商品，這使我們產生「美式賣場」的「差異化、特色化」經營優勢。
11. 我們有一套「全球採購系統」，可以搜尋到世界各國品質最優、最暢銷產品及價格最低的好產品，可以引進到台灣來。
12. 雖然我們低價，但我們的邏輯是：愈便宜賣愈多賺愈多。
13. 我們致勝關鍵有：

    (1) 強大採購人才團隊。

    (2) 品項經過挑選高品質、有需求。

    (3) 美式賣場、進口商品的特色化／差異化。

    (4) 價格便宜、具高 CP 值感受。

    (5) 提供會員價值感。

    (6) 會員滿意度高、口碑佳、信譽好。

    (7) 在吃的、用的，做到一站購足的方便性。

三、作者重點詮釋

（一）企業成功最核心祕訣，只有一個：「人」、「人才」

企業經營成功必會有很多因素，但，歸結到最後、最核心一個因素，即是：「人」、「人才」。因為，企業的任何作為、任何產出，都是「人才」做出來的，沒有人，公司就是空殼子了，就沒有用了。

（二）提供有用的、好的、感動的「價值」給會員：

好市多有 350 萬人會員，每一年的續卡率高達 92%，因為，好市多提供了：有用的、好的、令人感動的價值給廣大會員們。

（三）精挑細選出真正「優質好產品」+「高 CP 值產品」給會員：

好市多 80 人採購團隊，精挑細選出「優質好產品」，加上「高 CP 值產品」給會員，會員滿意度很高，回購率也很高。

（四）創造出差異化、特色化的經營優勢：

企業經營在一片同質化的紅海市場中，如能創造出與眾不同，獨一無二的「差異化」、「特色化」的經營優勢，就能站穩市場甚至創造出領先地位。

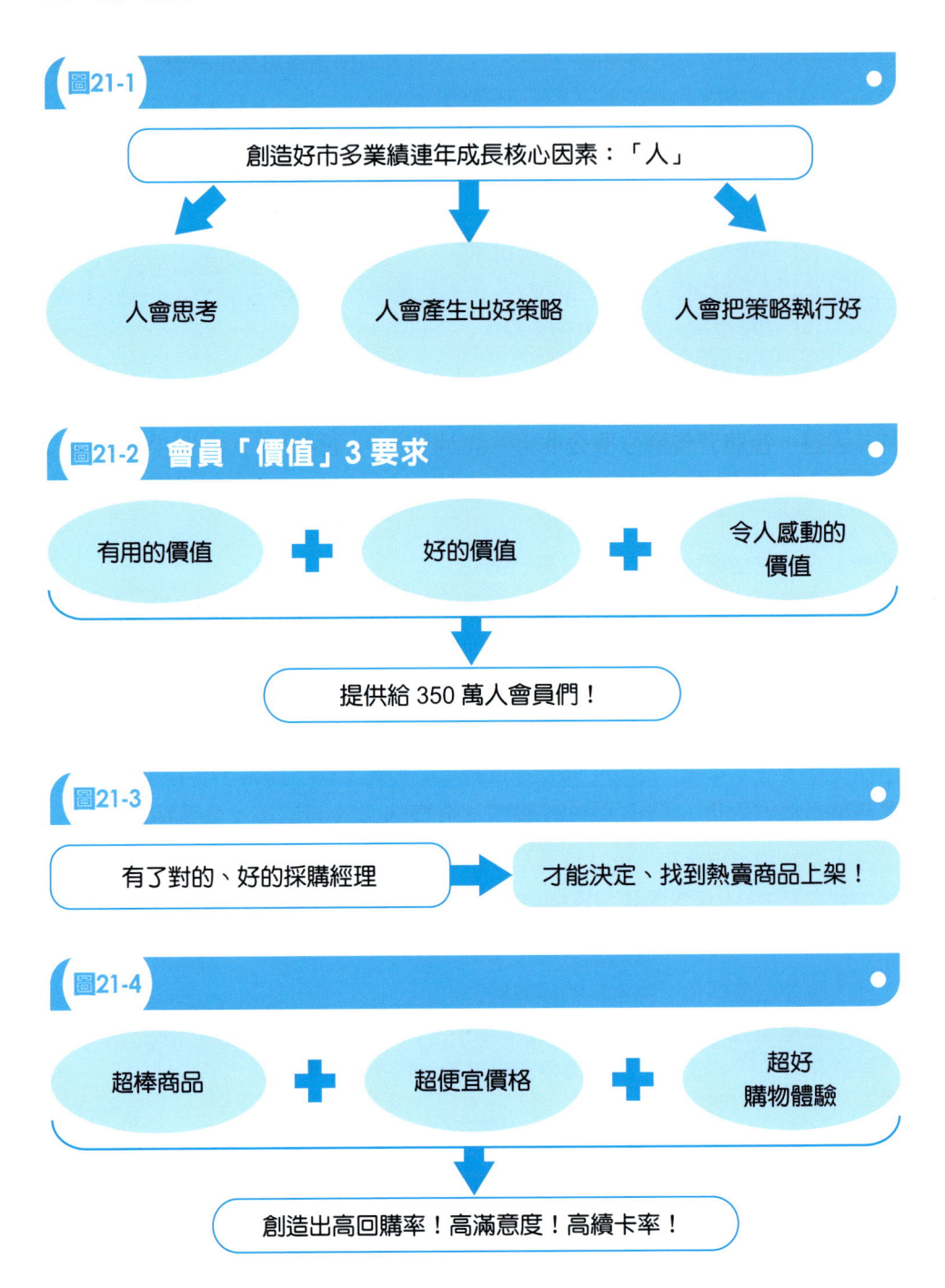

第 21 位　台灣好市多（Costco）台灣區及大中華區總裁張嗣漢

四、重點圖示

圖21-1

創造好市多業績連年成長核心因素：「人」

- 人會思考
- 人會產生出好策略
- 人會把策略執行好

圖21-2　會員「價值」3要求

有用的價值 ＋ 好的價值 ＋ 令人感動的價值

→ 提供給350萬人會員們！

圖21-3

有了對的、好的採購經理 → 才能決定、找到熱賣商品上架！

圖21-4

超棒商品 ＋ 超便宜價格 ＋ 超好購物體驗

→ 創造出高回購率！高滿意度！高續卡率！

圖21-5

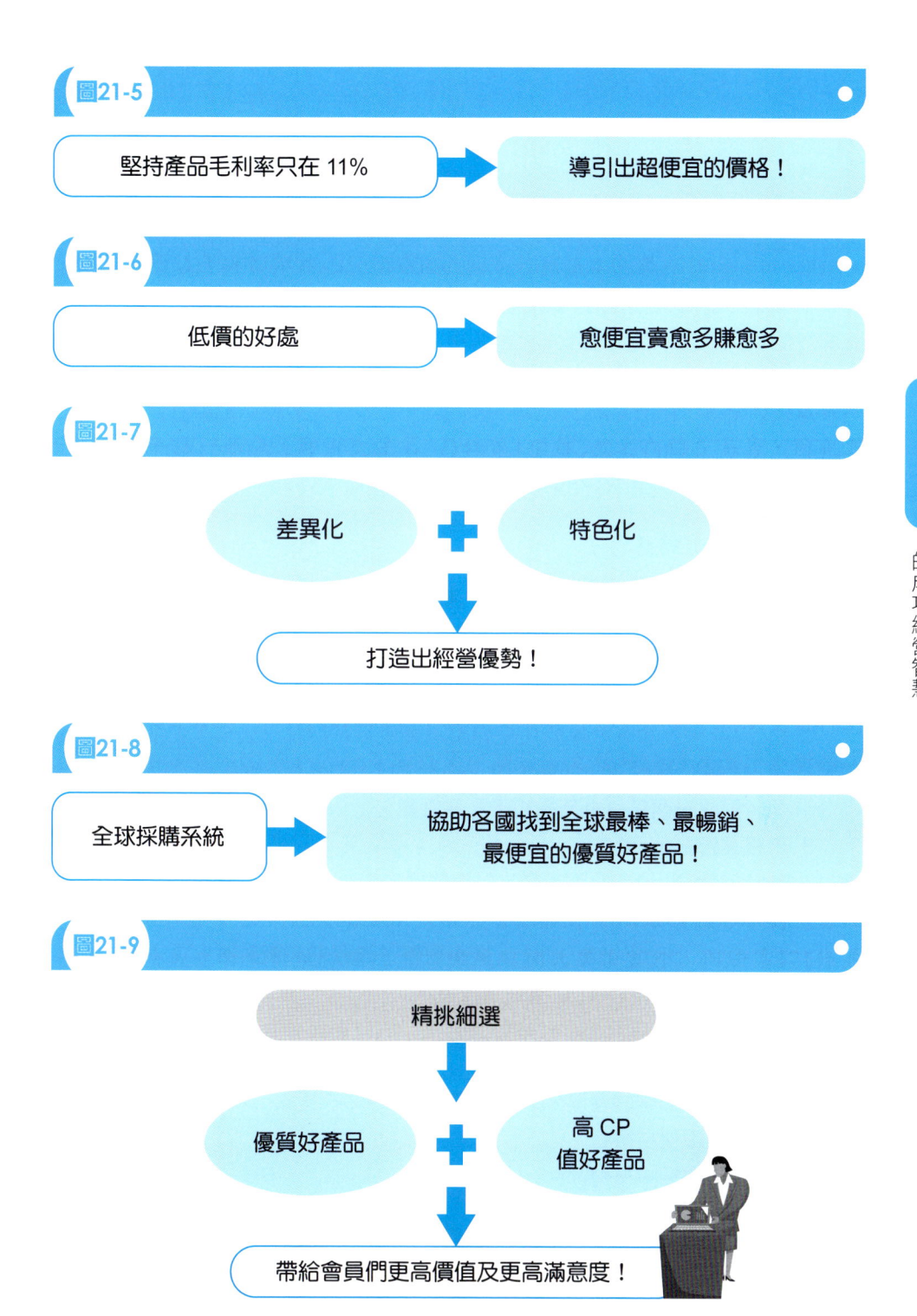

堅持產品毛利率只在 11% ➡ 導引出超便宜的價格！

圖21-6

低價的好處 ➡ 愈便宜賣愈多賺愈多

圖21-7

差異化 ＋ 特色化
⬇
打造出經營優勢！

圖21-8

全球採購系統 ➡ 協助各國找到全球最棒、最暢銷、最便宜的優質好產品！

圖21-9

精挑細選
⬇
優質好產品 ＋ 高CP值好產品
⬇
帶給會員們更高價值及更高滿意度！

第 22 位　和泰汽車總經理蘇純興

一、公司簡介

- 和泰汽車是國內市占率最高的汽車銷售公司，20年來都位居第一名寶座。
- 2021年，和泰汽車的本業營收額達1,300億元，本業獲利160億元，本業EPS為29元；合併營收額更高達2,470億元，合併獲利240億元，合併獲利率9%，ROE為21%；全年汽車銷售總數為15.6萬輛。
- 和泰汽車在國產車、進口豪華車、輕型商用車等3個領域的銷售量，均位居第一名市占率。
- 和泰汽車是日本TOYOTA豐田汽車總公司授權在台灣地區的總代理行銷公司；而國瑞汽車廠，則是TOYOTA在台灣的合資工廠。

二、領導人成功經營心法

1. 每年開發出受歡迎及暢銷的新車型及新品牌出來，保持營收不斷成長。（目前計有TOYOTA品牌車；Lexus、Camry、Cross、Vios、Altis、Yaris、Sienta、Sienna、Wish、Prius、Crown、Town Ace、HINO等十多個暢銷品牌車）。
2. 這20年來，和泰汽車成功拓展出週邊新事業群及子公司，包括：和泰產險、和潤分期付款、和運租車、和泰車體、車美仕、和泰移動等成功子公司，形成一個價值更高的和泰汽車集團。
3. 未來經營方針5K：
    (1) Keep alert：面對未來，保持警覺。
    (2) Keep loading：不斷進步，維持領先優勢。
    (3) Keep doing amazing：持續創新，掌握未來新商機。
    (4) Keep going：促進集團永續發展。
    (5) Keep branding：打造最受人信賴的集團品牌。
4. 未來五項持續努力重點：
    (1) 始終以顧客的需要，為第一需要。
    (2) 要持續保持警覺。
    (3) 要維持領先優勢。
    (4) 要創新並掌握未來新商機。
    (5) 永遠提供顧客最優質產品及服務。

5. 和泰汽車銷售成功，連年冠軍寶座關鍵 8 要點：
   (1) 汽車高品質、好品質、令人信賴。
   (2) 價格多元、合宜（高價、中價、低價三種車型均有）。
   (3) TOYOTA 品牌力強大。
   (4) 不斷推出新車型及升級版車型，保持新鮮度。
   (5) 全台經銷商通路據點多且銷售人力團隊實力堅強。
   (6) 廣告投放及行銷成功。
   (7) 顧客滿意度高且市場口碑佳。
   (8) 售後維修服務佳。
6. 每年投放電視及網路廣告宣傳金額高達 10 億元（1,300 億元營收額 × 0.8% 廣告提撥率 = 10 億元一年廣告量）。足以支撐各 YOYOTA 品牌車的品牌知名度、指名度、好感度及信賴度。
7. 堅持「人、車、環境」三大公益主軸，落實 ESG，成為汽車產業 CSR（企業社會責任）標竿企業。
8. 和泰汽車 2023 年度販賣目標 17 萬輛，全力達成小型車銷售 22 年連霸及商用車銷售第一記錄。
9. 和泰汽車擁有 (1) 產品　(2) 行銷　(3) 顧客服務三領域之深厚經驗及強大競爭力。
10. 未來持續多角化經營，拓展汽車週邊價值鏈專業，驅動公司持續創新與進步。
11. 成為汽車產業 CSR 的標竿企業。
12. 以「與美好台灣同行」作為公益主軸，整合「人、車、環境」三大公益範疇。

三、作者重點詮釋

（一）定期推出新品牌、新產品、改良既有產品，保持新鮮感／驚喜感：

和泰汽車 20 年來，每年銷售量都居全台冠軍的關鍵因素之一，就是：每年或每兩年，都定期推出新車型品牌以及改良／升級既有車型，使得顧客感到 TOYOTA 永遠有新車推出，而感到新鮮感、驚喜感、革新感及進步感，因而去購買和泰的汽車。

（二）開拓週邊相關新事業，帶動集團不斷成長、成功：

企業要發展新事業以圖再成長，最好從自身週邊的相關事業發展起，比較有勝算的把握，也可以更加充實集團化的規模與競爭力；而最好不要從自己不專長的跨業多角化，畢竟，隔行如隔山。

第 22 位　和泰汽車總經理蘇純興

（三）企業經營成功 5 化：

警覺化、進步領先化、創新化、驚喜化、信賴品牌化、永續經營化：

1. 警覺化：對未來環境及未來發展，保持高度警覺化，一天都不能放鬆、鬆懈。
2. 進步領先化：要保持每天營運各面向上的再進步、再領先，讓競爭對手跟不上來。
3. 創新化驚喜化：透過產品、服務、現地賣場的不斷創新，以及帶給消費者驚喜。
4. 信賴品牌化：要打造出一個值得廣大消費者及社會所信賴的公司品牌及產品品牌。
5. 永續經營化：落實做好 CSR 及 ESG，確保公司／集團在永續發展、永續經營的正確道路上。

（四）每年固定投放電視及網路廣告量，確保品牌力不墜落：

和泰汽車每年投入 10 億元，做好電視廣告及網路廣告投放，隨時提醒 TOYOTA 旗下 10 多個品牌的存在性、曝光率及連結性，已不斷累積出 TOYOTA 汽車的品牌資產價值。

四、重點圖示

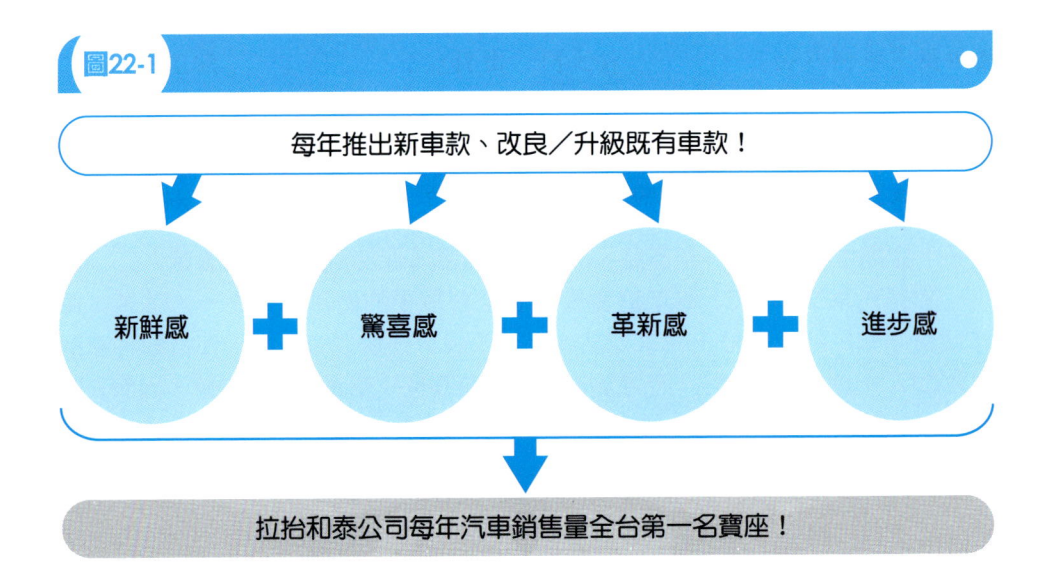

圖 22-1

每年推出新車款、改良／升級既有車款！

新鮮感 ＋ 驚喜感 ＋ 革新感 ＋ 進步感

拉抬和泰公司每年汽車銷售量全台第一名寶座！

圖22-2

和泰汽車集團化事業拓展關鍵點！ ➡ 先從與自身相關的週邊事業做起，比較容易成功！

圖22-3　和泰汽車連續 20 年銷售第一的 5 化原因

1. 永保警覺化 ＋ 2. 永遠進步領先化 ＋ 3. 隨時創新驚喜化
4. 創造信賴品牌化 ＋ 5. 達成永續經營化

圖22-4

每年固定投放 10 億元廣告播放！ ➡ 確保和泰 TOYOTA 各品牌汽車的品牌資產價值永遠不墜落！

圖22-5

和泰 TOYOTA 汽車的 3 大公益主軸！

- 人
- 車
- 環境

做好：企業社會責任

第 2 篇　內銷業、零售業、服務業、傳統製造業、消費品業 36 位企業領導人的成功經營智慧

圖22-6 和泰汽車成功 8 大努力

1. 高品質、好品質（產品力好）

2. 價格多元（高、中、低價，滿足各不同所得消費者）

3. TOYOTA 母公司世界性品牌強大

4. 不斷推出新車款及改良車款

5. 全台經銷據點多且銷售人力團隊佳

6. 廣告投放及行銷成功

7. 顧客滿意度高且口碑佳

8. 售後維修服務佳

第 23 位　全聯實業公司董事長林敏雄

一、公司簡介

- 全聯公司為全台最大超市連鎖公司,目前計有接近 1,200 店之多,全年營收額高達 1,800 億之多,僅次於統一超商的 1,900 億元,為國內第 2 大零售公司。
- 全聯公司董事長為林敏雄,該公司早期開拓經營的資金,主要來自於林敏雄的元利建設公司。全聯公司由於目前自有資金充裕,故沒有上市的打算。
- 全聯公司在 2021 年收購大潤發量販公司,採雙品牌營運;但在 2025 年第 3 季開始,大潤發已更名為「大全聯」。

二、領導人成功經營心法

1. 林敏雄董事長認為「便宜,才是王道」,堅持公司全年的獲利率只「限在 2%」即可;故有「2% 利潤」經營學之稱。因利潤低,故可用低價、平價回饋給全台顧客。
2. 快速展店,迅速擴充,以建立經濟規模,有了經濟規模,才能降低進貨成本,低價賣給顧客。
3. 奉行「2% 利潤」鐵律。(註:2%×全年 1,800 億營收=全年獲利 36 億元)。
4. 照顧員工,照顧消費者,東西不能賣貴,是我的堅持。
5. 全聯每天有 150 萬人次客人採購,2 萬多名員工,1,000 家供應商,我必須用心、努力經營好全聯,這是一種社會責任感。
6. 創新,就是要讓員工大膽去做,你董事長在員工面前指指點點反而不好。
7. 我敢授權,不懂的領域,不要比手畫腳,這樣反而讓員工推卸責任。
8. 我這 20 多年來,都把全聯賺的錢,繼續投入在人才、物流中心買地/買設備及展店上。
9. 全聯雖已近 1,200 店,但未來成長空間仍很大。
10. 我很授權,我們團隊的能力與向心力卻很讓我放心,這是我自認為好的地方。
11. 我用人不疑,授權很大。
12. 我做生意,應該盡可能做到第一名,不是第一名,就不考慮了。
13. 消費者不會永遠滿意,所以,永遠要進步。
14. 想要賺錢,心胸要開闊,財力也要夠;有底氣,賠得起再做(註:全聯前幾年都虧錢,直到開 300 店才開始賺錢)。

第 23 位　全聯實業公司董事長林敏雄

15. 我退休後要投入公益基金會,我有 4 個基金會,這些年我捐給基金會有二、三十億之多。
16. 一定要讓顧客感到全聯隨時有進步、有改變,朝著更好的路上走。
17. 全聯店數已近 1,200 店之多,已建立強大不可動搖的進入門檻,同業已很難有競爭對手。
18. 我始終堅持「低價」及「微利」,而全台 1,200 店商品的售價也要一致性,不可因各縣競爭不同而有些高、有些低。
19. 我們所追求的是消費者、供應商及全聯三贏。
20. 企業必須兼顧獲利及社會責任,兩者並重。
21. 全聯從最初的困境翻身,主要有兩大關鍵:
    (1) 公司發展方向正確,即堅持厚植「規模力」(快速展店)。
    (2) 全員團隊協力合作(第一線營業＋後勤同仁)
22. 堅持淨利 2%,售價比同業便宜 10 ～ 20%,全聯以規模經濟回饋消費者。
23. 售價(價格)是不容挑戰的天條。
24. 經營事業,最終要以「減價」贏得供應商、贏得消費者、贏得社會的支持。
25. 我們花了 100 ～ 200 億元,打造全亞洲最先進物流倉儲中心及生鮮處理中心。
26. 全聯全台 1,200 店的龐大通路,可以確保每家供應商都能賺到錢。
27. 26 多年來,全聯以自己展店,加上收購(併購),在 26 多年內打下全台第一大店數的超市公司。
28. 我授權,萬一屬下有錯了,他們會快速自我改正;犯點小錯不算什麼,公司負擔得起。我董事長只管大事,都是授權給大家。
29. 我的用人哲學,就是尊重專業,採納不同意見,要大氣大度。
30. 信任員工、充分授權,一直是我的用人政策。
31. 看人要看優點,把人放在對的位子上。
32. 員工及幹部因我授權,受到感召,對工作上的要求自然會全力以赴,使命必達。
33. 將成功歸功於全體員工。
34. 在全聯,肯學習,就有晉升的機會。
35. 人才培育,是企業成長的基本功。

三、作者重點詮釋

（一）「便宜，就是王道」：

對很多零售業而言，價格便宜才是王道。除非，你是高科技業、歐洲精品業、進口豪華車業、高檔大飯店業，它們都會訂高價外，其他一般消費品、日用品；零售業，基本上都是朝向低價、平價、便宜的大方向走，才能滿足廣大數百萬人，低薪的庶民經濟時代需求。

（二）快速展店，形成經濟規模優勢：

零售業、餐飲業、服務業等，就是要快速展店，搶占市場，並形成經濟規模，才能降低進貨成本，平價供應給廣大消費者。全聯在 26 年內，快速展店及併購策略，形成全台 1,200 店的第一大超市格局，大大拉高競爭對手不易進來。

（三）消費者不會永遠滿意，所以，要永遠進步，永遠走在顧客的前面：

廣大消費者面對各種花錢的消費及需求，他們是不會永遠滿意的，而且他們的潛在新需求，也是不斷新冒出來的；所以，經營事業，要永遠保持不斷進步才行，並且，永遠走在顧客的前面，引領顧客向前走。

（四）公司全員團隊協力合作：

企業的成功，必然不是某一個人或某一個部門的成功；而是「所有部門」＋「全體員工」的團隊協力合作而得到的。因此，不管是第一線門市店或後勤支援單位或幕僚人員等，都要形成一個「團隊」，共同分工且協力合作，公司經營就會成功。

（五）信任員工、充分授權、尊重專業、採納不同意見的用人政策：

身為中高階領導主管群，必須有的用人政策是：
1. 信任員工　2. 充分授權　3. 尊重專業　4. 採納不同意見。

（六）將成功歸功於全體員工：

任何公司的成功，是公司全體員工每天每天努力、勤奮、用心、用智慧、用經驗所打造出來的，而不是老闆或董事長一個人做出來的；所以，有智慧的老闆或董事長，一定會將公司的成功，歸功於全體員工的。

（七）人才培育，是企業成長的基本功：

企業要成長、要擴張、要升級、要延伸、要持續領先及成功，最重要的基本功，就在於：人才培育。要重視並做好各部門、各領域、各階層的人才培育才行。

第 23 位　全聯實業公司董事長林敏雄

四、重點圖示

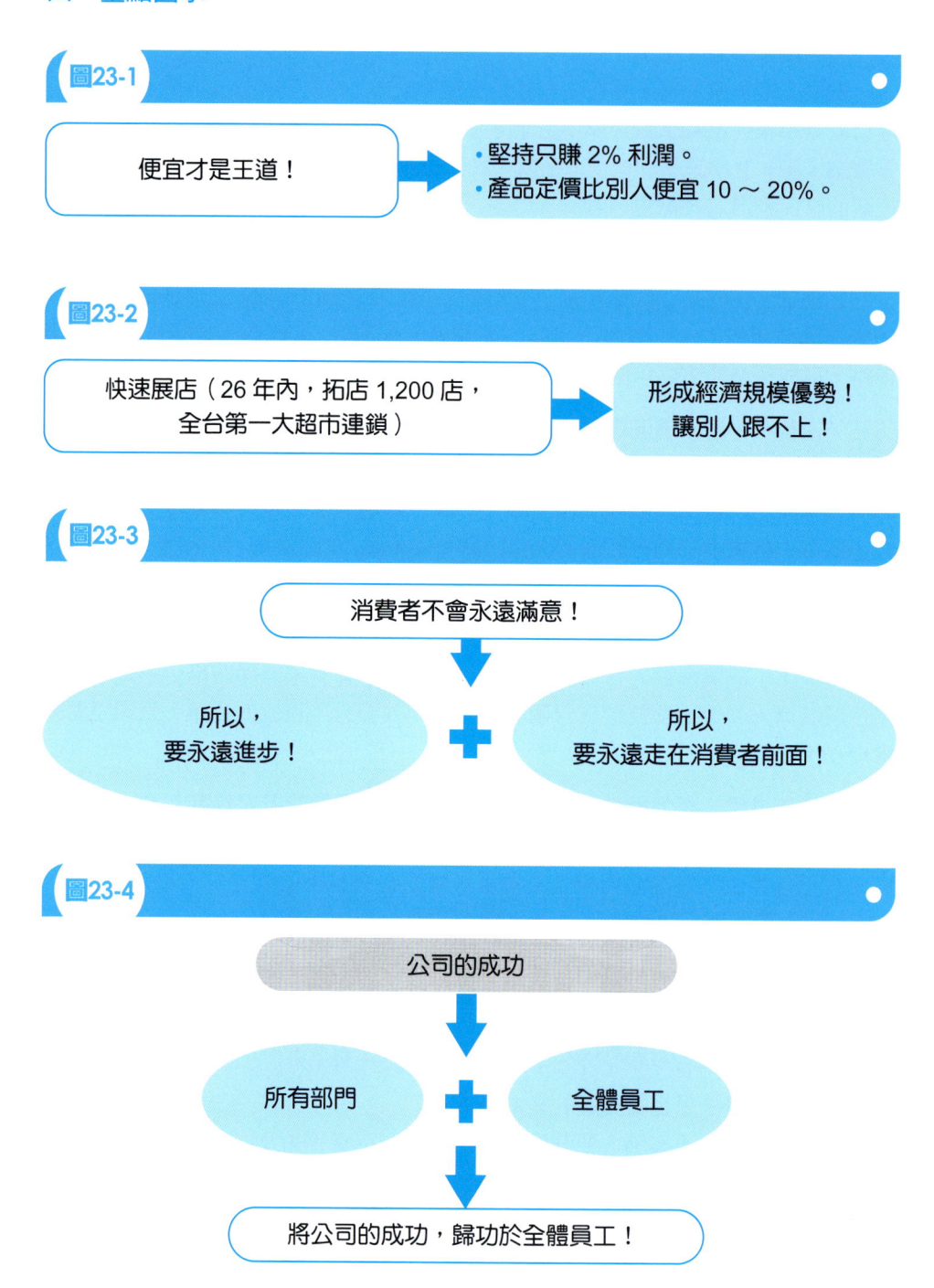

圖23-1

便宜才是王道！ → ・堅持只賺 2% 利潤。
・產品定價比別人便宜 10～20%。

圖23-2

快速展店（26 年內，拓店 1,200 店，全台第一大超市連鎖） → 形成經濟規模優勢！讓別人跟不上！

圖23-3

消費者不會永遠滿意！
↓
所以，要永遠進步！ ＋ 所以，要永遠走在消費者前面！

圖23-4

公司的成功
↓
所有部門 ＋ 全體員工
↓
將公司的成功，歸功於全體員工！

圖23-5 用人政策做到4要

| 1 要信任員工 | 2 要充分授權 | 3 要尊重專業 | 4 要採納不同意見 |

圖23-6

企業成長的基本功 → 人才培育！

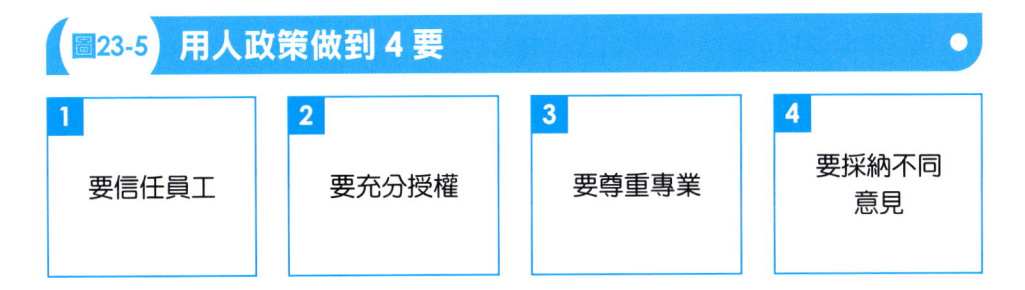

圖23-7

人才培育的3大範圍

- 各部門人才
- 各領域人才
- 各階層人才

↓

全方位提升：公司人才競爭力！

↓

才能超越競爭對手，成為第一名龍頭寶座！

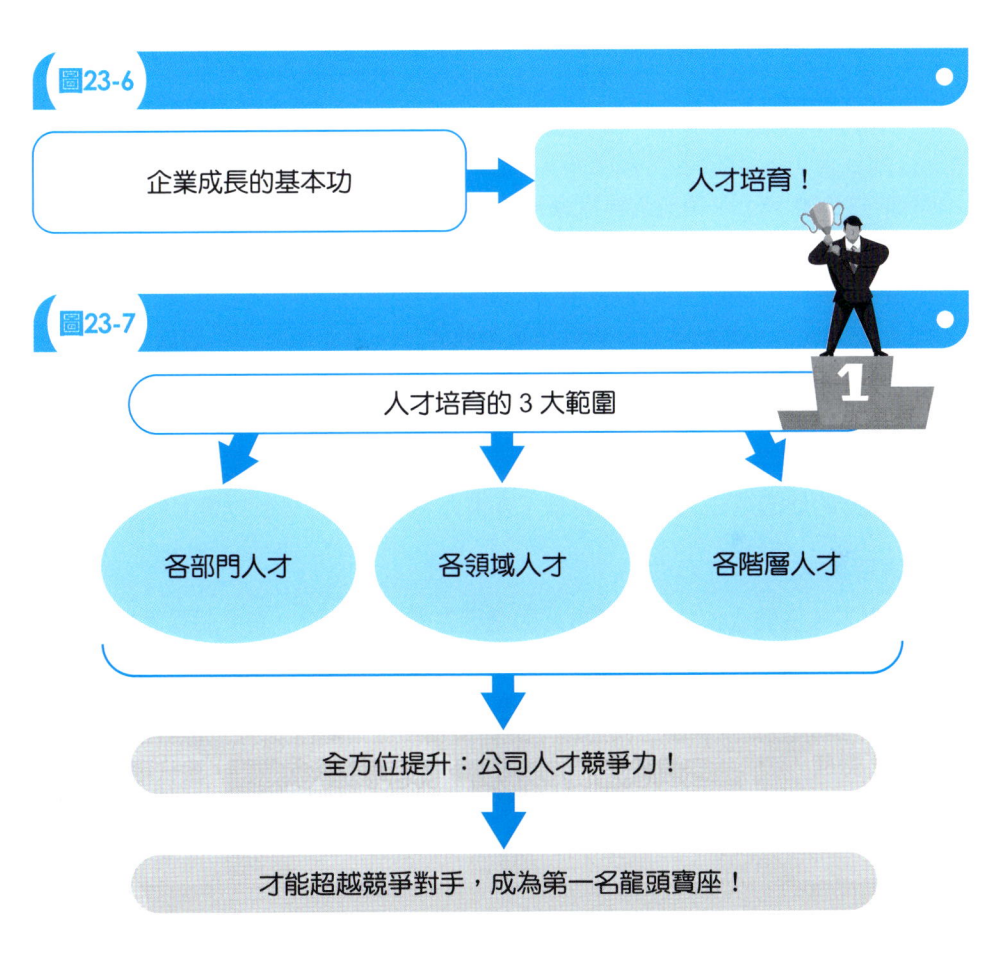

第 24 位　統一超商前總經理徐重仁

一、公司簡介
- 統一超商為國內最大便利商店，目前全台總店數已逼近 7,200 店之多，遙遙領先第二名的全家（4,300 店）、第三名萊爾富（1,500 店）。
- 統一超商 2024 年度本業營收額高達 1,900 億元，毛利率 33%，本業稅前獲利率 3.3%，年獲利額達 60 億。而統一超商有轉投資旗下子公司，包括星巴克、康是美、統一宅急便……等；合併年營收額更高達 2,900 億元。
- 統一超商以年營收來看，位居國內零售業第一名寶座，第二名為全聯超市（1,800 億）、第三名為好市多（Costco）（1,200 億）、第四名為 momo 電商（1,100 億）、第五名為家樂福（900 億）、第六名為新光三越百貨（880 億）等。
- 徐重仁先生擔任統一超商總經理 20 多年之久，對統一超商的成長、成功及茁壯，貢獻很大，也被尊為台灣流通零售業教父；多年前，因年齡屆滿 65 歲，受限於統一企業集團羅智先董事長規定，滿 65 歲必須退休，交班給更年輕的下一代接班。後來，徐重仁先生轉任全聯超市擔任總裁，做幾年後，就退下來真正退休了。徐重仁先生自統一超商退下來後，很多出版社訪問他，出了 3～5 本很好的他的過往工作經驗書籍，本單元，即摘錄自這些好書的內容。

二、領導人成功經營心法
1. 面對環境變化快速，如何做好因應調整即順勢經營，是一個重大挑戰。
2. 公司的組織，為因應營運需求的變化，必須儘量保持變形蟲般的彈性。
3. 企業經營有如搭火車，有時也會進入隧道，面臨黑暗或逆境；但出了隧道，就會柳暗花明又一村，有新的機會。
4. 堅持每天讀書或看書報雜誌 30 分鐘，不斷自我充實提升，不讓自己被淘汰。
5. 讀書之後，必須設法運用在工作上，才能把知識轉化為自己的專業與技術。
6. 企業許多的成功，並非靠某個人的一己之力，而是靠團隊的力量與合作。
7. 凡是成敗，往往取決於「心」，如果用心做，有心改變，再難也會成事。
8. 面對困難、挑戰，就是儘量去克服它，一旦突破了環境的限制，就是一種自我超越。

9. 堅持品質,是企業長期的功課。
10. 嚴格做好品質把關與控管,才能讓消費者放心使用,這也是企業應負的責任。
11. 成立「200%QC 小組」,意指百分之兩百的品質保證。
12. 只要能凡事站在顧客的立場,最終必會得到顧客的信賴。
13. 全力維護及保證品質,是永無止境的。
14. 「熱忱」會讓人產生動力,促使你不斷嘗試新的事物與追逐夢想,並有機會成為成功的領導人。
15. 消費者心理是善變的,企業及員工必須隨時保持創新的能力。
16. 商品價值創造愈大,定價就可以愈高,獲利也跟著愈多。
17. 只有不斷努力、改進與升級,才可能持續領先,以及保有強大不墜的競爭力。
18. 領導品牌也要不斷改善及自我超越,才能保持領先。
19. 用心,就有用力之處。
20. 傾聽顧客的聲音之外,必須加上讓自己融入顧客的情境,才能真正掌握及挖掘出顧客內心潛在需求。
21. 企業各級幹部,必須培養出對市場、對消費者、對環境變化的敏銳觀察力。
22. 我們都會定期發布對未來 3 年的計劃及目標,稱為「中期經營計劃」發布會。
23. 企業經營成敗的關鍵,在於「經營團隊」強不強、好不好、認不認真。
24. 授權的第一步是,適才適所。
25. 「顧客滿意」,為事業成功的關鍵所在。而且,不只要顧客滿意,更要讓「顧客感動」,才是極致。
26. 顧客滿意度決定於 3 因素:(1) 商品 (2) 服務 (3) 商店印象
27. 即使是全球一流的企業,也在強調「不斷變革」及「自我超越」。
28. 企業出現衰退原因,在於:(1) 驕傲 (2) 自我滿足。
29. 企業要保持成長,一定要丟掉自我滿足感及掃除傲慢心態感;不斷追求再改革、再進步、再突破、再升級、再增值。
30. 所謂經營革新,包括:
    (1) 成本/費用下降。
    (2) 行銷手法不斷翻新。
    (3) 新商品開發。
    (4) 新通路拓展。
    (5) 內部組織變革。
31. 要做一個「消費趨勢的創造者」。甚至創造需求、引領消費趨勢。
32. 經營事業,不論景氣好壞,就是要不斷的自我挑戰、追求突破、看準趨勢、並堅持到底。

33. 用心從消費者情境去思考，並貼近消費需求是事業經營成敗的關鍵。
34. 要把眼光放遠、要有前瞻性、要洞燭機先，看到未來的趨勢需求及新商機。
35. 我們要不斷為消費者創造「更美好生活」而努力。
36. 透過「終身學習」，才會贏。
37. 所謂卓越的領導者，必須具備「解讀未來」的能力。
38. 經營者的用人哲學，不可一成不變，必須隨環境及內部需求，而不斷調整。
39. 各級領導幹部，必須做到五多：多看、多問、多聽、多思考、多學；也就是所謂的終身學習。
40. 領導人要給全體幹部一個清楚的「成長願景」與「成長目標」。
41. 為達公司成長目標，一定要選對人、用對人；不行就趕快換人。
42. 領導人必須清楚掌握策略方向，每個階段都有每個階段的新策略方向。
43. 你要不斷去想事情，不斷去改變，不要安於現狀。
44. 切記：經營事業，不進則退。
45. 把握：「適才適所」的用人哲學。
46. 策略方向是最重要的，如果策略方向錯誤、不對，那就浪費很多人力、物力、時間、市占率與競爭力衰退。
47. 策略清楚＋方向對＋執行人馬認真，事情成功率就會提高。
48. 企業壯大了，仍要持續改造體質、增強體力。
49. 一定要思考未來的潛在商機。
50. 我堅持必須要有所改變，並且一定要知道未來的趨勢。
51. 必須重要「現場主義」的戰將，事情推動才會成功。
52. 經營對策，要簡單、可執行，最重要。
53. 我希望把問題簡單化，並解決核心問題。
54. 要永遠保持思考：第二條、第三條成長曲線在哪裡。
55. 企業能夠基業長青的關鍵，在於能否保持不斷的「再創新」與「再突破」。

三、作者重點詮釋

（一）面對變局的 6 要：快速應變＋因應調整＋順勢經營＋保持彈性＋創新求變＋解讀未來：歸納來看，徐重仁前總經理提出面對變局，要有 6 要：

1. 要快速應變
2. 要因應調整
3. 要順勢經營
4. 要保持彈性
5. 要創新求變
6. 要解讀未來

如此，就能持續成長、保持領先、邁向成功。

（二）堅持每天讀書 30 分鐘：

企業中高階主管應儘可能做到每天讀書 30 分鐘。包括：讀商業書、看商業電視台、看財金報紙、看財經雜誌、看產業報告、看市調報告等，每天充實、提升自己的知識及常識，才能保持自己的進步。

（三）成功不是靠某個領導人，而是靠團隊、靠人才：

企業的長期成功，卓越領導人可能扮演很重要角色，但徐重仁認為，企業的成功不是單靠某個人或靠領導人，而是靠公司的「整個團隊」，才能成就出卓越好公司的，所以，如何打造公司強大的「整個團隊」，就是一件領導人應該做的大事。

（四）堅持品質，是企業長期的功課，成立「200%QC 小組」：

高品質、好品質、穩定品質，是企業基本上就要做到做好的，也是企業長期、永遠的功課；更要組成 200 分（不只 100 分）的 QC 小組，真正落實品質保證。

（五）消費者是會變的，會不滿足的，所以，要隨時保持創新與改變能力：

消費者不是靜態的、不是一成不變的、不是永遠會滿足的，所以，企業在產品、服務、設計、包裝、店裝潢、行銷、廣告、宣傳、視覺……等領域上，都要隨時保持創新、創造、變革、革新的能力與展現才行。

（六）傾聽顧客聲音＋融入顧客情境＋挖出潛在內心需求：

顧客是企業創造業績的最大來源，因此，我們必須高度滿足顧客、使顧客高度滿意、高度感動，從而對我們的店面、對我們的產品感動，如何做到呢？

1. 隨時傾聽顧客聲音（VOC；Voice of Customer）
2. 真正融入顧客情境
3. 挖掘顧客潛在內心需求

（七）做到顧客極致的 3 高：「顧客滿意」＋「顧客感動」＋「顧客信任」：

企業做好行銷，要使行銷成功，就應做好顧客極致的 3 個高：

1. 高的顧客滿意；2. 高的顧客感動；3. 高的顧客信任。

那就真正長期黏住顧客了。

（八）企業衰退原因：太驕傲＋自我滿足

很多一時成功的企業，到最後，反而出現衰退，甚至沒落了，主因有兩個：

1. 太驕傲，自以為是；2. 太自我滿足。

（九）終極努力目標：為顧客創造「更美好生活」企業做產品、做服務、做研發、做創新、做升級，其終極努力目標，主要在於：

為顧客創造「更美好生活」。

（十）做消費趨勢的創造者；主動創造出新需求：

真正成功的企業，真正能提升業績的努力，就是在於：能夠創造出新需求，並成功引領消費趨勢。

（十一）領導人要給出：「成長願景」+「成長目標」

成功的最高領導人，必須很明確地給所有員工及幹部們兩件事情：

1. 成長願景；2. 成長目標。

要使全體員工永遠為「成長願景」而戰、為「成長目標」而戰。

（十二）經營事業，不進則退，不能安於現狀：

經營事業，你不進步、不前進，站在原處，你就是退步；也不能安於穩定的現狀，要勇於突破現狀、向前邁進。

（十三）組織運作的最高原則：適才適所，選對人、用對人

企業組織運作的兩個最高原則，就是：

1. 要適才適所；2. 要選對人、用對人。

（十四）事業成功率：策略清楚＋方向對＋執行人馬認真

企業推動任何事情，勿忘3項要點：

1. 方向對；2. 策略清楚；3. 執行人馬認真。

（十五）永遠思考：第二條、第三條成長曲線在哪裡？永遠不能懈怠

企業高階經營團隊，必須提前思考，五年後、十年後、二十年後，我們公司、我們集團的未來第二條、第三條成長曲線在哪裡？永遠要保持對未來「成長危機」可能出現的心態，才會戒慎恐懼，如臨深淵，如履薄冰，不敢一刻懈怠。

四、重點圖示：

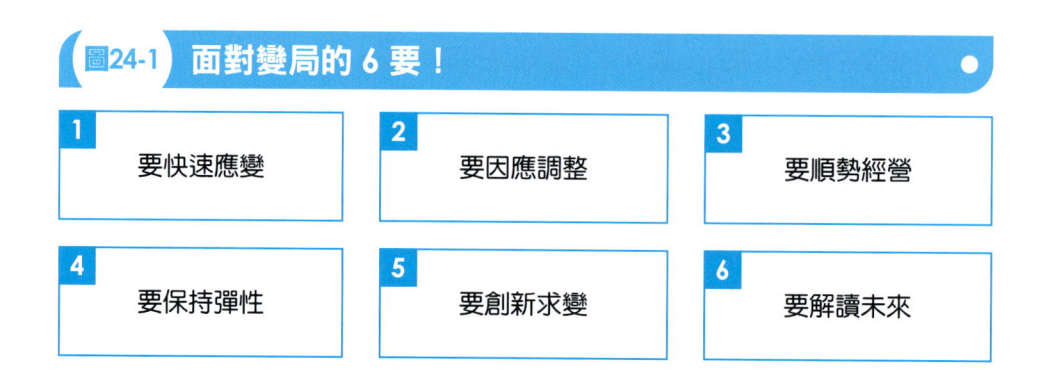

圖24-1　面對變局的6要！

1 要快速應變	2 要因應調整	3 要順勢經營
4 要保持彈性	5 要創新求變	6 要解讀未來

圖 24-2

每天堅持讀書 30 分鐘 ➡ 才能保持自己不斷進步及能夠與時俱進！

圖 24-3

事情成功率
⬇

方向對 ➕ 策略清楚 ➕ 執行人馬認真

圖 24-4

永遠不能鬆懈！ ➡ 永遠思考：第二條、第三條成長曲線在哪裡？

圖 24-5

成功不是靠某個人 ➡ 而是靠「團隊」的力量及合作！

圖 24-6

而是靠「團隊」的力量及合作！ ➡ 成立 200%QC 小組！

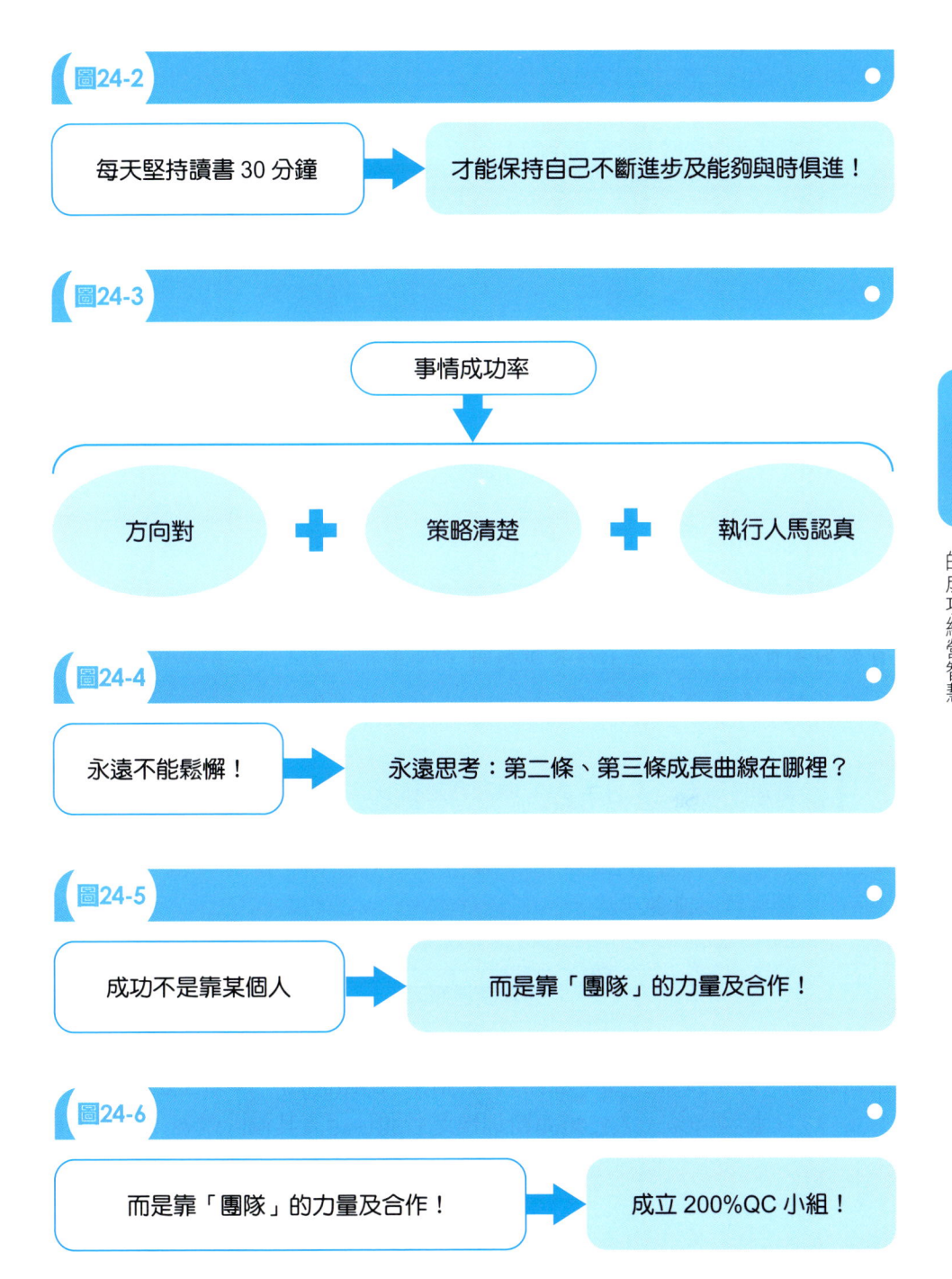

111

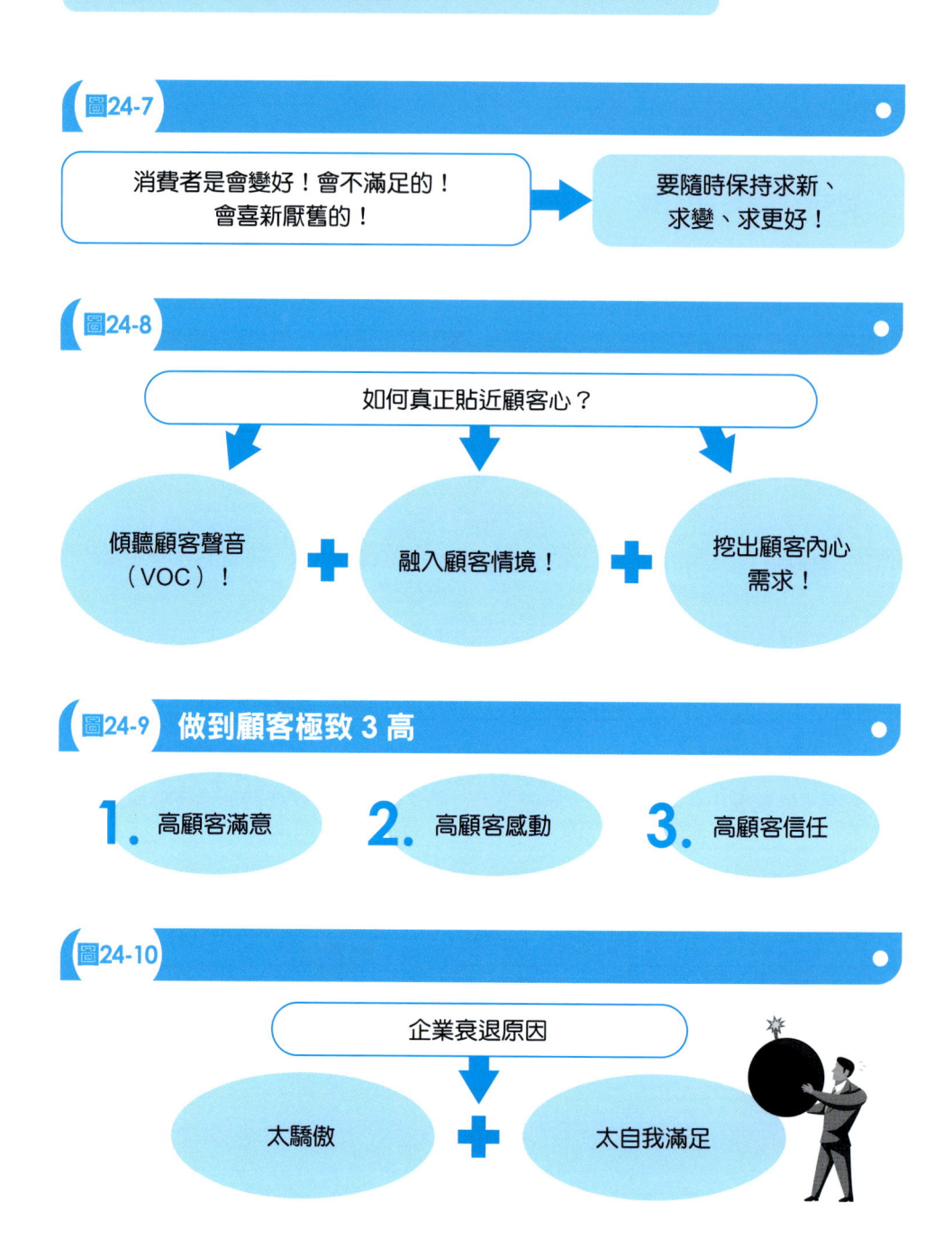

第 24 位　統一超商前總經理徐重仁

圖 24-7

消費者是會變好！會不滿足的！會喜新厭舊的！ → 要隨時保持求新、求變、求更好！

圖 24-8

如何真正貼近顧客心？

- 傾聽顧客聲音（VOC）！
- ＋ 融入顧客情境！
- ＋ 挖出顧客內心需求！

圖 24-9　做到顧客極致 3 高

1. 高顧客滿意
2. 高顧客感動
3. 高顧客信任

圖 24-10

企業衰退原因

- 太驕傲
- ＋ 太自我滿足

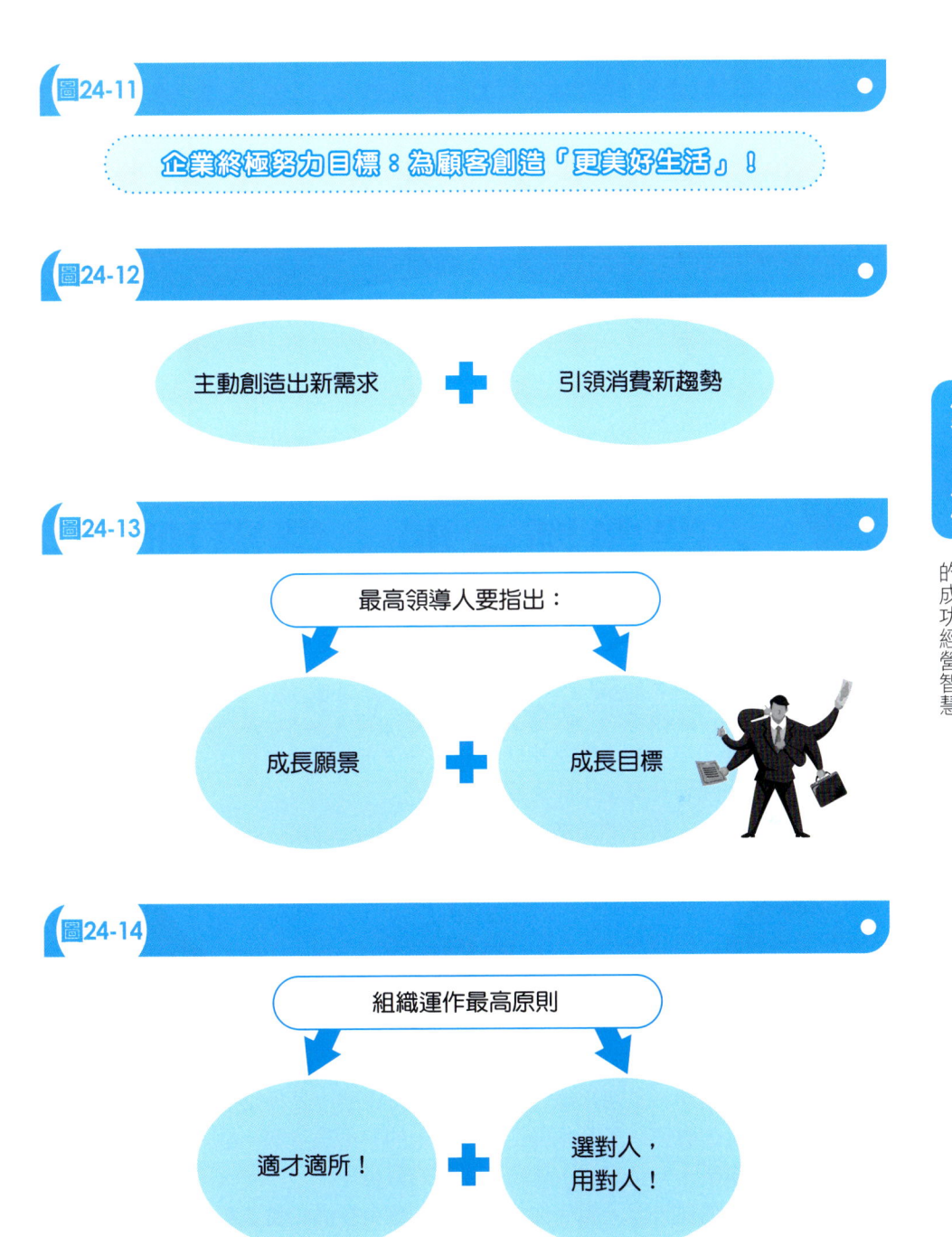

圖24-11 企業終極努力目標：為顧客創造「更美好生活」！

圖24-12 主動創造出新需求 ＋ 引領消費新趨勢

圖24-13 最高領導人要指出：成長願景 ＋ 成長目標

圖24-14 組織運作最高原則：適才適所！ ＋ 選對人，用對人！

內銷業、零售業、服務業、傳統製造業、消費品業 36 位企業領導人的成功經營智慧

113

第 25 位　愛爾麗醫美集團董事長常如山

一、公司簡介
- 愛爾麗是國內第一大的醫美集團。到 2024 年時，愛爾麗台灣會員達到 400 萬人；每年服務顧客達到 25 萬人次。
- 旗下擁有 26 家醫美診所、兩家牙醫、1 家坐月子中心、健檢中心、醫療儀器公司。
- 愛爾麗注重安全第一、效果第一為原則，近 20 多年來，沒有發生過見報的重大醫美疏失糾紛案件。
- 愛爾麗董事長為常如山，該集團是他白手起家創業成功的。

二、領導人成功經營心法
1. 夢想需要不怕失敗的堅持。
2. 把你好的東西分享給別人，這樣人緣才會好。
3. 錢是老天暫借的，奉獻與付出最快樂。
4. 施比受，更有福。
5. 我不避稅，該繳多少稅就繳。
6. 我創業成功後，有人問我祕訣？我認為白手起家沒有捷徑，只要夠勤勞、夠堅持，沒有什麼是不能完成的。
7. 膽識與眼光，會持續創造財富。
8. 做老闆的，要經常站在第一線，可以直接聽到消費者心聲，隨時做調整，以貼近市場需求。
9. 愛爾麗最大的資產是「人」，其他都是假的，員工一起努力打天下，要真正對員工好，要捨得給好薪水、好獎金、好分紅，才能留住好人才；這些好人才自然就會幫企業爭取更好的營收及獲利，這就形成企業經營「善的循環」。
10. 員工們來公司，是想來賺錢的，給員工好待遇，是穩定事業的根基。
11. 要愛惜工作夥伴，天下是員工們打下來的，不是老闆一個人做成的。
12. 做醫美事業，安全第一，是絕不妥協的堅持。
13. 品質等於信任，客人相信你的品牌，才會有後面的營收額。
14. 危機，反而是距離成功最近的踏板。
15. 什麼時候都可以有錢賺，與其唉聲嘆氣，不如多注意一下，客人的需求轉到哪裡去了。

16. 從核心事業，延向週邊相關多角化事業擴大經營。
17. 管人很耗心力；有制度、有規章辦法還不夠，上面的人還要以身作則；因為你（老闆）做得正不正，員工們都在看。
18. 不對的人一刀切，莫浪費時間及成本。
19. 當猶疑不定時，問專業就對了。
20. 商譽（信譽）無價，客人的信任無價；有好的名聲，業績努力做，一定有。
21. 別人做過沒關係，重點是你有沒有做得更好，讓客人非你不可？
22. 愛爾麗很早就投入公益，我們做的就是現在流行的 CSR 及 ESG，我們平常都在做了，而且表現都在水準以上。
23. 做經營者，要「抓大放小」；對做錯的決定，要果斷喊停，重新再來。
24. 做老闆及經營者的工作重點在於 4 項：
    (1) 看方向；(2) 找對人；(3) 調配資源；(4) 管結果。
25. 小失敗，可以幫助大成功；成功是無數失敗的累積。
26. 很多事情，都是從低分開始的，一分一分往上加，小成功累積變大成功。
27. 開拓事業版圖，有了心態及心量，還要有方法。
28. 經營企業必經非常精確掌握財務的調配；最重要兩件事：統籌與分配。
29. 人員的訓練、考核、管理，我們都穩定在做，平常就已經做好「整軍備戰」，所以，3 年疫情間，生意沒受太大影響。
30. 不要做不熟悉領域的生意，失敗率高達九成。
31. 做老闆（董事長）的，絕對不能不做決定，停在那裡不動。市場是隨時在流動變化的，你不動就別人動，再不然客人動，最後你一個人留在原地。
32. 一件簡單的事情，不斷地做、精進的做，會漸漸升到專業的成就。
33. 我們 3 項經營理念：
    (1) 客人，才是我們的老闆，全體員工必須對客人負起 100 分的責任。
    (2) 員工，是公司最主要資產，我必須對員工的薪水及獎金負責。
    (3) 取之於社會，用之於社會，要奉獻出社會責任、社會關懷及社會救助。
34. 由於市場變化很快，每兩年就一個大變化，腦袋要很習慣去更新才行。
35. 要吸收多方訊息，以及多跟別人交換意見，吸取每個人的優點，最終這些優點，就是你最寶貴的資料庫。
36. 有好的人際關係，機會自然就會多，所以，要用心建交更多、更好、更有用、更多元化的人脈存摺，對自己、對公司都有用處。
37. 人事，人事，有人才有事，要選擇能力強的，但也要品德好的員工及幹部；這是用人上不變的方針。
38. 保持感恩的心，比較容易碰到好的人、事、物。

39. 念書，最後一名無所謂，但，做人，要第一名才行。
40. 不要只老闆自己好，要與全體員工「共好」才是最重要的。共好，就是給他們該得的好待遇、好薪水、好獎金、好紅利、好休假。
41. 談管理：
    (1) 要對公司營運上的弱項，加以優化。
    (2) 當問題發生時，要找出問題源頭及最根本原因。
    (3) 要對大問題加以追蹤，分階段解決。
    (4) 要建立平常的營運 KPI 指標項目，才易於考核。
    (5) 要有「目標管理」的落實，朝著每月、每季、每半年、每年的目標，努力前進，達成目標。
    (6) 要經常對員工培訓，提升大家觀念、作法、技能、素質及責任心。
42. 帶員工，從管自己（老闆）做起，自己要做正、要正派經營、不能做個自私自利的老闆。

三、作者重點詮釋

（一）經常站在第一線，貼近市場，迅速做調整：

做老闆或做高階主管的，不能整天坐在辦公桌上，除了必要召開會議之外，也必須經常站在第一線，貼近市場，傾聽顧客聲音，才能對政策及作法迅速調整，以有助營收／業績成長。

（二）最大的資產是「人」，其他都是次要的：

企業經營要成功、要永續，最大的資產，就是「人」。其他都是次要的，像資金、IT 資訊系統、工廠、製造設備、辦公大樓、實驗設備等，均為次要的。

（三）「品質」+「品牌」=信任

品質等於信任，客人相信你的品牌，才會有後面的營收額。所以，任何企業，一定要做出「好品質」，打出「好品牌」，生意自然源源不斷。

（四）想賺錢，要先想想：顧客的需求轉到哪裡去了

企業想賺任何錢，必須先思考：顧客的需求是什麼？現在轉到哪裡去了，要先抓住、抓好、掌握住顧客的真正需求的、想要的、期待的、慾望的是什麼？

（五）別人已在做沒關係，重點是你有沒有做得更好？讓客人非你不可？

企業經營面對激烈競爭對手林立，你要切記：你有沒有做得更好？做得更不一樣？讓客人非你不可？

（六）領導人工作 4 點：看方向、找對人、調配資源、管結果

身為公司最高領導人，主要 4 項工作要做好：
1. 看方向；2. 找對人；3. 調配資源；4. 管結果。

（七）每天要做好「整軍備戰」：

企業經營，平常、每一天、每一年，都要做好「整軍備戰」，亦即要做好每一個面向的工作、規劃及安排。包括：人資的、研發技術的、設備的、製造的、客戶的、銷售的、行銷的、財務資金的、物流的、客服的、門市店的、品牌的、企業形象的、成長的……等各方面事情及工作。

（八）不只要老闆自己好，要與全體員工共好：

身為企業領導人，不能只顧自己賺錢、自己好，更要為全體員工「共好」，應該發給他們更優渥的月薪、獎金、分紅、休假、福利，這才是最受歡迎的好老闆、好董事長。

（九）要對公司營運上的弱項，加以優化、加強：

企業經營，不可能各方面都很強，很有優勢，一定會有一些弱項及缺失；因此，企業要對這些營運上的弱項，不斷加以優化、改善、加強、提升，這樣企業才會成功、永續。這些弱項可能包括：人才、技術研發、工廠、製造設備、通路據點、門市店、財務資金、獎資福利、採購、海外客戶訂單、價格、制度、物流、產品……等。

四、重點圖示

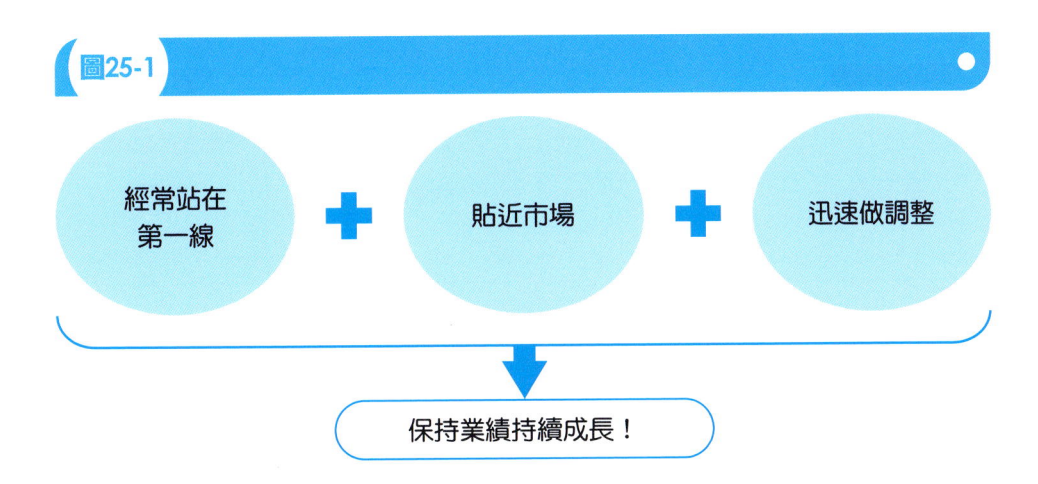

圖25-1

經常站在第一線 ＋ 貼近市場 ＋ 迅速做調整

↓

保持業績持續成長！

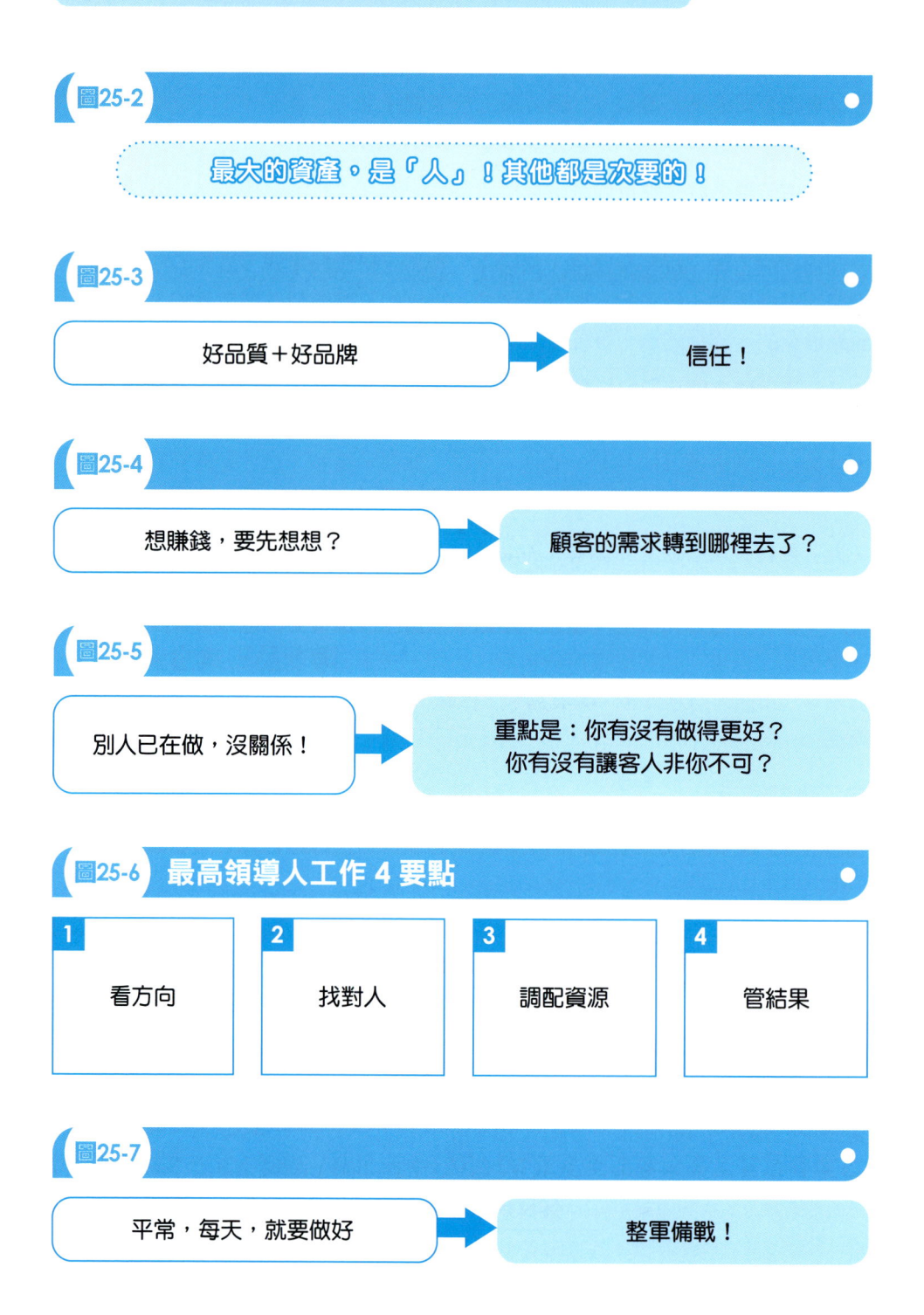

第 25 位　愛爾麗醫美集團董事長常如山

圖 25-2

最大的資產，是「人」！其他都是次要的！

圖 25-3

好品質＋好品牌　→　信任！

圖 25-4

想賺錢，要先想想？　→　顧客的需求轉到哪裡去了？

圖 25-5

別人已在做，沒關係！　→　重點是：你有沒有做得更好？你有沒有讓客人非你不可？

圖 25-6　最高領導人工作 4 要點

1	2	3	4
看方向	找對人	調配資源	管結果

圖 25-7

平常，每天，就要做好　→　整軍備戰！

圖 25-8

不只要老闆自己好，自己賺錢 → 更要全體員工共好！更要全體員工有賺到錢！

圖 25-9

要對公司營運上的弱項加以優化、改善 → 才能提升公司總體的市場競爭力！ → 這樣，公司才會贏！

圖 25-10

抓好、掌握好、顧客的什麼？

真正需求的 ＋ 真正想要的 ＋ 真正期待的

真正慾望的 ＋ 真正解決生活痛點的 ＋ 真正為顧客帶來利益點

顧客＝業績

第 2 篇　內銷業、零售業、服務業、傳統製造業、消費品業 36 位企業領導人的成功經營智慧

119

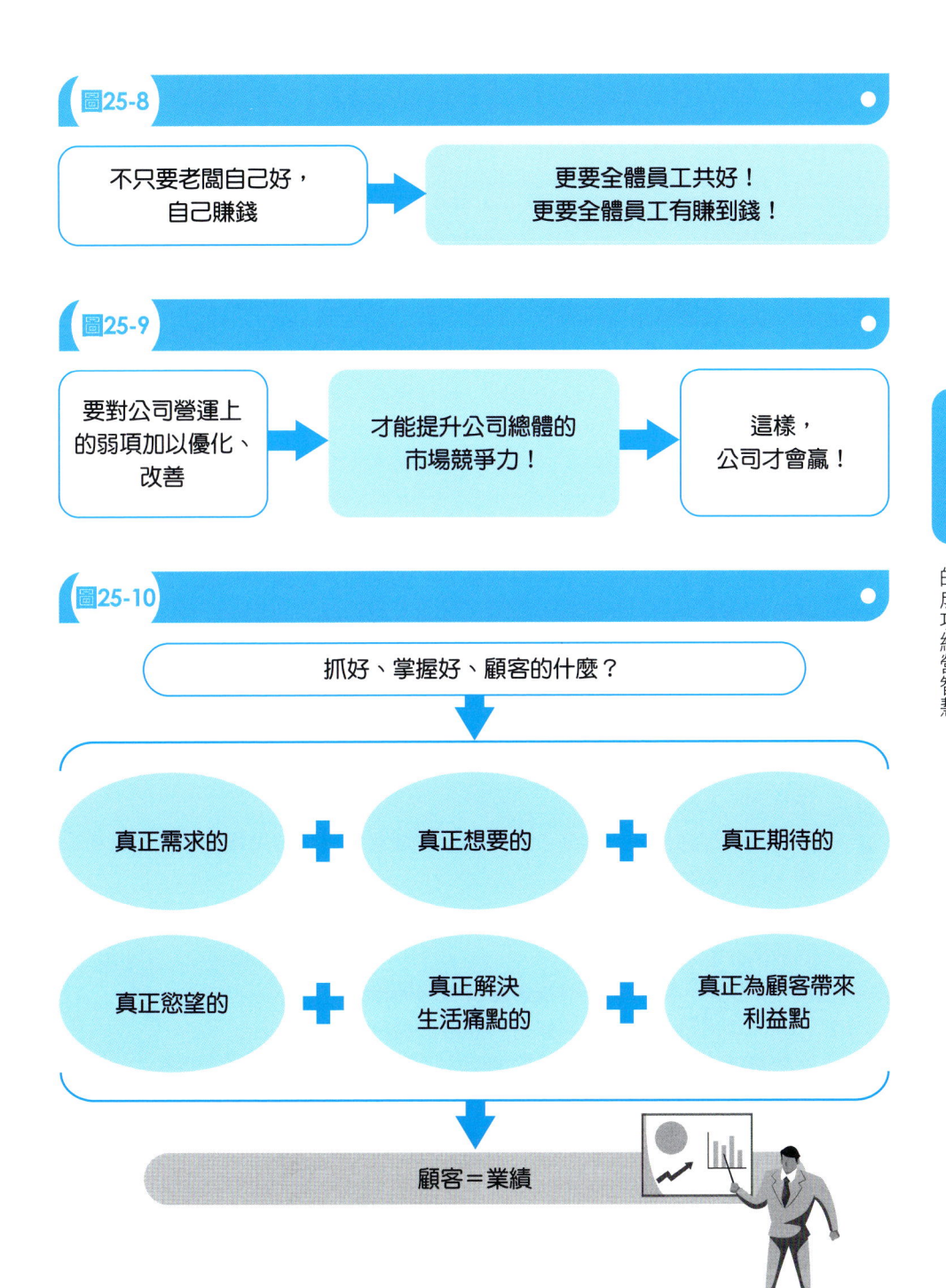

第 26 位　李奧貝納廣告前大中華區總裁 黃麗燕

一、公司簡介
- 李奧貝納為全球知名廣告公司，在台灣連續 11 年蟬聯第一大廣告代理商，也是最富創意的廣告公司。
- 李奧貝納曾經服務過的知名品牌，計有麥當勞、中華電信、賓士、海尼根、中華航空、中華汽車、三星、哈根達斯、輝瑞藥廠、Skoda 汽車……等。

二、領導人成功經營心法
1. 活著，才是硬道理。
2. 能為客戶（廣告主）賺錢，就是我們的生意經。
3. 我們全心全意照顧好現有的每個顧客，因為他／她長大變強，我們才會跟著成長擴張。
4. 我們用最優秀的人，專心服務最好的客戶。
5. 深耕客戶沒有別條捷徑；幫他賺錢，讓他愈做愈大，我們也跟著他長大。
6. 成長沒有上限，進退要有底線。
7. 賺錢是永無止境的，但有些錢我們不能賺，那是基於價值觀及信念的考量。
8. 沒有客戶，就沒有我們。
9. 李奧貝納存在目的，就是：「用動人的創意，協助客戶達成他們的營運目標，成為領導品牌。」
10. 能讓客戶營收成長，讓客戶的品牌茁壯，讓客戶的生意源源不絕，這才是我最關心的。
11. 每一筆生意，都是客戶給我貢獻價值的機會。
12. 永遠「珍惜日常」，永遠保有「危機意識」。
13. 高階經理人必須能夠「預見問題」、「防止問題」及「解決問題」。
14. 身為領導者的 3 個基本門檻：
    (1) 自律，不能自私自利；(2) 以身作則；(3) 說到做到。
15. 每年，每個人，都要成長 30%，做有感的 30%，這樣才不會被淘汰掉。並讓客戶感到你每年有 30% 的成長價值。
16. 當大家（客戶及競爭對手）在拼命往前奔跑時，你站在原地或慢慢走，那你就會落後及退步。

17. 走自己的路，往你的價值觀、你的願景直直走去，一直走在最前面就對了。
18. 真正的安全感，是來自於你的危機感。
19. 領導者絕不能有悲觀的權利。
20. 領導者的天職，就是：
    (1) 帶領團隊，創造成長。
    (2) 尋找機會。
    (3) 開疆闢土。
    (4) 搶占市場。
21. 不只要適應，而更要創造。
22. 要每天去思考消費者及市場的真正需要與期待是什麼。
23. 面對大環境困境，領導者要帶領同仁突圍及生存下去。

三、作者重點詮釋

（一）能為客戶賺錢，就是我的生意經：

做 B2B 客戶生意的，最重要的是能幫助客戶賺錢。堅信：客戶能賺錢、能成長，我們才能賺錢、才能成長。沒有客戶，就沒有我們。每一筆生意，都是客戶給我貢獻價值的機會。

（二）經理人：必須能「預見問題」、「防止問題」及「解決問題」

企業各部門、各階層的經理人、幹部主管們，針對各種問題，必須有 3 種能力：
1. 預見問題能力；2. 防止問題能力；3. 解決問題能力。

（三）每個員工，每年都要成長 30%，才不會被客戶淘汰掉：

在企業組織裡，必須要求每位員工，每年自己都能成長 30%，讓自己有感的 30% 成長，如此，才不會被客戶及消費者淘汰掉。

（四）領導人天職是帶領團隊，往正確方向走、尋找機會、創造成長、搶占市場、開疆闢土；領導人的天職，就是做好：

1. 帶領團隊
2. 往正確方向走
3. 尋找機會
4. 創造成長
5. 搶占市場
6. 開疆闢土

四、重點圖示

圖 26-1

能為客戶賺錢（B2B），就是我的生意！ → 客戶能賺錢、能成長，我就能賺錢、能成長！

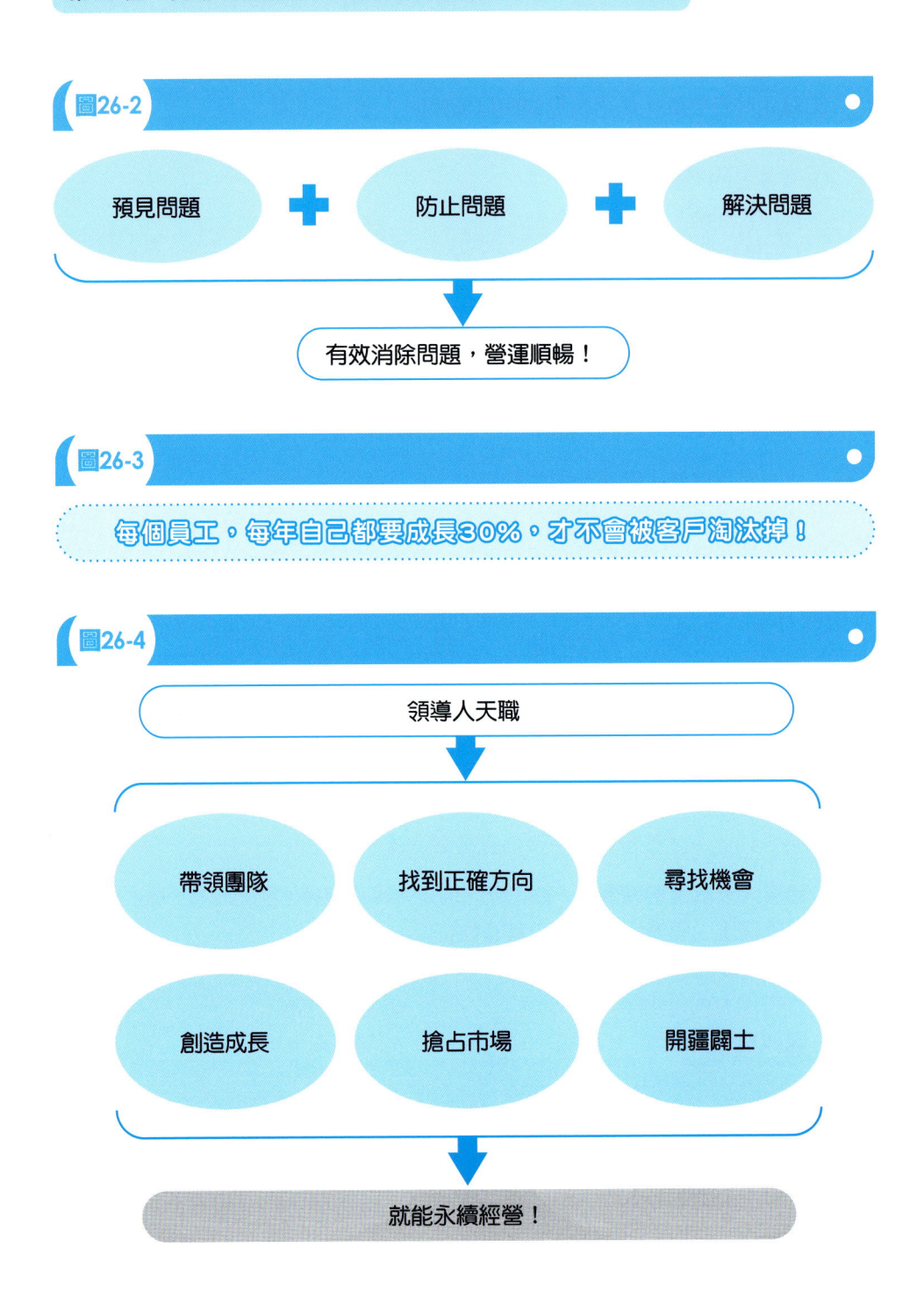

第 26 位　李奧貝納廣告前大中華區總裁黃麗燕

圖 26-2

預見問題 ＋ 防止問題 ＋ 解決問題
↓
有效消除問題，營運順暢！

圖 26-3

每個員工，每年自己都要成長30%，才不會被客戶淘汰掉！

圖 26-4

領導人天職
↓
- 帶領團隊
- 找到正確方向
- 尋找機會
- 創造成長
- 搶占市場
- 開疆闢土

↓
就能永續經營！

第 27 位　黑松公司董事長張斌堂

一、公司簡介

- 黑松為國內 100 年企業，2024 年合併營收為 95 億元，本業營收為 84 億元，合併獲利 10 億元；飲料營收 42 億元，酒類營收 42 億元，目前股價 40 元。
- 黑松目前的主力品牌，計有：黑松沙士、黑松汽水、黑松茶花、黑松尋茶味、金門高粱酒、日本 CHOYA 梅酒、Fin 氣泡水等。
- 國內飲料年規模約 600 億，黑松市占率約 7%。
- 國內知名的飲料公司，計有：統一企業、味全、義美、光泉、黑松、愛之味、維他露、葡萄王等。

二、領導人成功經營心法

1. 我經常告訴行銷及開發部屬，要對市場夠敏感（高敏感度），才能看見消費者的需要，才能找出潛在新市場。
2. 黑松集團走了 100 年，絕不能漏氣。
3. 要大膽行銷，就是希望能突破，大家對黑松的傳統想像。
4. 百年企業，品牌永續下去。
5. 做食品／飲料業，除安全外，健康也很重要。
6. 代理金門高粱酒，從 10 億做到 40 億，成長 4 倍之多。
7. 大膽授權年輕部屬，發揮創意不受限。
8. 持續打造黑松成為一個健康快樂的「生活品牌」。
9. 加入 53 家全台經銷商 LINE 群組，他們有問題時，我都能第一手掌握，馬上派人解決，很多經銷商都做到第三代了。
10. 黑松 3 大營運方針：
    (1) 落實生活品牌，讓品牌走入消費者生活。
    (2) 超越代理／代銷，代理更多好品牌。
    (3) 精進銷售，做好 OMO 全通路行銷。
11. 我們 3 大核心能力：
    (1) 研發創新。
    (2) 行銷創新。
    (3) 品牌年輕化。
12. 黑松依然要持續努力，才能追上統一、味全這些更大公司。

三、作者重點詮釋

（一）對市場要有高敏感度，才能看見消費者需求；才能找出潛在新市場：

做行銷及營業人員，必須對市場的走向、趨勢、變化有高敏感度，如此，才能看見消費者需求，也才能找出潛在新市場。

（二）要大膽行銷，突破品牌傳統想像：

做行銷及創意，要大膽一些，才能突破對某個品牌既定傳統想像，也才能拉升業績起來。

（三）除自營品牌，代理品牌也是條業績能成長的路：

食品飲料公司或餐飲公司，除自營品牌外，代理國內外優質品牌，也是一條尋求業績能成長的路。

（四）數十年老品牌，要永保、要做好品牌年輕化：

國內很多內銷品牌，都已經有數十年（30～60年）的營運歷史了，面對老品牌事實，更必須做好行銷創新，廣告創新及產品創新，以確保品牌年輕化，使品牌重生、再造。

（五）與全台經銷商走在一起，加入他們的 LINE 群組：

很多行業仍然必須仰賴全台經銷商的通路功能，才能把產品上架到全台零售據點去，所以，必須與全台經銷商走在一起，加入 LINE 群組，隨時為他們解決問題，才能鞏固好與他們的關係。

四、重點圖示

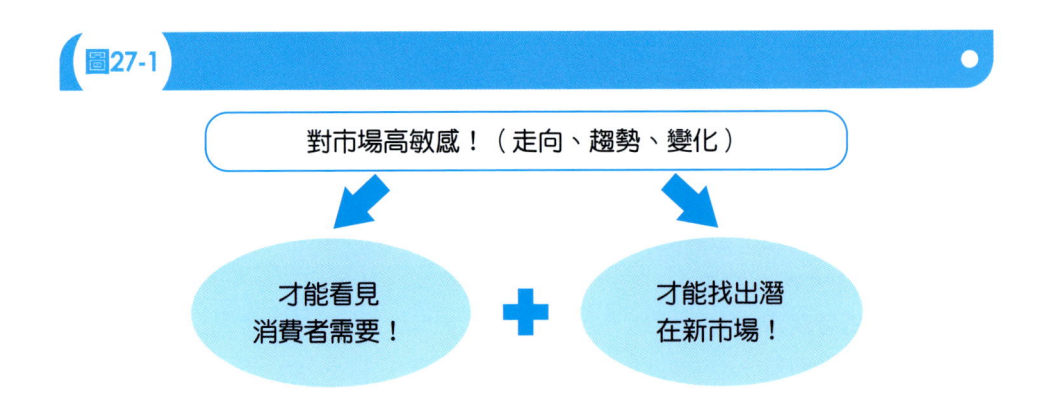

圖 27-1

對市場高敏感！（走向、趨勢、變化）
→ 才能看見消費者需要！ ＋ 才能找出潛在新市場！

圖 27-2

每個員工，每年自己都要成長30%，才不會被客戶淘汰掉！

圖 27-3

自營品牌 ＋ 代理品牌 → 有效拉升業績成長！

圖 27-4

30～60年老品牌 → 要做好、要永保：品牌年輕化！

圖 27-5

加入 LINE 群組 → 與全台經銷商走在一起！隨時為他們解決問題！

第 28 位　城邦媒體集團首席執行長 何飛鵬

一、公司簡介
- 城邦集團為國內最大的出版集團，它的主力出版物，有《商業周刊》及商周出版社。
- 城邦出版社原為媒體人何飛鵬所創立，後來他將此出版社賣給香港李嘉誠旗下一家公司，現在算是港資公司。賣掉後，香港公司仍借重何飛鵬的出版經驗及能力，近十多年來，已把城邦出版集團經營得更加成長茁壯。
- 何飛鵬首席執行長，善於經營管理實作，曾經出版過多本暢銷管理書籍。

二、領導人成功經營心法
1. 先會執行，再學策略。
2. 策略，就是想高、想遠、想深。
3. 策略，只有一句話，就是做對的事。
4. 經營是加法，創造更多營收及利潤；管理是減法，儘量撙節不必要支出。
5. 人才的 3 個層次：會做事、會管理、會經營。
6. 尋找會經營的人才，是極為重要的，也是最珍貴資產。
7. 長期／短期要三七開，亦即花 70% 時間再現在的工作努力，另外，花 30% 在未雨綢繆未來的布局。
8. 即要重當下，也要重未來。
9. 能預想未來，才能確保組織長期穩定，這樣的主管，也才是真正的好主管。
10. 我做首席執行長，每天只做 4 件事：
    (1) 教育訓練（培訓人才）。
    (2) 整理問題團隊。
    (3) 參與新創團隊。
    (4) 掌握每個事業單位的每月損益表數字是否達成目標。
11. 先聽眾議，再行獨斷。
12. 老闆只能千山獨行，有些最重要的事，一定要老闆自己做決定。
13. 在摸索中，解決問題，任何問題，一定有解答的。
14. 條件不足是常態，卻也是進步的動力。

15. 真正領導人的五項特質：
    (1) 令人尊敬的品格
    (2) 有共識的價值觀
    (3) 值得信賴的能力
    (4) 無怨無悔的追隨
    (5) 自動自發的投入
16. 無所不在的檢查（check point）。在組織中，設立各種不同的檢查流程與制度是必要的。
17. 績效雖擺第一，但也要兼顧人情。
18. 老闆的關心，也會讓部屬感動。
19. 學習，anytime，anywhere。（學習，任何時間，任何地點）。
20. 學習，是每一個人改變的動力。
21. 無所不在的學習，無時無刻的學習。
22. 策略，就是在對的時間，做對的事（do the right thing）；執行力，就是全力以赴，把事情做好、做快（do the thing right）。
23. 面對企業危機事項，影響企業形象，必須在第一時間，勇於即刻面對。
24. 發揚「追根究柢」的專業精神。
25. 準時（deadline）是紀律，是效率，不可拖延事情。
26. 要隨時與時俱進、隨時充電、隨時改變，成為一個「學習型人才」。

三、作者重點詮釋

（一）策略：就是想高、想遠、想深；也就是要做對的事

　　何謂企業策略規劃？就是要做未來 3 年、5 年、10 年的重大抉擇，這些抉擇會影響企業未來十年、二十年的發展及成果。所以，企業的戰略規劃，就是對未來的事，要想高、想遠、想深，同時也要做對的事。

（二）人才 3 層次：

　　會做事、會管理、會經營，人才基本上可區分為 3 個層次：
1. 會做事：每個人有其專業功能。
2. 會管理：有些人可以晉升為基層或中層的管理主管。
3. 會經營：少數人，會做事業、會做生意、會使公司能賺錢。

（三）短／長期工作，七三開：

　　短期、現在、今天的工作要完成、目標要達成，這就是短期工作，要占七成時間；其他三成時間，要做長期規劃的事情，要布局未來，要做未來能成長的事。

（四）每個月，要關心損益表達成狀況：

做老闆的、做高層主的，每個月，要關心上個月損益表的數字狀況，是否賺錢？或虧錢？是否成長或衰退？損益表，就是一家公司每個月經營績效的總反應。

（五）無所不在的檢查點：

企業在每天的事情推動中，經常要設立各種檢查點（check point），去查核執行與推動的狀況如何？進度如何？品質如何？效益如何？問題如何？

（六）學習，anytime，anywhere。（學習，任何時間，任何地點）：

無所不在的學習，無時無刻的學習；學習是每一個人改變的動力；不斷學習，才能不斷進步，不斷進步，公司才會有競爭力。

（七）發揚「追根究柢」精神：

企業做任何事或解決任何問題，都一定要秉持追根究柢精神，要把事情與問題看透看深，希望一勞永逸，不再發生。

四、重點圖示

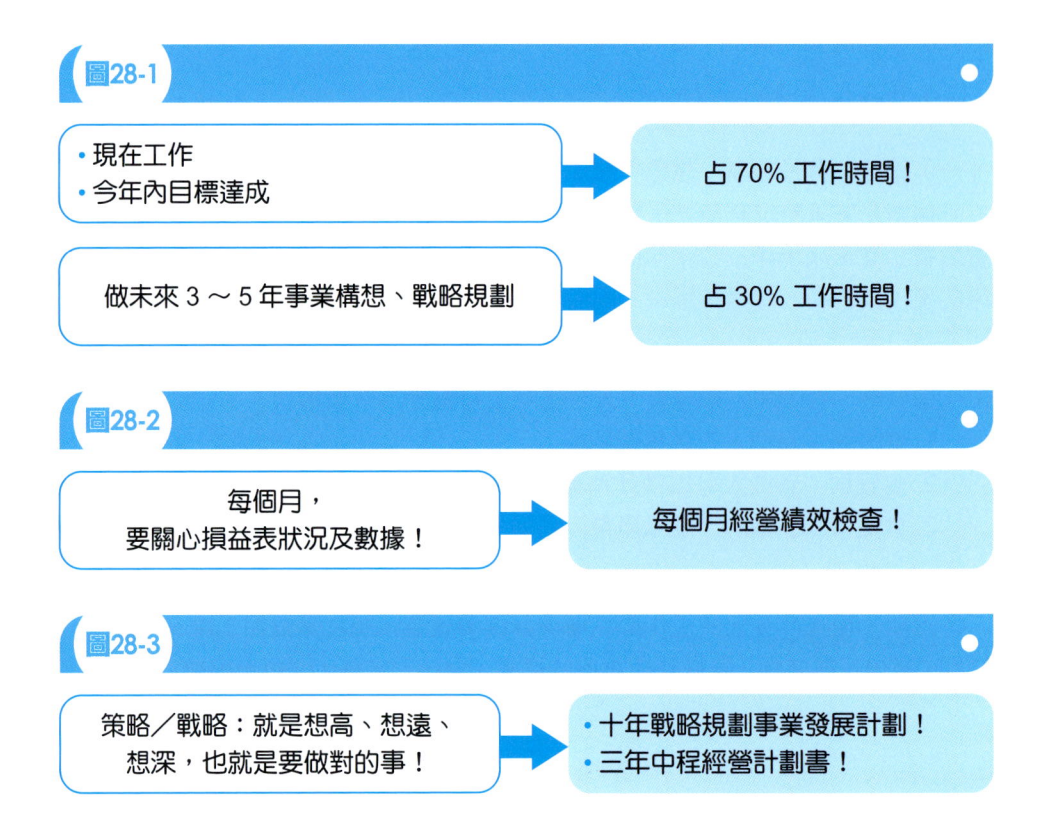

圖 28-1

- 現在工作
- 今年內目標達成　→　占 70% 工作時間！

做未來 3～5 年事業構想、戰略規劃　→　占 30% 工作時間！

圖 28-2

每個月，要關心損益表狀況及數據！　→　每個月經營績效檢查！

圖 28-3

策略／戰略：就是想高、想遠、想深，也就是要做對的事！　→　
- 十年戰略規劃事業發展計劃！
- 三年中程經營計劃書！

圖28-4　人力3層次

會做事（專業） → 會管理（做主管） → 會經營（會賺錢）

圖28-5　無所不在的檢查點（check point）

1	2	3	4
推動如何？	進度如何？	成效如何？	品質如何？

圖28-6

學習：任何時間！任何地點！
- 才能不斷進步！
- 才能提升公司競爭力！

第 29 位　富邦媒體科技公司（momo 購物網）總經理谷元宏

一、公司簡介
- 富邦 momo 購物網，是國內第一大電商公司，2024 年營收額正式突破 1,100 億元，也是國內第四大營收額的零售業者（僅次於：統一超商的 1,900 億、全聯的 1,800 億、好市多 Costco 的 1,200 億）。
- 富邦 momo 年獲利額為 40 億，獲利率約 4%，EPS 達 15 元，股價超過 600 元以上。
- 富邦 momo 為富邦集團的子公司，momo 能夠以短短 23 年時間，從傳統電視購物成功轉型到電商網路，且營收突破 1,100 億，實屬不易。

二、領導人成功經營心法
1. momo 將加速擴大「mo 幣」紅利點數生態圈，用心深耕會員。
2. momo 這十多年來，投入 50 億元以上，在全台建設大型物流中心、主倉、衛星倉等，計 60 個據點，達成 24 小時送貨到顧客家中或指定超商。
3. 持續「物美價廉」政策，滿足廣大庶民消費者對低價的需求。
4. 持續擴大品牌樹極品項數，目前已達 300 萬個品項及 2.5 萬個品牌。
5. 保持九成高回購率，深耕 1,100 萬名會員貢獻度。
6. 持續優化資訊 IT 介面，更提升顧客瀏覽、下單、結帳的滿意度。
7. 擴大與第 2 名競爭對手差距，遙遙領先（註：第二名電商的 PCHome，其年營收才為 400 億元）。
8. 不斷提高優良人才團隊與組織能力，包括：商品開發、資訊 IT、物流倉儲、售後服務、行銷……等專業人才。
9. momo 的成功關鍵因素，可歸納以下 7 點：
   (1) 人才力；(2) 產品力；(3) 定價力；(4) 物流倉儲力；(5) 資訊力；
   (6) 服務力；(7) 品牌力。

三、作者重點詮釋
（一）「會員經濟」+「點數生態圈」：鞏固住熟客會員

鞏固會員回購率的有效工具近幾年來，各大零售業及服務業，掀起會員經濟及點數生態圈的重視，以有效鞏固會員經常性回購率、穩定每月營收額。

（二）擴大物流中心建設，提升物流配送效率，強化營運競爭力：

不管是 B2C 或 B2B 的物流中心建設，具有提升物流配送效率及強化營運競爭力，因此，已成為電商公司、連鎖超市、連鎖超商、連鎖量販店、連鎖藥妝、連鎖藥局等非常重要的配套能力。

（三）「物美價廉」仍是庶民經濟時代的核心指標：

在普遍低薪時代，「物美價廉」仍是庶民經濟時代的重要經營指標，能做到兼具「商品好」＋「價格便宜」兩個要件，就可以贏得顧客心。

（四）「人才團隊」＋「組織能力」，是成功企業的最根本兩大支撐力量：

企業成功的最根本兩種支撐力量，就是：「人才團隊」＋「組織能力」的組成，企業有好人才，又有好的各部門組織能力，那就是強大的競爭力，企業怎能不贏呢？

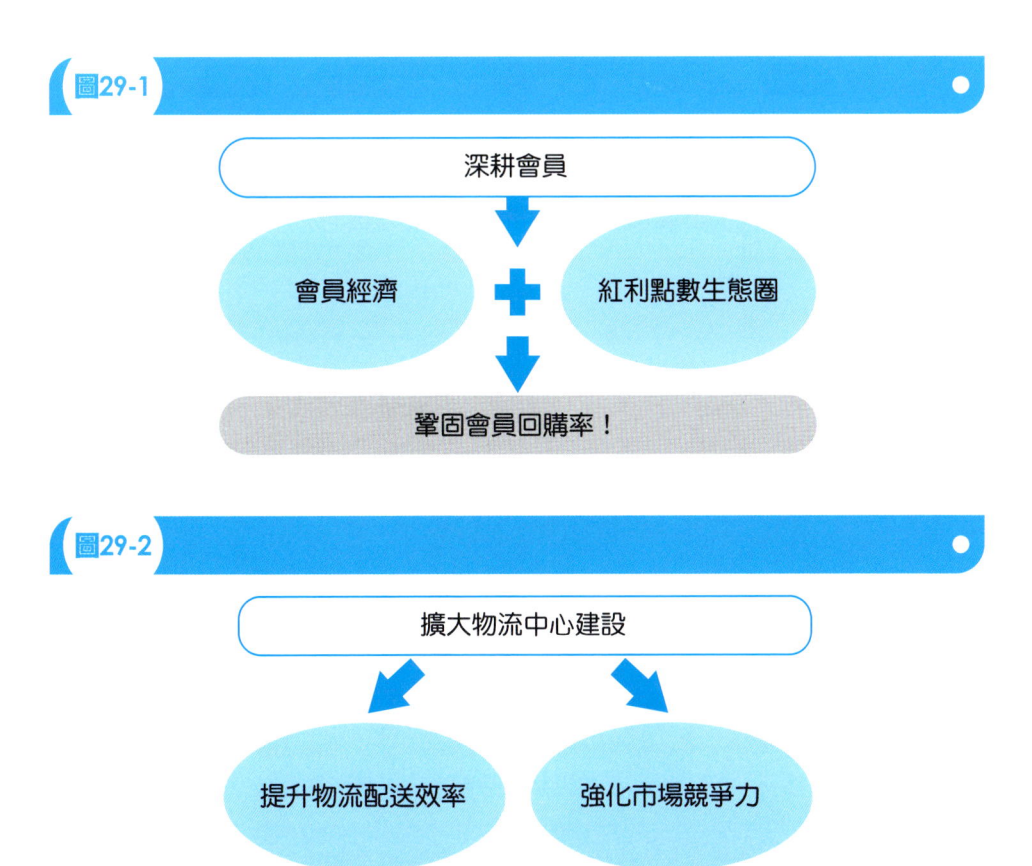

四、重點圖示

圖29-1

深耕會員
→ 會員經濟 ＋ 紅利點數生態圈
→ 鞏固會員回購率！

圖29-2

擴大物流中心建設
→ 提升物流配送效率
→ 強化市場競爭力

第 29 位　富邦媒體科技公司（momo 購物網）總經理谷元宏

圖 29-3

物美價廉

商品好！ ＋ 價格便宜

↓

迎合庶民經濟時代的需求！

圖 29-4

人才團隊 ＋ 組織能力

↓

企業成功的最根本兩大支撐力量！

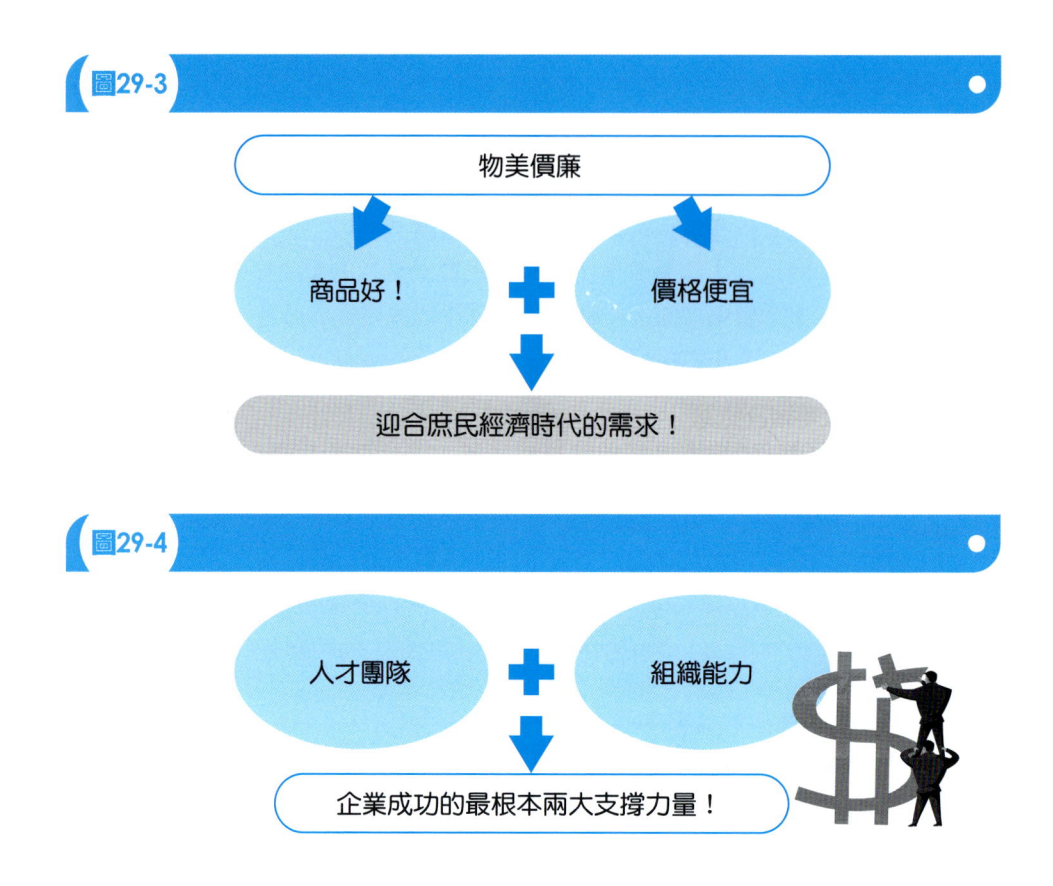

第 30 位　王品餐飲集團董事長陳正輝

一、公司簡介

- 王品餐飲是國內最大的餐飲集團，2024 年度營收額達 180 億元，獲利額 8.5 億元，獲利率 5%，股價達 270 元，全台總店數 320 店，中國店數 100 店，集團員工人數達 1.5 萬人。
- 王品餐飲集團採取多品牌策略，其下計有：王品牛排、夏慕尼、西堤、陶板屋、石二鍋、和牛涮、聚、青花驕、PUTIEN 莆田、品田牧場、hot7、就饗、阪前、享鴨、肉次方、最肉、原燒等 25 個品牌之多。
- 王品餐飲以小火鍋、燒肉、鐵板燒三個餐飲品類的店數最多，也是最主力的 3 種餐飲類別。

二、領導人成功經營心法

1. 多年來，我們採取「多品牌、多價格策略」，已證明是成功的。
2. 未來持續成長的五大方向：
   (1) 每年持續推出新品牌（1 個）。
   (2) 每年持續展店（10～20 店）。
   (3) 代理韓、日、東南亞品牌進來（每年 1 個）。
   (4) 併購國內小餐飲品牌。
   (5) 進軍海外市場（美國、東南亞、中國）。
3. 對既有品牌餐飲店，要持續優化，提高它們的店業績。
4. 王品會員已超過 250 萬人，要好好深耕、對待、鞏固好會員，提高他們的回店率，創造更好業績。
5. 我們視顧客為恩人、視同仁為家人、視供應商為貴人。
6. 我們每年編製「王品集團永續報告書」，我們很努力在 ESG 工作上。
7. 對於不能賺錢的品牌及店門，我們會毫不猶豫的加以關掉止血。
8. 我們每個品牌的獲利率都要達到 10% 以上的 KPI 指標。
9. 我們成立萬鮮子公司，形成中央廚房供應鏈，有效降低人力成本，集中品管、發揮供應鏈綜效。
10. 我們注重面對外部大環境變化的「敏捷度」，要加速「應變能力」。
11. 我的領導風格，就 4 個字：
    (1) 新：要創新、要革新。
    (2) 速：要快速、要敏捷。
    (3) 實：要實事求是。
    (4) 簡：要簡化、簡單、勿複雜。

12. 我們訂定 8 年後，王品集團總市值將達 1,000 億元，以及每年營收成長 20% 的挑戰目標。

三、作者重點詮釋

（一）「多品牌、多價格」策略，已成功：

王品集團近十年來，採取「多品牌、多價格」策略，已被證明成功，目前已有 25 個餐飲品牌及 320 店，創造年營收 210 億元，位居全台第一大餐飲集團。此策略，可以擴及更多不同的消費族群及區隔市場，搶占更多的市占率。

（二）自營品牌＋代理品牌並進：

企業經營，除自有品牌外，亦可採取代理國內外各式各樣品牌進來台灣市場，如此，可加快國內市場營收額增加及擴張市占率。

（三）毫不猶豫關掉虧錢的店：

凡是不賺錢的，很難挽救的店、沒未來的店，都是快速關店止血，不能再觀望、再仁慈、再手軟。

（四）面對大環境巨變，要有：「敏捷力」＋「應變力」

面對外部大環境巨變，企業組織必須保有：「敏捷力」＋「應變力」，才可度過挑戰及困境，而迎向新的道路。

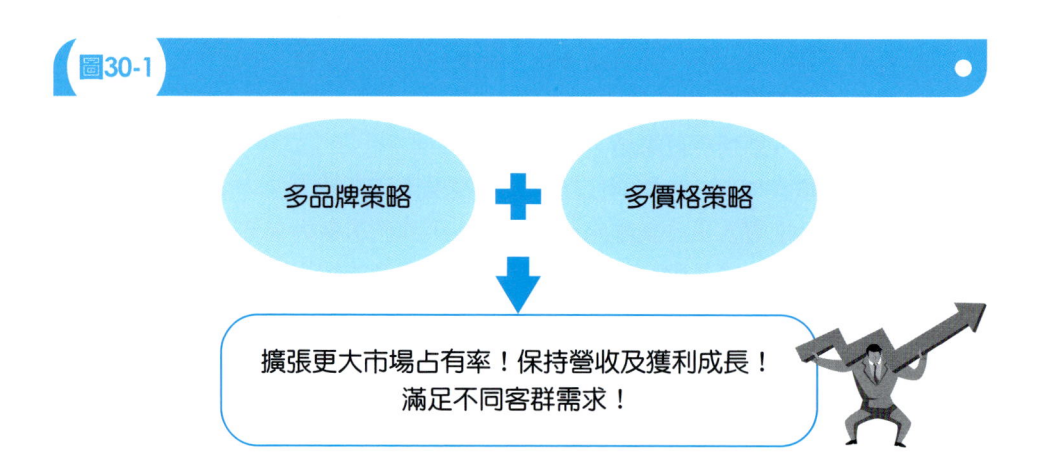

四、重點圖示

圖30-1

多品牌策略 ＋ 多價格策略
⬇
擴張更大市場占有率！保持營收及獲利成長！滿足不同客群需求！

圖30-2

自有品牌經營 ＋ 代理品牌經營

↓

・加速擴大產品陣容與品牌組合！
・搶占更大市占率！

圖30-3

・毫不猶豫關掉虧錢門市店
・快速止血
・再轉戰其他地區！

圖30-4

面對大環境巨變及挑戰

敏捷力 ＋ 應變力

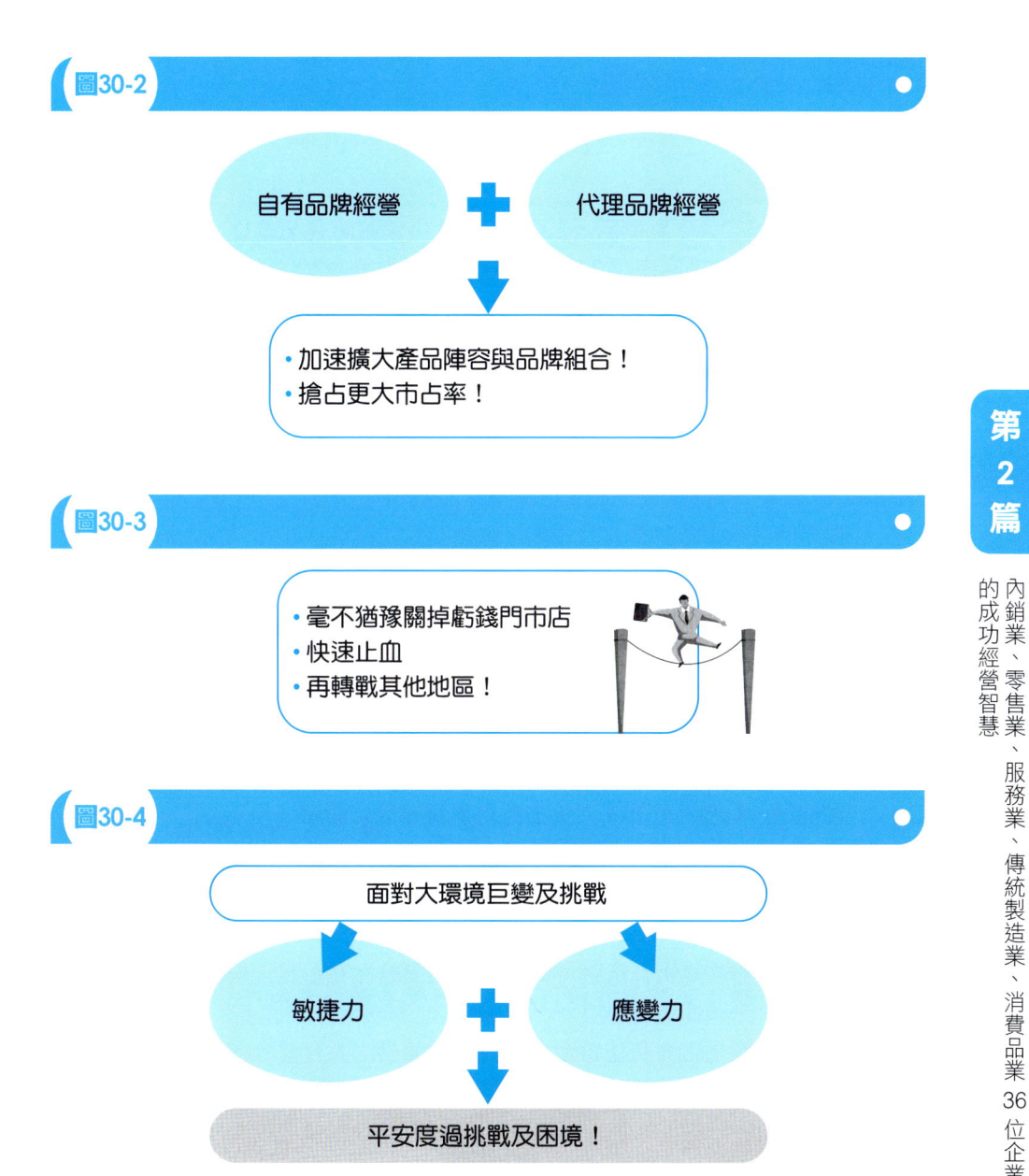

↓

平安度過挑戰及困境！

第 31 位　全家便利商店董事長葉榮廷

一、公司簡介
- 全家為國內第二大便利商店，2024 年度合併營收額為 900 億元，合併獲利額為 29 億元，本業獲利率為 3.3%，目前全台店數達 4,300 店，股價為 212 元。
- 全家的日式便利商店 FamilyMart，居日本第二大便利商店。
- 全家目前緊追第一名的統一超商（合併營收 2,900 億，本業營收 1,900 億），但仍有些距離；全家近五年來，表現不錯，已甩開第三、第四名的萊爾富及 OK 便利商店。

二、領導人成功經營心法
1. 要隨時觀察環境的變化及趨勢，要對迅速的變化，做出快速及時的對應。
2. 變化趨勢觀察的要訣有三個：
   (1) 是追蹤過去的消費紀錄。
   (2) 是觀察海外的作法。
   (3) 是研讀各類型報告及調查。
3. 零售業沒有成功方程式，且現在的成功，不會是未來競爭力來源。
4. 過去，強調產品 CP 值，現在則變成 CE 值（Consumer Experience），從視覺、氛圍、氣味、感受去打造消費者美好體驗。
5. 我們努力打造「全家＝創新」的 DNA。
6. 要保持未來營收成長 6 大方針：
   (1) 提高每個單店的每天營收額（提高單店業績）。
   (2) 持續加速展店、拓店，每年淨增加 100 店為目標；總店數增加了，總營收自然就跟著增加。
   (3) 持續優化店內商品組合，要對每項商品汰劣存優，使每項商品都賣得好，總業績就會增加。
   (4) 掌握一年中，每個重大節慶、節令促銷活動，以有效吸客及提高業績。
   (5) 門市店型也要不斷優化及多元化／多樣化，各種複合店、特色店、個性店、分眾店等，都要有效推進，就可提高總業績。
   (6) 深耕會員紅利點數的優惠及好處，以有效提高會員的回購次數。

三、作者重點詮釋

（一）CP 值＋CE 值，兩者並重：

現代人消費，強調兩件感受：

1. 高 CP 值感受（物超所值）。　　2. 高 CE 值感受（美好體驗）。

能掌握這兩點，相信顧客會再回流、回購的。

（二）隨時觀察環境變化與趨勢；做好環境 3 抓：抓變化、抓趨勢、抓新商機

企業經營，面對每天外部大環境的激烈變化，務必做好應對環境變化的 3 抓：

1. 抓變化；2. 抓趨勢；3. 抓新商機。

如此，企業才能安然地繼續走下去、成長下去、壯大下去。

（三）持續加速展店＋提升每店營業額：

連鎖店要提高每月、每年營收額，主要做好兩件事：

1. 持續加速展店；店總數增加了，總業績就會增加。
2. 提升每店業績；每個店業績提升了，總業績就會提高。

（四）零售業沒有固定成功方程式，成功方程式就是：

隨時應變＋隨時創新＋隨時準備＋隨時調整。零售業沒有固定成功方程式，而且今天的成功，明天也不一定能用，所以，任何行業的成功方程式，就是下列四者的結合：

1. 隨時應變（應變力）。　　　　3. 隨時準備（準備力）。
2. 隨時創新（創新力）。　　　　4. 隨時調整（調整力）。

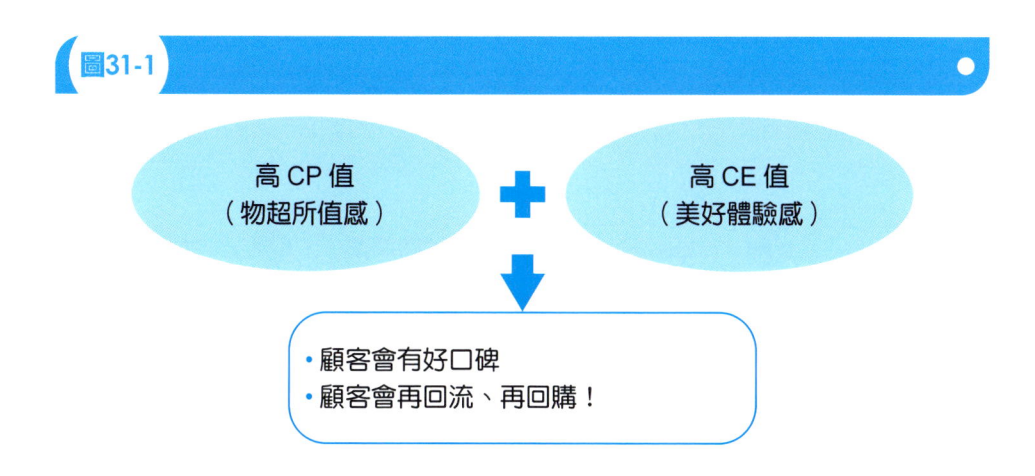

四、重點圖示

圖 31-1

高 CP 值（物超所值感）　＋　高 CE 值（美好體驗感）

↓

- 顧客會有好口碑
- 顧客會再回流、再回購！

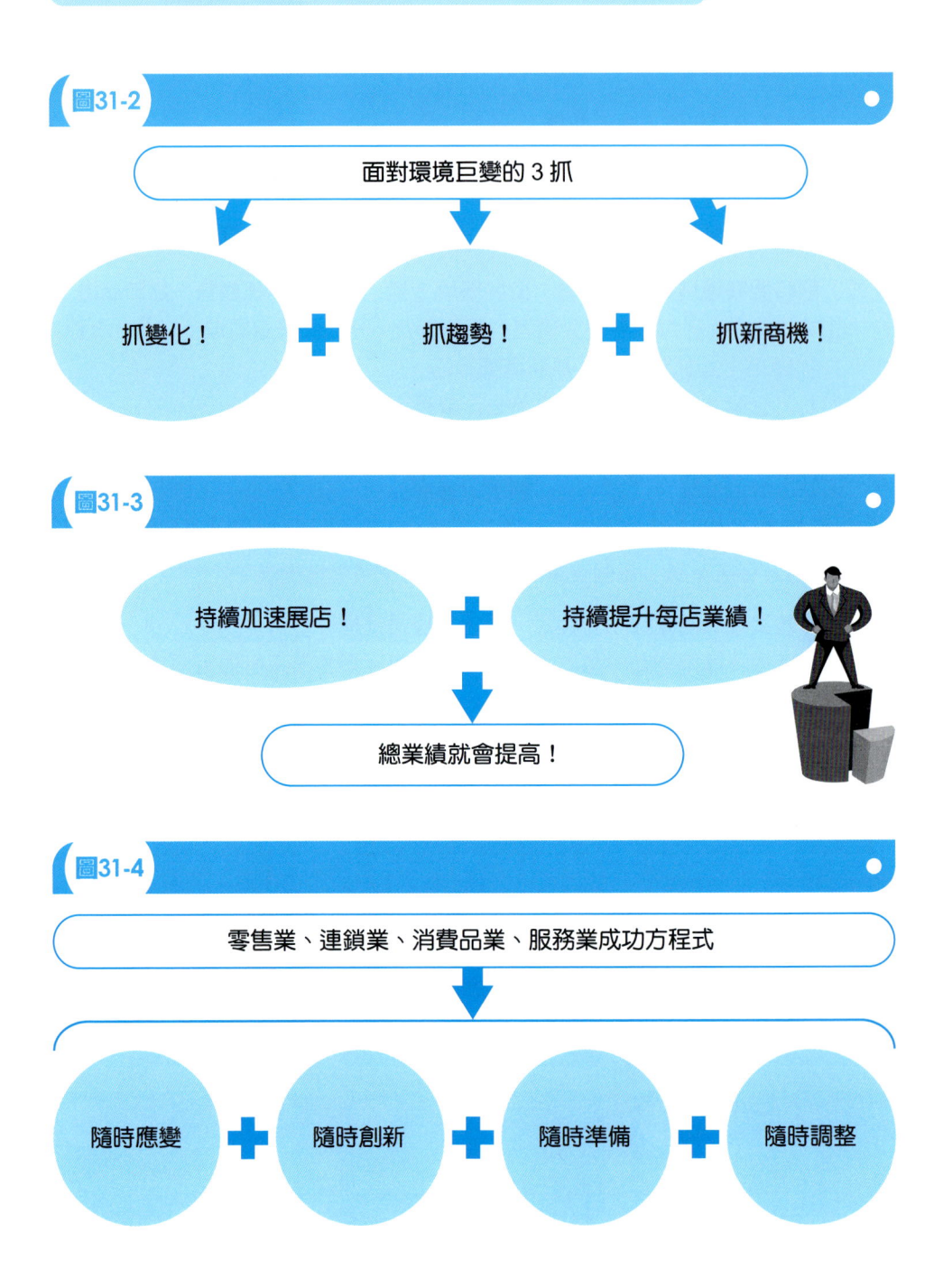

第 31 位　全家便利商店董事長葉榮廷

圖31-2

面對環境巨變的 3 抓

抓變化！ ＋ 抓趨勢！ ＋ 抓新商機！

圖31-3

持續加速展店！ ＋ 持續提升每店業績！

↓

總業績就會提高！

圖31-4

零售業、連鎖業、消費品業、服務業成功方程式

隨時應變 ＋ 隨時創新 ＋ 隨時準備 ＋ 隨時調整

第 32 位　台灣松下集團（Panasonic）總經理林淵傳

一、公司簡介

- 全台最大（第一名）家電品牌 Panasonic，年營收 350 億元，獲利額 35 億，獲利率 10%；Panasonic 的電冰箱及洗衣機銷售量，在全台均居市占率第一名，冷氣機居第二名；其他產品還包括：空氣清淨機、吸塵器、電視機、吹風機、微波爐、電子鍋等全系列大家電、小家電產品。
- 台灣松下由於是日系公司，故在台灣沒有上市櫃。
- Panasonic 品牌每年在台灣投放廣告量高達 7 億多元，以鞏固其第一名品牌資產價值。

二、領導人成功經營心法

1. 要永不滿足，好還要更好。
2. 今天講的事，明天會變，但這是秉持一個「好，還要更好」的思維；因為，照老樣做，業績絕對不會更好。
3. 企業要長期獲利經營，就必須往高附加價值領域位移才行。
4. 在管理上，要儘量讓溝通及組織透明，員工自然會減少猜疑，全心衝刺工作。
5. 不要拒絕員工的提議，才不會熄滅部屬的熱情。
6. 要充分利用集團內各公司的資源，才能創造綜效（synergy）。
7. 我們不只是家電硬體製造者，更是更美好家電生活的創造者及問題解決者。

三、作者重點詮釋

（一）要永不滿足，好，還要更好：

企業經營，高階領導群必須抱持兩個重要觀念：

1. 要永不滿足：要永遠向前衝刺、向前突破、向前成長，抱持永不滿足、永不懈怠、永不自滿的心態才行。
2. 好，還要更好：事情沒有固定 100 分的，永遠都會有變化及移動，所以，要抱持：好，還要更好的心態；不管是技術、研發、商品開發、品牌行銷、廣告宣傳、業務銷售、售後服務、物流完配、線上銷售等，都要努力做到：好，還要更好的信念。

（二）往高附加價值位移，才能長期獲利經營：

企業經營，最怕是你的附加價值太低、太沒特色，所以，產品售價低，利潤就低，在一片紅海市場裡競爭，很辛苦的。因此，企業的研發、技術、商品、服務、功能、耐用、省電、省油、設計、包裝、美學等，都必須儘可能朝向「高附加價值經營學」邁進，才會有長期獲利經營及長期市場競爭力。

（三）利用集團資源，發揮綜效：

大型企業集團，應多運用集團各事業資源，產生 1 ＋ 1 ＞ 2 之綜效（synergy）。例如：遠東集團、富邦集團、鴻海集團、統一企業集團等，都有很多事業體及子公司可以發揮更大的綜效出來。

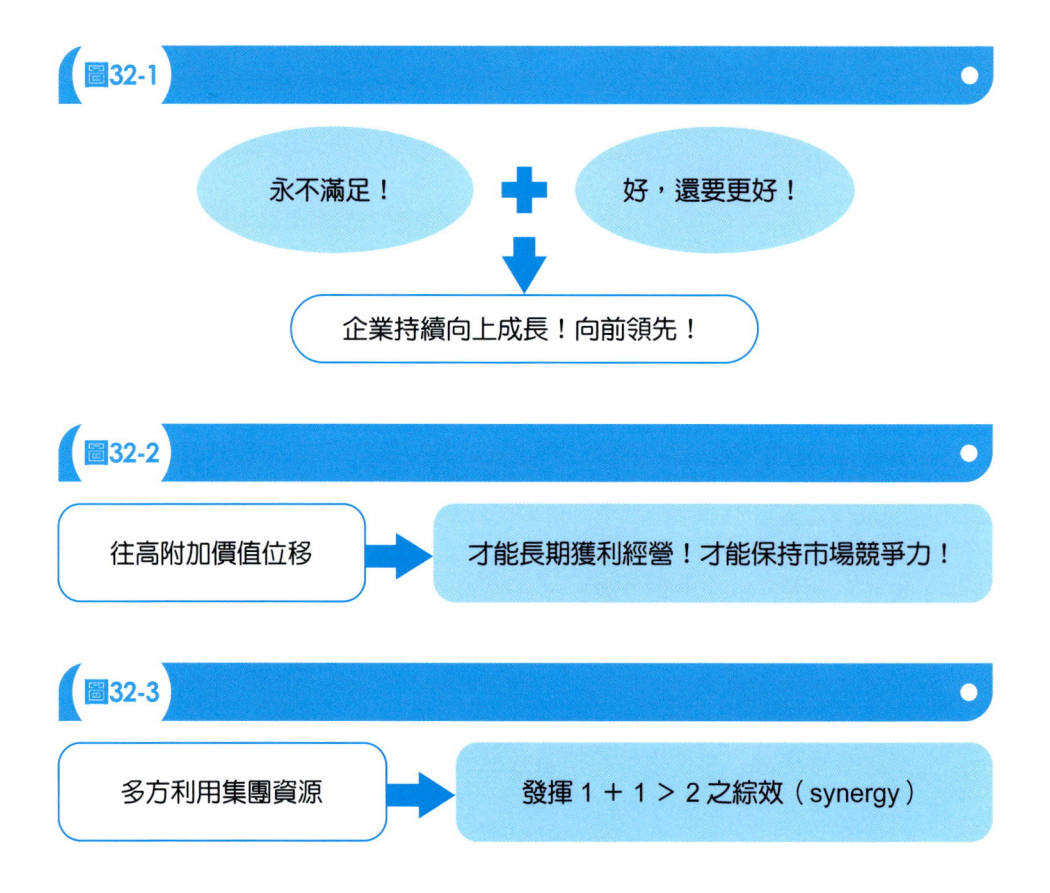

四、重點圖示

圖32-1

永不滿足！ ＋ 好，還要更好！
→ 企業持續向上成長！向前領先！

圖32-2

往高附加價值位移 → 才能長期獲利經營！才能保持市場競爭力！

圖32-3

多方利用集團資源 → 發揮 1 ＋ 1 ＞ 2 之綜效（synergy）

第 33 位　三陽機車公司董事長吳清源

一、公司簡介

- 三陽機車公司，在營運最慘的時候，在國內機車市占率曾掉到第三名（最後一名），光陽位居第一名、山葉位居第二名。
- 九年前，從外面來的土地開發商購買三陽機車大量股權，成為董事長的吳清源接手後；經過九年辛苦努力，在 3 年前（2022 年），終於逆襲成功，反而市占率躍升為第一名，市占率達 38%，而光陽落居第二名，為 27%。
- 三陽能成功反擊，主要是推出了多款受到年輕人歡迎的機車款型，再加上省油訴求成功，終於登上冠軍寶座。

二、領導人成功智慧金句

1. 我們能榮登機車銷售冠軍的主因，就是產品革新策略：
   (1) 推出新款車型。
   (2) 提升機車品質（耐騎）。
   (3) 省油（省油錢）。
   (4) 年輕化。
2. 我們研發團隊，分拆為兩個：一個是「設計團隊」，由年輕員工組成；另一個是「技術團隊」，朝省油、夠力、耐騎方向開發。
3. 該年度，我們平均發給員工 6 個月年終獎金，特優的高達 10 個月，這是傳統產業的最高公司了。
4. 今年績效，就是明年壓力。
5. 永遠／每天都要戰戰兢兢，不容懈怠、鬆懈。
6. 既然要做，就要把事情做好。
7. 要做好董事長表率，使員工相信。
8. 我每天上班 12 小時，從無懈怠。
9. 用實力，證明一切。
10. 高階領導要說到做到，要與他們（員工）站在同一陣線。
11. 經銷商提出任何問題，要立刻想辦法解決，立刻改善。
12. 台灣太小了，必須向海外市場進軍，主力市場是東南亞（越南、泰國）及中國。
13. 三陽機車市占率已從九年前最低的 9%，躍升到 2025 年目前的 39% 新高點。我們已贏得消費者信賴與青睞，未來會堅持精進品質的根本，以及拓展設計的獨有，持續搶攻消費大眾的心占率。

第 33 位　三陽機車公司董事長吳清源

14. 因國內市場規模有限，未來要再成長，必然靠海外市場支撐（以中國及東南亞市場為主）。
15. 要預先做好準備，秉持 (1) 品質 (2) 創新 (3) 設計 (4) 行銷 (5) 服務的五大核心經營方針，持續開拓全球市場。

三、作者重點詮釋

（一）不斷展現「產品革新策略」，才能暢銷，才能搶占市占率：

企業產品要暢銷成功，就是要對既有產品不斷推出「革新版」、「大改版」、「全新版」，才能達成目標。包括：推出新車型、新款型、旗艦型、提升品質、省電化、省油化、耐用期、年輕化設計、好用……等，均是「產品革新策略」的展現。

（二）研發團隊要分拆為年輕的「設計團隊」＋資深的「技術團隊」：

三陽機車公司把原有的研發團隊，分拆為兩個，一是設計團隊，由年輕員工組成；二是技術團隊，由年長員工組成，才是最佳組合。

（三）今年好績效，就是明年壓力，永遠要戰戰兢兢，不容鬆懈：

企業全員應該謹記：今年好績效，就是明年的壓力，因為，要每一年都保持好績效才行。另外，每一天都要戰戰兢兢，不容鬆懈、懈怠。

（四）台灣市場太小了，要向海外市場拓展：

台灣市場太小了，加上少子化、老年化，想要再大幅成長是不可能了；故為長遠成長考量，必然要向海外市場開拓才行；包括：中國、東南亞、美國、歐洲、日本、韓國等。

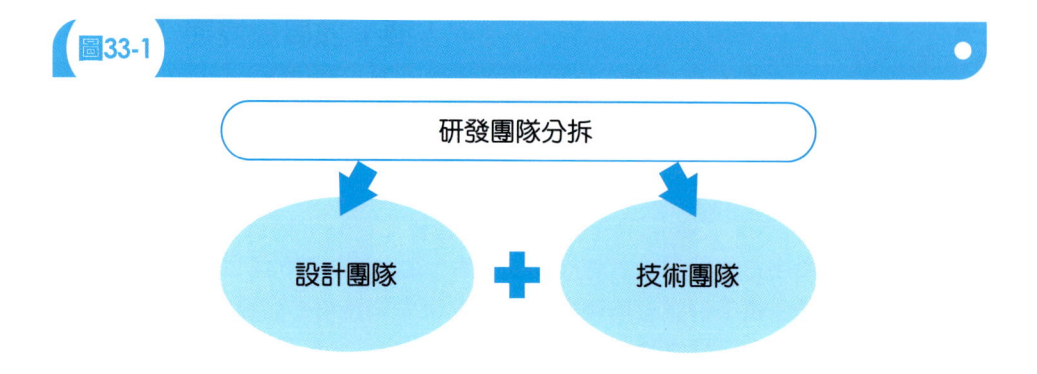

四、重點圖示：

圖33-1

研發團隊分拆
→ 設計團隊 ＋ 技術團隊

圖33-2 產品革新策略

1 新車型	2 新款型	3 旗艦型	4 提升品質
5 省電	6 省油	7 耐用	8 好用
9 年輕化設計	10 改裝	11 新門市店	12 新專櫃

圖33-3

今年績效，就是明年壓力！ → 永遠每一天都要：戰戰兢兢，永不鬆懈！

圖33-4

台灣市場太小了！未來再大幅成長不易！少子化／老年化 → 開拓海外市場！

第 34 位　大樹藥局連鎖公司董事長 鄭明龍

一、公司簡介

- 大樹藥局連鎖公司為國內第一大藥局連鎖店，為上市公司，股價高達 400 元；2024 年營收額為 150 億元，獲利 7.5 億元，獲利率 5%，合計店數達 300 店。
- 目前國內較大藥局連鎖公司，計有：大樹、杏一、丁丁、佑全、躍獅、維康、啄木鳥、長青等。
- 隨著老年化時代來臨，保健食品業、醫院業、診所業、藥局連鎖業等，都看好未來的成長性，故紛紛投入此行業。

二、領導人成功智慧金句

1. 未來五年內，仍將持續展店，擴大規模化，包括：自己展店、加盟展店、併購展店等。
2. 大樹藥局目前有會員人數 390 萬人之多，我們將深耕會員人數，提升會員忠誠度及回購率。
3. 大樹將與零售業合作，打造跨業複合店。
4. 藥師是門市店的骨幹，我們將大力吸引他們。
5. 大樹藥局的經營理念：
   (1) 強調品質第一；(2) 請求誠信與專業；(3) 比別人早一步的創新理念。
6. 持續優化店內的「產品組合」，以提高坪效。
7. 最終店數目標，將朝向全台 1,000 店挑戰目標，比目前成長 3.5 倍。
8. 向國內成功零售業學習，先抄，再慢慢修改，學會連鎖店如何經營。
9. 在還沒有長很大之前，先不講創新，先講改善就好。
10. 零售業最核心的地方，就是：「選品」及「坪效」。
11. 我們把產品細分為 A、B、C 級三種，A 是必備，B 是次級，C 是可有可無。
12. 每週有「商品小組」依據每週銷售數據，檢驗如何汰弱留強。
13. 決定能否持續擴張的關鍵，還是：「人」，就是「藥師」。
14. 凡是想開藥局的，我們都輔導他們成為「加盟店主」。把他們從專才變遍才，做店老闆。
15. 初期，我們不在意利潤，我們在意的是「規模」，以及延伸出來的「經濟效益」。

16. 公司要儘量透明、公平、與員工要有互信，沒有「信任」，團隊就不可能做大。
17. 未來最大的挑戰，可能是國內大型零售業會跳下來競爭，例如：統一的康是美，或是全聯等。
18. 我們得趕快在這盤棋布成之前，加緊腳步。
19. 員工持股比率仍是全部的兩成，幾乎人人都有認股，當成是員工自己的公司，更加努力工作，並留住好人才。
20. 與相關科大合作，培育種子藥師。

三、作者重點詮釋

（一）持續展店，擴大規模化，增加經濟效益：
做連鎖店經營，「規模」很重要，一定要規模化，才有競爭力，才會有經濟效益產生。

（二）持續優化店內「產品組合」，並「汰劣留強」提高坪效：
店內產品區分為 A、B、C 三級，依據每月／每週銷售狀況，加以汰劣留強及優化產品組合，以提高坪效。

（三）創業初期向成功零售業學習，先抄，再修改：
創業初期，先向國內成功零售業學習、模仿，然後再修改到目前的樣子。

（四）把公司股份，放出來 20%，給員工認股，大家都是股東，團隊就可做大：
開放員工認股，使大家都是公司員工，就可留住好人才，提高對公司向心力及凝聚力，公司團隊就更強大。

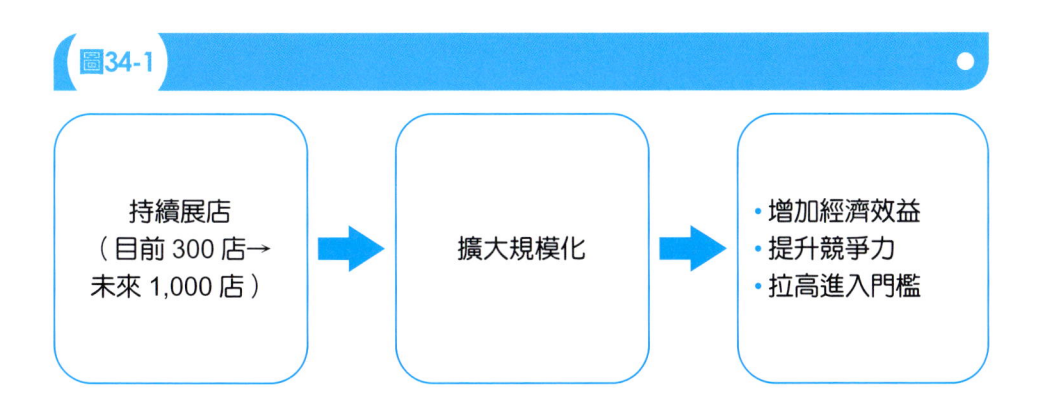

四、重點圖示

圖34-1

持續展店（目前 300 店→未來 1,000 店） → 擴大規模化 → ・增加經濟效益 ・提升競爭力 ・拉高進入門檻

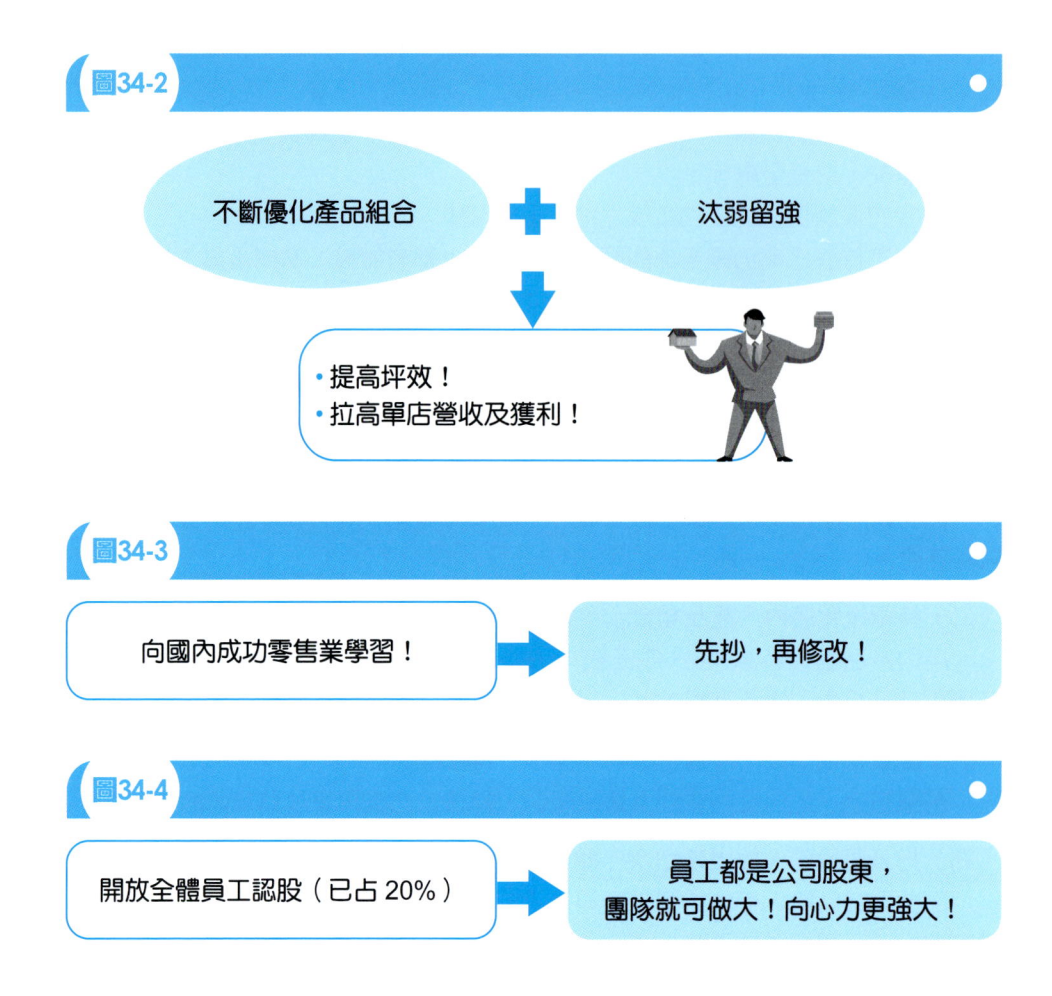

第 34 位　大樹藥局連鎖公司董事長鄭明龍

圖34-2

不斷優化產品組合 ＋ 汰弱留強

↓

・提高坪效！
・拉高單店營收及獲利！

圖34-3

向國內成功零售業學習！ → 先抄，再修改！

圖34-4

開放全體員工認股（已占20％） → 員工都是公司股東，團隊就可做大！向心力更強大！

第 35 位　葡萄王公司董事長曾盛麟

一、公司簡介

- 葡萄王成立已 57 年，是國內老牌生技公司，主力產品為益生菌及靈芝產品；它以代工為主要收入；2024 年營收額達 104 億元，獲利額 22 億，獲利率達 20% 之高，目前股價為 175 元之高，EPS 為 9.8 元，毛利率高達 81%，配發 6.9 元現金股利，現金殖利率為 3.8%。
- 曾盛麟董事長為第二代接班，把該公司經營得更好。

二、領導人成功智慧金句

1. 葡萄王將延續多元化與多角化經營策略，持續在產品及原料的創新研發，滿足國內外代工客戶需求，會持續保持營收成長。
2. 旗下子公司葡眾直銷公司，年營收突破 80 億元，是國內第 2 大直銷公司。
3. 2016 年起，大力投入 ESG 實踐，目前已成為 ESG 模範生。
4. 國內外代工事業持續成長。
5. 領導者保持向前走的決心，永不動搖。
6. 公司要保持不斷的創新，永遠要與時俱進、推陳出新。
7. 公司要有前瞻性、要超前布局、要布局未來五年、十年的發展策略及事業。
8. 公司要訂定中長期發展具體目標，有計劃的一步一步穩健向前推進。
9. 面對自己老化的公司，必須引進更多元背景的專業經理好人才。
10. 既有好制度、老規章、老 SOP，都要快速加以革新，要迎合新時代、新競爭的挑戰才行。
11. 管理哲學要軟硬兼施，該硬時候硬；該軟時候要軟。

三、作者重點詮釋

（一）朝向多元化、多角化經營，以避免單一產品／單一事業風險：

企業在長遠經營歷史中儘可能有能力時、有資金時，朝向多元化、多角化產品及事業經營，以避免萬一單一產品或單一事業遇到變化或老化的不利風險產生，而危及公司經營生存。

第 35 位　葡萄王公司董事長曾盛麟

（二）不斷進行 3 個優化：「產品組合優化」、「品牌組合優化」、「事業經營組合化」；企業為了不斷提升更好的經營績效及更具成長性發展，必須不斷評估、改良及優化 3 件事情：

1.「產品組合」不斷優化。
2.「品牌組合」不斷優化。
3.「事業經營組合」不斷優化。

所謂「優化」，就是不斷的去評估、分析、改良、改善、升級、加值、強化、以及汰劣留優的意思。如此，可使留下來的產品、品牌、事業體三者，都是好的、有賺錢的、有競爭力的、有未來性的、優質的好東西，必使公司整體經營更上一層樓。

（三）公司要有前瞻性、要超前布局、要布局未來五年、十年中長期的發展策略及事業體：

大型企業都必須要有前瞻性、要超前布局，要提早規劃未來五年、十年的發展戰略及事業體（子公司）等，才能永遠立於不敗之地，永遠能有不敗的成長性，及強大集團競爭力。

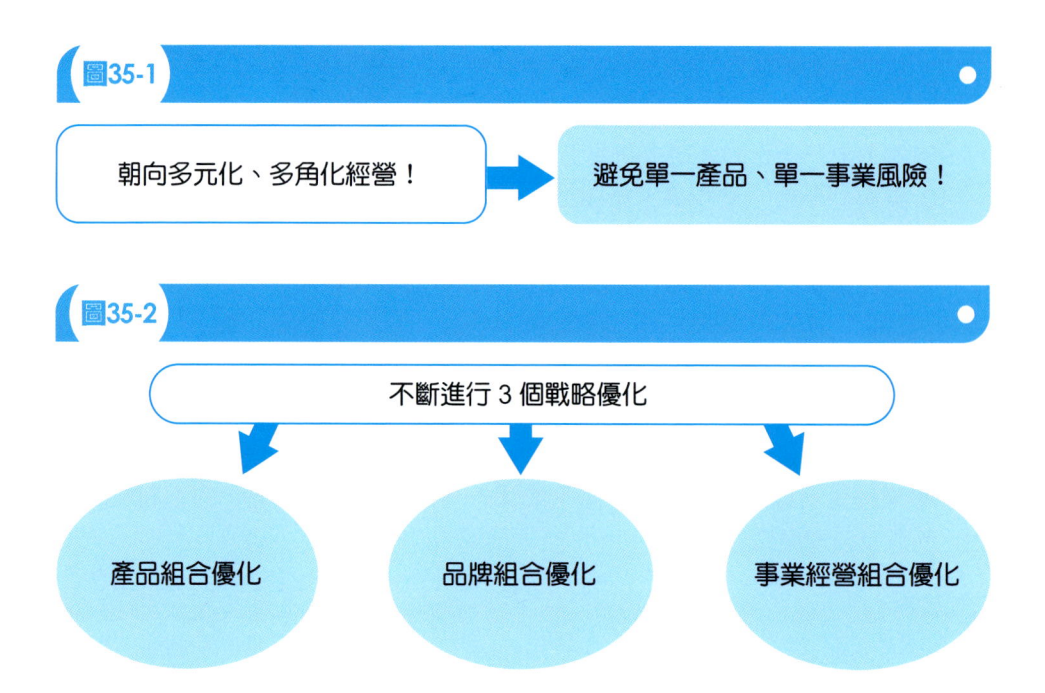

四、重點圖示

圖 35-1

朝向多元化、多角化經營！ → 避免單一產品、單一事業風險！

圖 35-2

不斷進行 3 個戰略優化

- 產品組合優化
- 品牌組合優化
- 事業經營組合優化

圖35-3

要前瞻性 ＋ 要超前布局

↓

布局未來五年、十年中長期發展的戰略規劃及戰略事業體！

↓

保持永遠的「成長型」經營企業！

第 36 位　　SOGO 百貨公司董事長 黃晴雯

一、公司簡介

- SOGO 百貨公司為遠東集團的遠東百貨旗下子公司，2024 年營收額達 500 億元，獲利額為 18 億元，獲利率 4%。
- SOGO 百貨的台北忠孝館及台北復興館，年營收均突破 100 億元，是最具指標的兩個館。
- SOGO 百貨在 2024 年底承租台北大巨蛋館的 3.6 萬坪 4 個館的經營權，預計可再創造 100 億元新增營收額。
- SOGO 百貨年營收 500 億，僅次於新光三越的 880 億元及遠東百貨的 530 億元，位居第 3 大百貨公司。

二、領導人成功經營心法

1. SOGO 百貨面對 3 個大環境的挑戰問題：
    (1) 電商快速崛起，瓜分一部分百貨公司生意。
    (2) SOGO 百貨已 37 多年了，主客戶有些漸老化，急需年輕客群替補。
    (3) 同業（購物中心、outlet）競爭對手加多、加劇。
2. 現在最難的是要：
    改變員工的心態（mindset），要改變過去成功模式、改變傳統思維及改變過去長久的工作心態。
3. 我們必須動得比消費者需求更快，永遠走在消費者最前面。
4. 一定要改變、一定要轉型、一定要更創新。
5. 要誠實面對挑戰、面對自己弱點，要朝轉型大步邁進，永不再回頭，永不再走回頭路。

三、作者重點詮釋

（一）我們必須動得比消費者快，永遠走在消費者最前面：

　　做內需零售業、服務業及消費品業者，必須要：動得比消費者更快，並永遠走在消費者最前，引領消費者，創造更大市場成長需求。

（二）一定要改變、一定要轉型、一定要更創新：

做任何事業，沒有一樣是不變化的，企業面對環境及市場的變化，必須有所因應，有三者：1. 一定要改變；2. 一定要轉型；3. 一定要更創新。誠實面對自己的弱點，不斷改善、強化、做到變成強項。

（三）要大步向前邁進，永不再回頭，永不再走回頭路；「走舊路，到不了新地方」：

企業經營，隨著每一天快速向前推進，必須順應市場、消費者及環境的改變而變，永不回頭，永不再走回頭路，因為「走舊路，到不了新地方」。

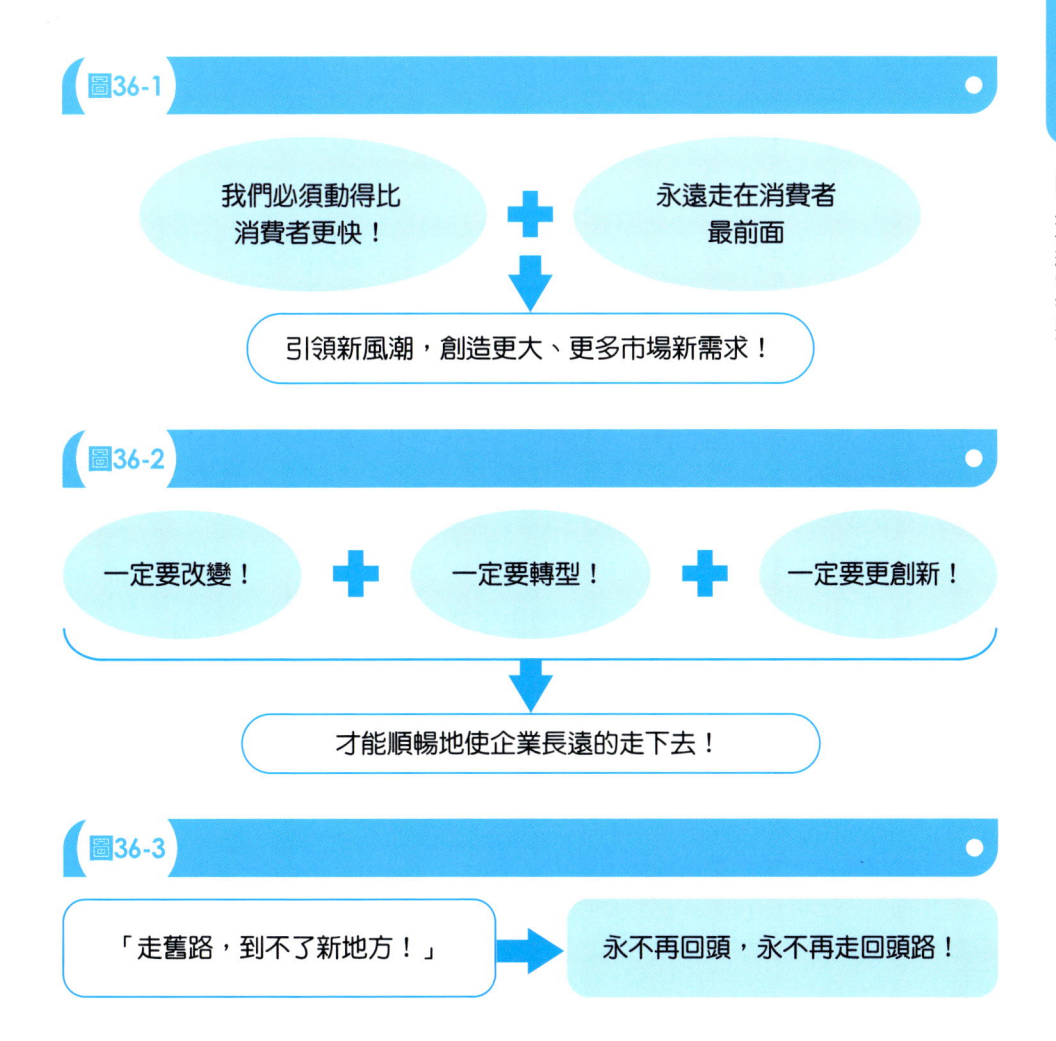

四、重點圖示

圖36-1

我們必須動得比消費者更快！ ＋ 永遠走在消費者最前面
↓
引領新風潮，創造更大、更多市場新需求！

圖36-2

一定要改變！ ＋ 一定要轉型！ ＋ 一定要更創新！
↓
才能順暢地使企業長遠的走下去！

圖36-3

「走舊路，到不了新地方！」 → 永不再回頭，永不再走回頭路！

第 37 位　寶雅美妝連鎖店公司總經理　陳宗成

一、公司簡介
- 寶雅公司是國內營收額最大的美妝及生活用品連鎖店。該公司 2024 年營收額達 195 億元，獲利額為 26 億，獲利率達 13%，毛利率達 43%，EPS 為 6.5 元。
- 寶雅目前全台總店數已近 400 店，包括：寶雅的 210 店及寶家的 40 店。
- 寶雅為上市公司，目前股價高達 580 元，是美妝百貨股的最高股王。另一家是 momo 電商公司股價 600 多元。

二、領導人成功經營心法
1. 持續朝向「寶雅」及「寶家」雙品牌經營模式，以求達成不斷成長型企業目標。
2. 持續展店不中斷，邁向最終全台 500 店規模經濟效益及搶占更大市場空間，打造高門檻競爭優勢。
3. 「POYA Beauty」（美妝店）新店型已成功，仍將持續擴展，形成有需求的特色店。
4. 持續建設桃園及高雄兩個大型物流中心，支援全台 400 店商品配送。
5. 持續店內「產品組合優化」行動，以提高坪效及創造最高的每日／每店業績目標。
6. 對每個既有門市店加以升級，以及提昇每店經營績效。
7. 持續專注女性消費主力客群。
8. 加強 OMO 線下＋線上全通路行銷布局，加大顧客購物的便利性及快速性。
9. 更完整數位布局，包括：寶雅 App、寶雅 PAY 的使用體驗。
10. 持續保持國內美妝／生活百貨連鎖店第一大領導地位。

三、作者重點詮釋
（一）持續專注、聚焦女性消費市場：
　　寶雅主力市場是鎖定在整個女性客層的，從年輕、壯年、中年女性，這好幾百萬的女性族群，都是寶雅極力鎖定的主力客群。

（二）更完整數位布局：

包括：App、手機支付、線上商城等三者，都是零售業積極走向數位化布局的操作方向。

（三）朝向雙品牌營運：

例如：寶雅＋寶家連鎖店，以及全聯＋大全聯，或是遠東百貨＋SOGO百貨等3個案例，都是大型零售業者採取雙品牌模式的運作。

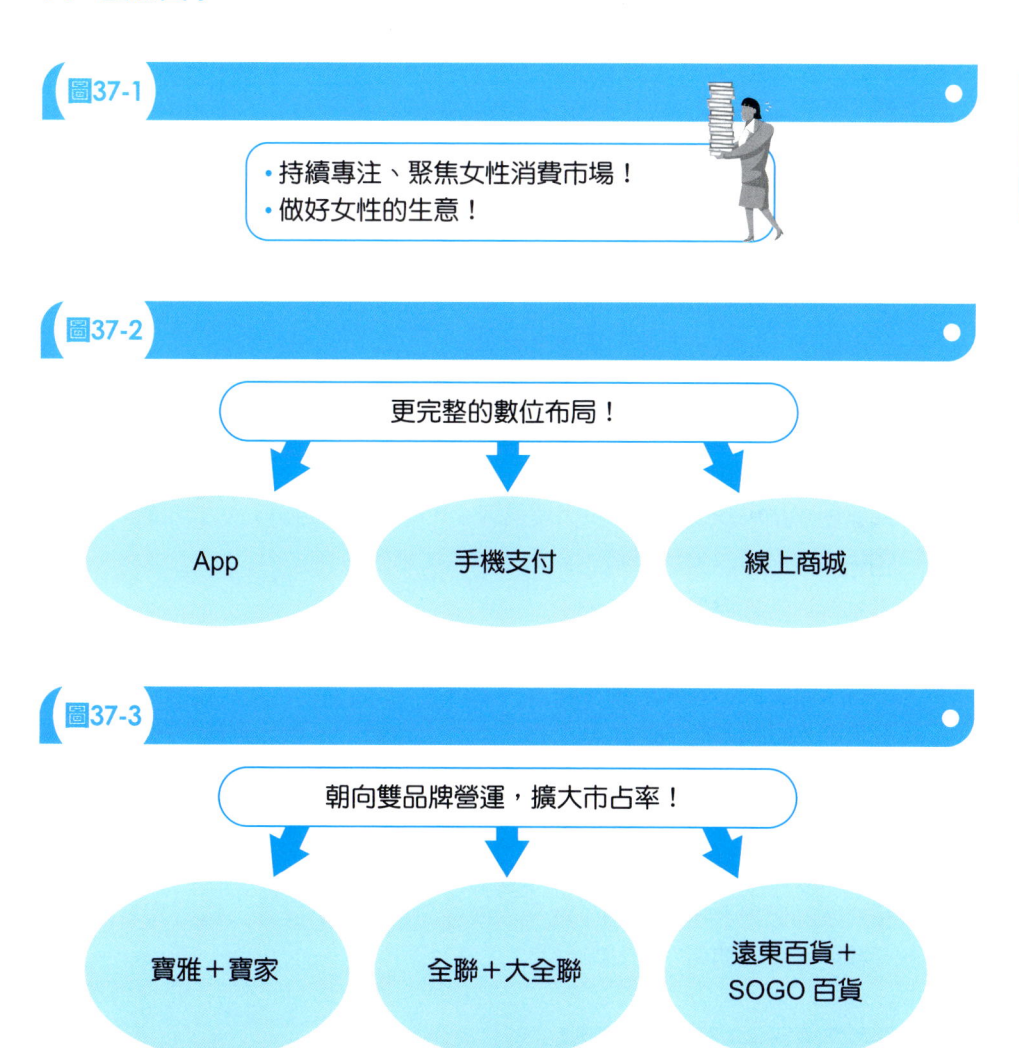

四、重點圖示

圖37-1

- 持續專注、聚焦女性消費市場！
- 做好女性的生意！

圖37-2

更完整的數位布局！

→ App
→ 手機支付
→ 線上商城

圖37-3

朝向雙品牌營運，擴大市占率！

→ 寶雅＋寶家
→ 全聯＋大全聯
→ 遠東百貨＋SOGO百貨

第 38 位　築間餐飲集團董事長林楷傑

一、公司簡介
- 築間餐飲集團是餐飲界的後起之秀，目前以經營小火鍋及燒肉餐廳為主力，2024年營收額達60億元，僅次於王品餐飲集團的222.9億營收，而領先瓦城、乾杯、饗賓、胡同、漢來、欣葉等公司。
- 築間公司創立於2011年，董事長為林楷傑，員工總人數超過3,000人，全台總店數為160店。過去，以直營店為主力，現在則轉向加盟店，以擴大總店數規模。

二、領導人成功經營心法
1. 要分享利潤給加盟主及員工，這是「讓利」與「分享」的理念。
2. 品質是成功的關鍵，做餐飲業，食材的品質是必須堅持的。
3. 要永遠走在市場及顧客的最前面，勇敢的活下去。
4. 若不進步，就會被市場及顧客淘汰掉。
5. 堅定追求：品質＋美味＋高CP值。
6. 要朝集團化發展，引進好人才，建立好制度。
7. 朝2024年上市櫃目標邁進。
8. 持續朝開拓「多品牌」、「代理品牌」、「加速展店」3大方向躍進成長。
9. 每年兩次調薪及晉升職務，以激勵員工士氣。

三、作者重點詮釋

（一）你若不進步，就會被市場及顧客淘汰掉：

經營企業，自己若不進步，若不創新，若不改變，很快就會被市場及顧客淘汰掉，市場是無情的，顧客也是會隨時改變的，所以，永遠要逼自己進步，永遠要走向市場及顧客的前面。

（二）堅定追求：品質＋美味＋高CP值

做餐飲業的最重要3件事情，就是：做好品質、做好美味、做好高CP值；能如此，餐飲必能成功。

（三）要朝集團化發展，引進好人才、建立好制度、做好每十年事業規劃布局及進軍 IPO：

企業經營不能侷限於小公司、中小企業而已，要朝更大公司、更集團化發展，這樣就能引進好人才、建立好制度、做好每十年戰略規劃布局及進軍 IPO 上市櫃成功。

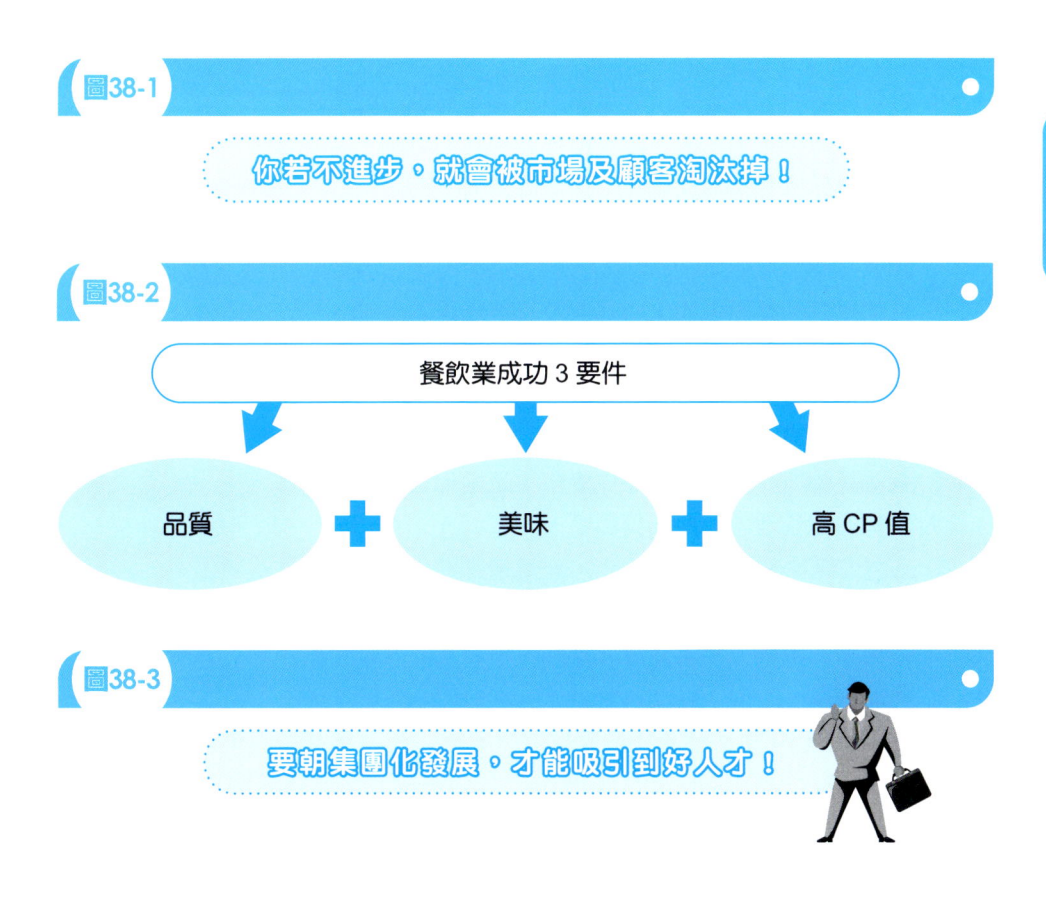

四、重點圖示

圖38-1

你若不進步，就會被市場及顧客淘汰掉！

圖38-2

餐飲業成功 3 要件

品質 ＋ 美味 ＋ 高 CP 值

圖38-3

要朝集團化發展，才能吸引到好人才！

第 39 位　台隆集團董事長黃教漳

一、公司簡介
- 台隆集團主要是代理日本產品的公司，包括：松本清藥妝店、手創館生活用品店、百吉冰棒…等。

二、領導人成功智慧金句
1. 行銷要成功，就是要：發現需求→滿足需求→創造需求。
2. 無論製造業或服務業，關鍵都在最前端的研發。
3. 事業中的所有突破及創新，都是根據顧客需求。
4. 開發新產品、新事業，都要站在顧客角度，要從顧客需求去開發，才會成功。
5. 任何生意，都要先找出有哪些沒有被滿足的需求。
6. 不要做營運上競爭，而是要做差異化競爭。
7. 要做進入障礙高的行業，你做很容易的，別人馬上就跟上來，做難的，別人就不容易跟。
8. 企業經營與行銷秘訣：抓住變化！超前部署！
9. 所有的經營理念都要回到顧客。
10. 經營企業必須了解兩種變化，一是業界變化，二是消費者變化。
11. 做行銷，要跟著整個社會脈動的改變，一直精進，一直增加新東西。
12. 如何預測未來，一是參考先進國家軌跡，二是做一些市調，三是自己對台灣的觀察。
13. 台隆集團 70 年，都是「應變經營學」，一直因應變化，不斷壯大、不斷進步。
14. 要跟著顧客一起成長，一起超前部署。
15. 任何事，都要以顧客為優先。

三、作者重點詮釋

（一）行銷要成功，就是要：發現需求、滿足需求、創造需求

台隆集團黃教漳董事長認為做行銷要成功，就是要做好需求三階段，即：

1. 發現需求；2. 滿足需求；3. 創造需求。

其中，創造需求最難，例如：像 Apple 公司的 iPhone 手機，在 18 年前，就是成功創造出一個全新市場出來。

（二）事業中的所有突破及創新，都要根據「顧客需求」；任何事，都要以「顧客為優先」：

　　黃董事長根據多年的經驗，發現事業中的所有突破及創新，都必須依據「顧客需求」，才能賺錢，顧客沒有這個需求，一切都枉然白費；所以，一定要找出、抓住顧客內心潛在的需求，才會成功。

（三）任何生意，都要先找出有哪些沒有被滿足的需求：

　　做行銷、做生意，首要之務，就是先找出顧客還有哪些未被滿足的需求，從這裡著手，企業就容易成功。例如：便利商店的大店化、餐桌椅化、賣咖啡化、國民便當化、複合店化、賣霜淇淋化、賣夯地瓜化……等，都是看見他們的未被滿足需求而成功推出。

（四）要做出差異化競爭及特色化競爭：

　　面對高度同質性、同產品化的激烈競爭環境中，做行銷要突圍成功，就必須在一片紅海市場的產品同質化中，找出自己公司可以差異化、獨特性、特色化或獨一無二性的好產品出來，就可以成功銷售。

（五）企業經營與行銷秘訣：抓住變化＋超前部署

　　台隆黃教漳董事長認為，企業經營與行銷的兩大祕訣，就是：
　　1. 抓住變化；2. 超前部署。
　　企業如果能抓住外部大環境及整個市場的變化與趨勢；然後又能超前部署，那必然會成功的。

（六）做行銷，要跟著整個社會脈動的改變，一直精進，一直增加新東西：

　　做行銷，必須跟著整個社會、整個市場脈動的改變，而一直精進、一直增加新東西／新元素，那必然能夠行銷成功。例如：美國 Apple iPhone 手機上市 18 年來，每年都一直精進手機功能，並增加一些新東西，使得 18 年來，一直位居手機銷售冠軍。

（七）我們奉行的就是「應變經營學」，一直因應變化、抓住變化、不斷進步、不斷壯大：

　　台隆集團黃董事長依據它 30 多年來的事業經營，他認為歸結來說，就是一個「應變經營學」。所謂「應變」，就是指企業必須一直因應大環境變化、因應競爭者變化，然後抓住這些變化及趨勢，就可以不斷進步及壯大。因此，「應變經營學」是一個很重要的經營觀念，必須切記之。

第 39 位　台隆集團董事長黃教漳

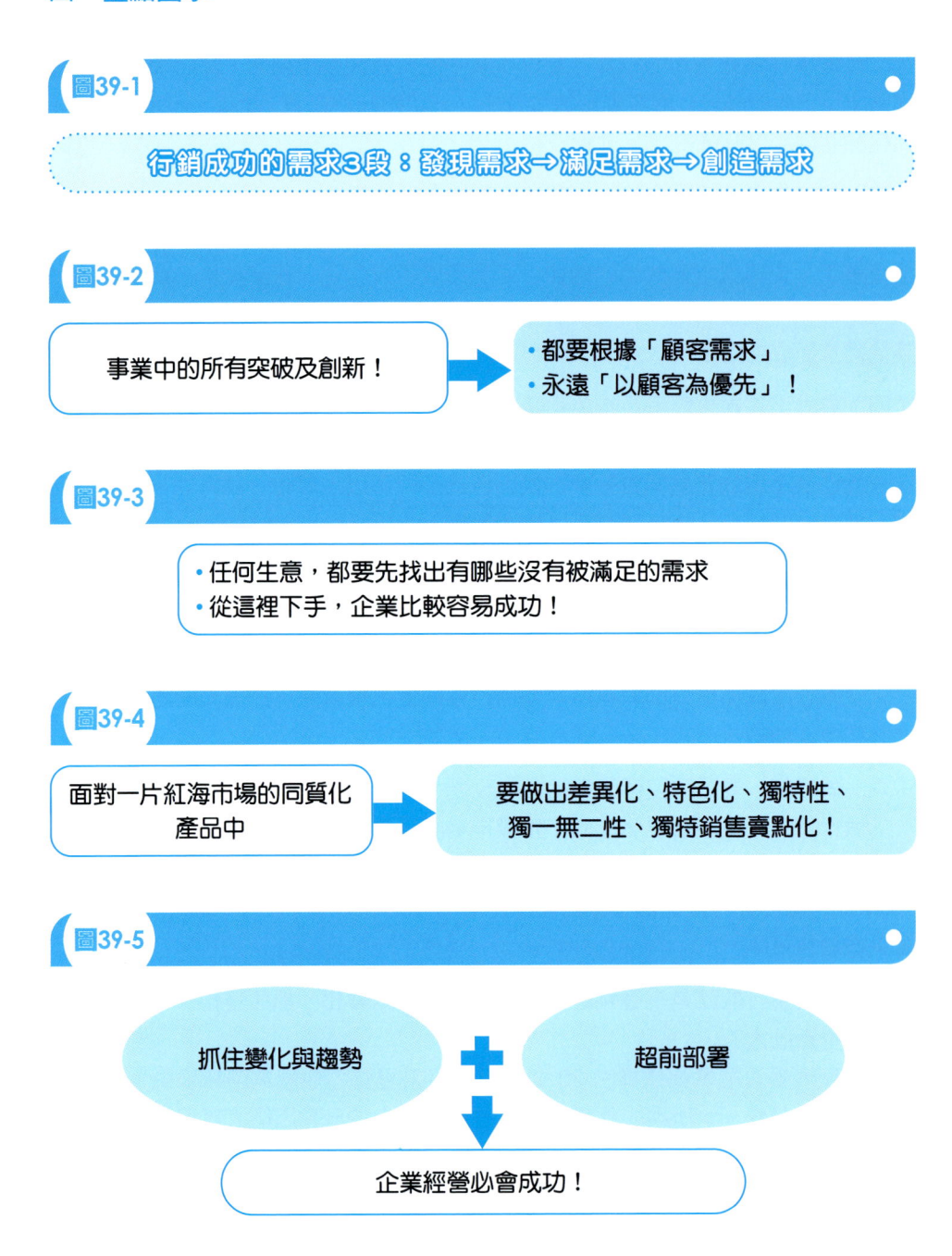

四、重點圖示：

圖39-1

行銷成功的需求3段：發現需求→滿足需求→創造需求

圖39-2

事業中的所有突破及創新！ → ・都要根據「顧客需求」
・永遠「以顧客為優先」！

圖39-3

・任何生意，都要先找出有哪些沒有被滿足的需求
・從這裡下手，企業比較容易成功！

圖39-4

面對一片紅海市場的同質化產品中 → 要做出差異化、特色化、獨特性、獨一無二性、獨特銷售賣點化！

圖39-5

抓住變化與趨勢 ＋ 超前部署
↓
企業經營必會成功！

圖 39-6

跟著整個社會脈動的改變

一直精進 ＋ 一直革新 ＋ 一直增加新東西

圖 39-7

一直因應變化，抓住變化、不斷進步、不斷壯大！ → 「應變經營學」

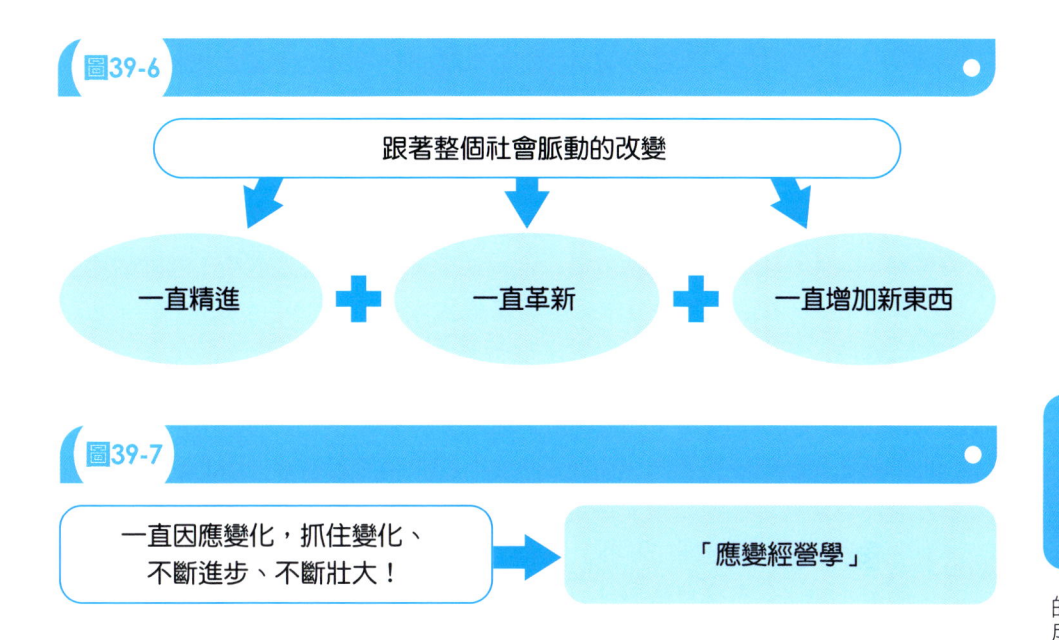

第 40 位　耐斯 566 集團執行副總邱玟諦

一、公司簡介

- 耐斯 566 公司為國內知名日常消費品公司。其旗下品牌有：566 洗髮精、566 染髮霜、澎澎沐浴乳、白鴿洗衣精、泡舒洗碗精、白帥帥洗衣精、嚕啦啦沐浴乳、萌髮 566、566 植萃染髮劑……等暢銷品牌。
- 耐斯以健康、活力、美麗為企業追求理念。

二、領導人成功經營心法

1. 不斷研發創新，預測市場需要及需求，提供消費者新穎好用的產品。
2. 產品通過各項品質認證與肯定，讓消費者買的、用的安心。
3. 在鞏固原有忠實客群的同時，耐斯 566 也不斷創新，拉近與年輕族群的距離，並深入各個年齡層。
4. 澎澎（Pon Pon）或 566 都能創造出鮮明的品牌形象。
5. 566 針對品牌老化問題，提出 2 個行銷策略：
(1) 為品牌增值（加值）；(2) 為品牌年輕化。
6. 要不斷為品牌注入新元素。
7. 洞察消費者逐年老化，566 推出二個新產品，一是 566 染髮霜，二是 566 萌髮產品。
8. 566 找來年輕人喜愛的姐姐（謝金燕），代言產品，以成功吸引年輕族群。
9. 經營品牌，「信賴」才是王道，必須努力提高消費者對品牌的信賴度。
10. 566 染髮霜推出為愛樂髮系列電視廣告片，極為成功；落實 566 想走進消費者生活，陪消費者走一輩子的願景。
11. 過去，耐斯一年賣 20 款新品，現在手上已備好 30 款新品，事情不用做到 100 分，70 分就要先走了。
12. 但如果客戶不滿意怎麼辦？不如在 70 分時，就會先聽到一些叫你改的方法；世界上不會有 100 分的事情，在 70 分時，就會有很多 noise（雜音），這就是耐斯至今能長青的祕密。
13. 做行銷，要注意迭代行銷，亦即要跟者顧客需求而變，重點是抓住改變節奏。
14. 每次迭代，耐斯絕不跑第一，讓別人先去試水溫，自己不要盲試，而是要踩對趨勢。

15. 我在別人跟進我之前，我自己先跟進我自己。
16. 什麼事情都要「有備無患」，如此，才能一直生存下去、走下去。

三、作者重點詮釋

（一）要不斷研發創新，預測市場需求，提供消費者新穎好用的產品：
耐斯 566 執行副總認為做行銷，最重要兩件事：
1. 不斷研發創新，做出新穎好用產品。
2. 要能預測市場需求。
將上述兩者結合一起，就是最好結果。

（二）在鞏固原有忠實客群的同時，也要接近年輕族群距離，擴大各年齡層：
忠實顧客群也會有老化的一天，因此，企業做行銷必須不斷開發出年輕族群；可利用年輕化的產品設計或年輕化門市裝潢或年輕化專櫃來吸引年輕族群。

（三）品牌老化的兩個對策：
1. 為品牌增值（加值）。
2. 為品牌年輕化。
既能增值，又能年輕化，品牌就可以比較不老化。

（四）要不斷為品牌注入新元素：
品牌在長期經營中，要經常性加入新元素，例如：新的原料、新的包裝、新的色彩、新的 slogan、新代言人、新的訴求、新的廣告、新的功能……等，才會不斷保持品牌的新鮮感及購買慾望。

（五）經營品牌，「信賴」才是王道：
經營品牌到最終，就是要取得廣告顧客群對我們品牌的信任、信賴，有此，才是對我們品牌的最高肯定與支持；所以，信賴（trust）確實是品牌的王道。

（六）「70 分行銷學」就可以，不必等到「100 分行銷學」：
70 分行銷學是見仁見智的，耐斯 566 認為在新產品開發，由於新品項很多，不可能每個都做到很完美的 100 分才上市，只要有 70 分就可以上市銷售，可以邊修、邊改、邊完整，直到最好為止。

（七）要注意「迭代行銷」，抓住市場及顧客改變的節奏：
行銷在長久的操作過程中，必須注意到兩件事：
1. 顧客及市場需求的改變，需求是會改變的。
2. 市場的迭代行銷及每一代、每一段期間，必須有不同的行銷對策。
能夠掌握此兩件事，行銷才會成功。

（八）「有備無患」，才能一直存活下去：

企業經營或企業做行銷必須謹記：

1. 有備無患。
2. 未雨綢繆。
3. 晴天要為雨天做好準備。

如此，才能一直保持行銷致勝。

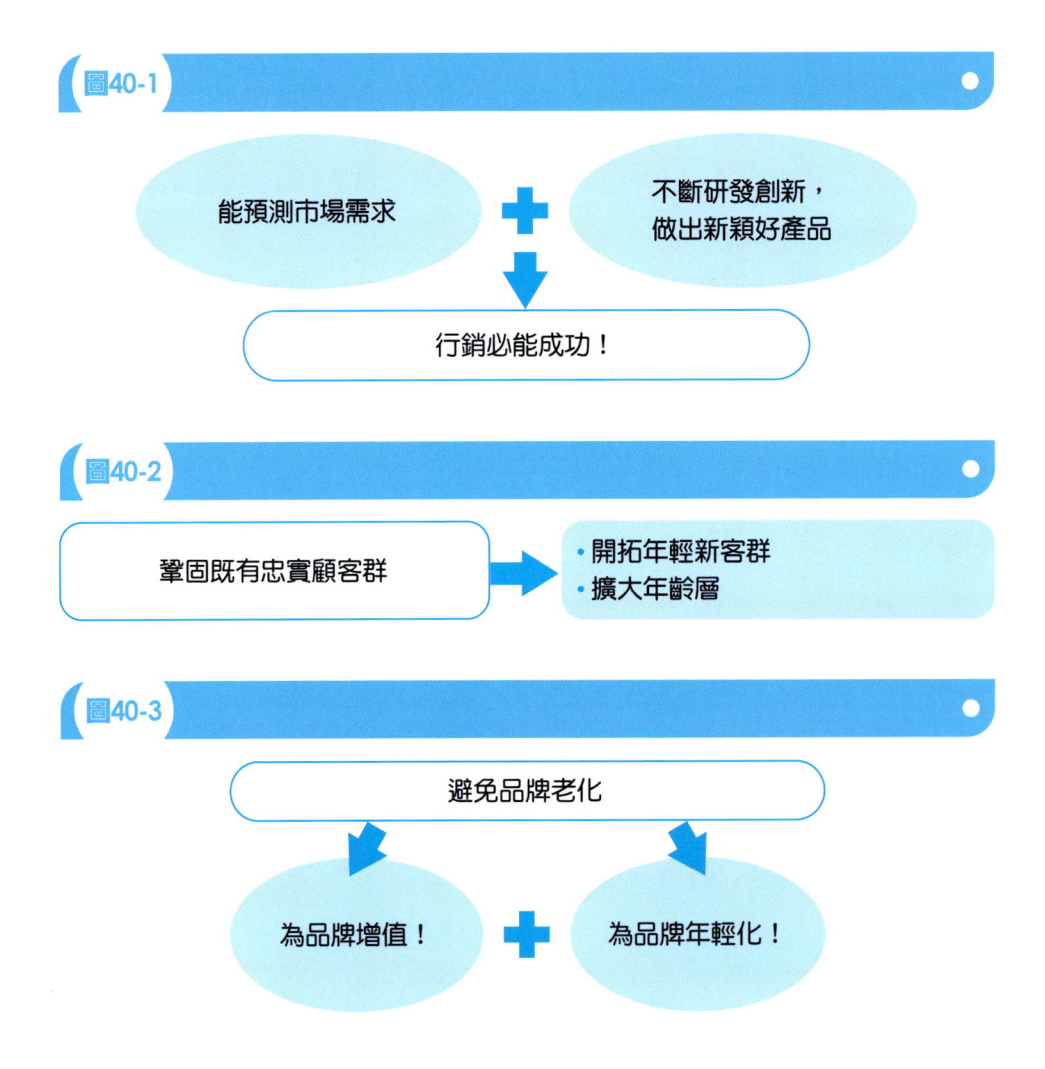

四、重點圖示

圖40-1

能預測市場需求 ＋ 不斷研發創新，做出新穎好產品
→ 行銷必能成功！

圖40-2

鞏固既有忠實顧客群 → ・開拓年輕新客群 ・擴大年齡層

圖40-3

避免品牌老化
→ 為品牌增值！ ＋ 為品牌年輕化！

圖40-4 產品革新策略

1 新原料	2 新功能	3 新設計
4 新包裝	5 新 slogan	6 新訴求
7 新廣告	8 新代言人	9 新定位

圖40-5

經營品牌 → 信賴，才是王道！

圖40-6

70 分行銷學 ≠ 100 分行銷學

70 分行銷學 → 可以先走了！ → 100 分行銷學

圖40-7

掌握市場及顧客的需求改變！ ＋ 做好迭代行銷！
→ 行銷致勝！行銷常勝軍！

圖40-8

1. 有備無患
2. 未雨綢繆
3. 晴天要為雨天做好準備

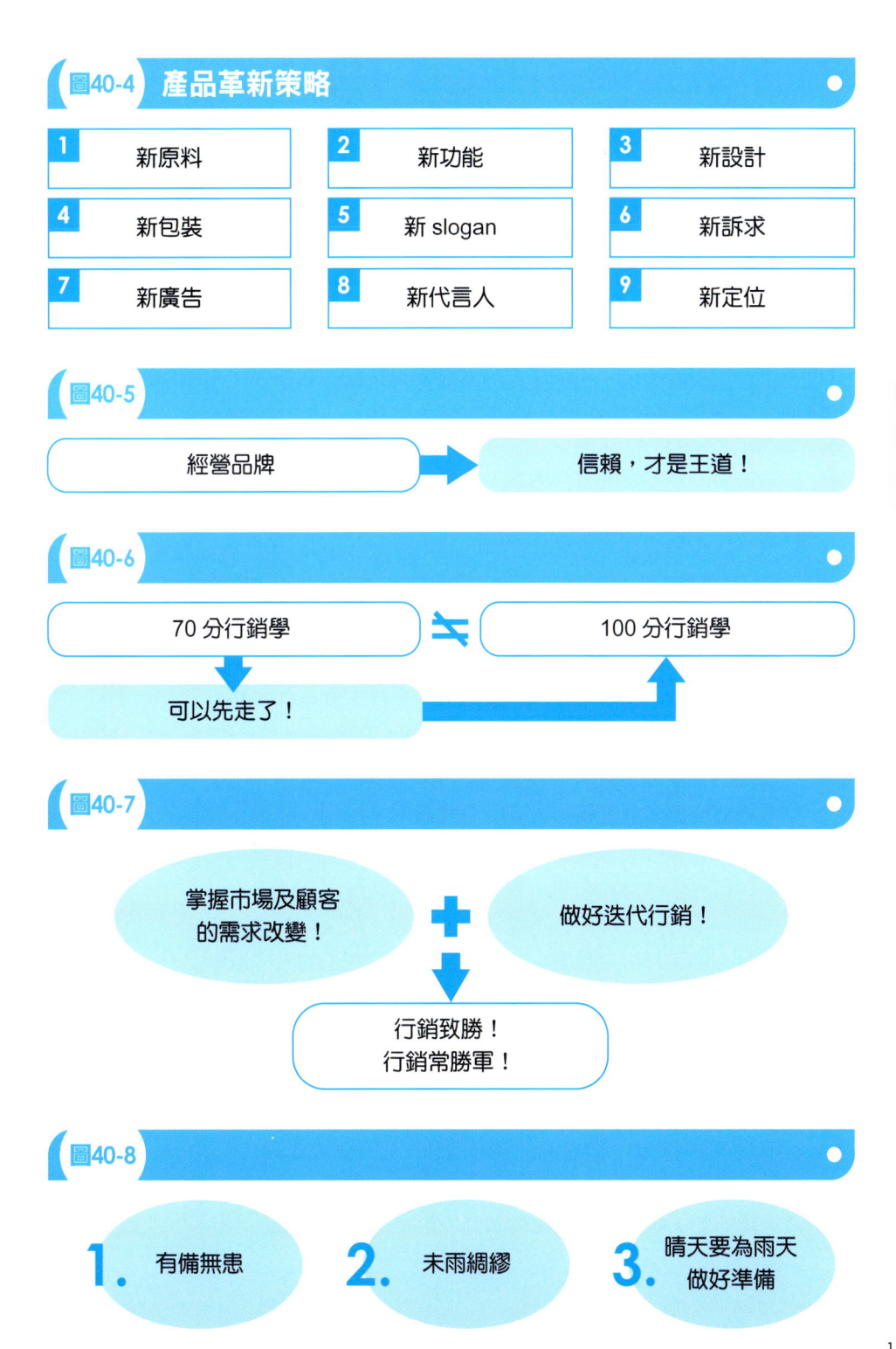

第 41 位　資誠聯合會計師事務所所長暨聯盟事業執行長周建宏

一、公司簡介
- 資誠聯合會計師事務所，在全球為四大會計事務所之一，在台灣是第二大會計師事務所，計有 12 家公司員工 3,000 人之多。
- 業務範圍為：審計、稅務智產權、財務顧問、管理顧問、法規遵循、內控內稽、公司治理、風險管理、組織變革、ESG 永續經營、併購及上市櫃輔導。

二、領導人成功經營心法
1. 解決客戶最在意的核心問題，客戶就會信賴你。
2. 要從會計師進階為客戶的商業夥伴，而不只是一個簽證會計師而已。
3. 自己一定要改變，如果你自己沒有升級到對客戶來講「你的重要性不減」，那你就不行。
4. 很成功的領導者，他們幾乎都看得很遠，而且，他們的未來，都是用十年來起跳的，沒有一個是看 3 年的。
5. 十年後的事，現在就要開始做改變，否則，就會來不及。
6. 我天天跑步，都在想以後的事情，這樣才比較會安心，過得比較安穩一些。
7. 當然有人會說，你 3～5 年後的事都不知道，怎麼看 10 年？其實我不是看準的東西，我是看大方向、看大戰略。
8. 如果抓到方向，就要堅持。
9. 告訴自己「I can do」，要勇於承擔工作。
10. 如果你不升級，客戶就不會繼續信任你，甚至可能換掉你。
11. 如果你的目標，只受限在原有領域，那你底下的人才也會受限。
12. 我還有 2 年半卸任，為什麼要看 10 年？這是我給自己的責任，必須看這麼遠，10 年後，危機就不會發生在我們身上了。

三、作者重點詮釋

（一）解決客戶（B2B）最在意的核心問題，客戶就會信賴你：
做 B2B 客戶生意的，最重要的是，你能不能幫這些客戶解決他們最在意的核心問題，能如此，客戶自己就會信賴你，也會把訂單交給你來做。

（二）自己要不斷升級與進步，並且要跑在客戶（B2B）前面才行：

周建宏所長認為，自己一定要不斷升級及進步，並跑在客戶前面，讓客戶看到你不斷在進步，並領先他們，客戶自然會更加需要你及信任你，你的生意也就做不完。

（三）成功的企業領導人都看得很遠，都是用十年起跳的：

周建宏所長在他所接觸過的大型企業領導人，他們都會看得很遠，對未來事業發展，都是以十年為基準而起跳的；此顯示出這些大型企業領導人的高瞻遠矚與布局未來的雄心壯志。

（四）看十年後的東西，是看大方向，看大戰略的：

看十年後的事情，不一定能夠看得很細、很具體，而是要看它們的大方向及大戰略，只要未來的大方向及大戰略是對的話，其他細節就不是大問題了。怕得是，大方向及大戰略是錯的。

（五）身為最高領導人，如果只看眼前的目標，你底下人才的眼光也會受限：

身為最高領導人，如果你只看眼前的目標及工作，那你底下部屬的眼光，也會受限只看目前，如此，大家都沒有遠見了，對未來五年、十年發展必會大受不利因素影響。

（六）自己不看十年後的事情，那你十年後必會發生危機：

周建宏所長認為，企業高層領導人不看十年後會發生的事，那你的企業十年後可能必會發生危機，因為十年後整個市場、技術、需求、客戶都會發生很大變化。

四、重點圖示

圖41-1

解決客戶（B2B）最在意的核心問題！ ➡ 客戶就會信任你！

圖41-2

自己要不斷升級及進步，並且要跑在客戶前面才行！

第 41 位　資誠聯合會計師事務所所長暨聯盟事業執行長周建宏

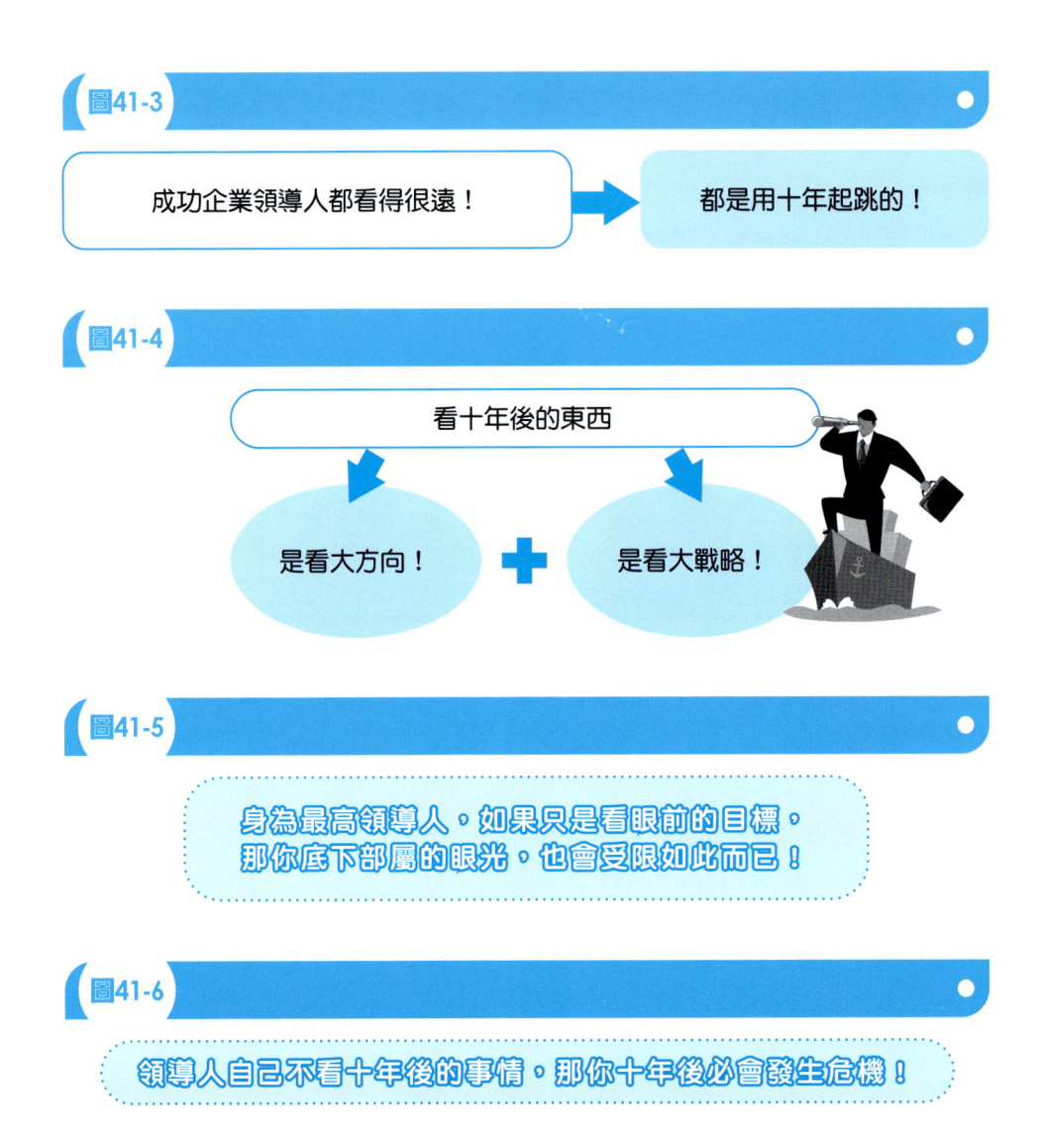

圖41-3

成功企業領導人都看得很遠！　➡　都是用十年起跳的！

圖41-4

看十年後的東西
- 是看大方向！
- ＋
- 是看大戰略！

圖41-5

身為最高領導人，如果只是看眼前的目標，那你底下部屬的眼光，也會受限如此而已！

圖41-6

領導人自己不看十年後的事情，那你十年後必會發生危機！

第 42 位　佳格（桂格）食品公司董事長曹德風

一、公司簡介
- 佳格食品公司為國內知名與大型食品公司之一。其旗下有 4 大品牌：桂格、天地合補、得意的一天、福樂等 4 者。
- 佳格年營收額在 2024 年達 290 億元台幣，營業淨利額為 14 億元，獲利率約 5%，毛利率為 22%，目前股價 44 元。

二、領導人成功經營心法
1. 顧客的需求，是我們第一的考量。
2. 我們的使命：是全家人營養與健康的夥伴企業。
3. 廣泛搜集消費者意見，不斷進行產品改良、升級、加值、開發。
4. 企業不能怕冒險改變，變了，才有機會。
5. 無畏嘗試創新，才會有最好的成果。
6. 我們的專業，再結合顧客意見，就是我們研發的第一方針。
7. 膽小公司，沒有成功的未來。
8. 產品多樣化，可以衝高整個市占率。
9. 我們賣的不只是產品，更是一種信任，信任一旦失去，公司就沒價值了。
10. 未來公司經營 6 大方針：
    (1) 洞察市場消費新趨勢。
    (2) 傾聽顧客聲音（VOC）。
    (3) 深化品牌建設。
    (4) 堅守食安品質。
    (5) 強化供應鏈韌性。
    (6) 系統性人才養成計劃。

三、作者重點詮釋

（一）顧客的需求，是我們第一個最優先的考量：
不管任何行業，做 B2B 或 B2C 的，必會永遠把顧客的需求，放在第一個最優先的考量，如果你做出來的產品，顧客沒有需求，那做得再好，也沒用。切記：顧客的需求是永遠第一的。

（二）公司的專業＋顧客的意見，就是我們研發第一方針：
佳格曹德風董事長認為，做研發的兩個大方針：
1. 公司專業性眼光及多年經驗。　　2. 聽取顧客的意見。
只要融合這兩種成分在一起，那麼研發必會成功。

（三）產品多樣化，可以提高整個市占率：

做消費品的，產品必須上架，如果你的產品品項夠多及品牌夠多，而且每次產品都賣得不錯，那必可提高整個市占率。所以，產品組合多元化、多樣化，是很重要的行銷策略。

（四）洞悉市場消費新趨勢＋傾聽顧客心聲：

做行銷的，最重要的是掌握好兩項東西：
1. 做好洞悉市場消費新趨勢。
2. 做好 VOC（請聽顧客心聲）。

如能徹底做好這二要件，那麼企業必可成功。

（五）持續深化品牌建設，打造品牌資產價值：

品牌是很有價值性的，故又稱為：品牌資產價值（brand assets value）；企業必須透過各種努力，去深化品牌的建設工程，讓品牌價值不斷提升，這些品牌資產，包括七個度：即品牌的：

1. 知名度
2. 好感度
3. 指名度
4. 信賴度
5. 忠誠度
6. 黏著度
7. 情感度

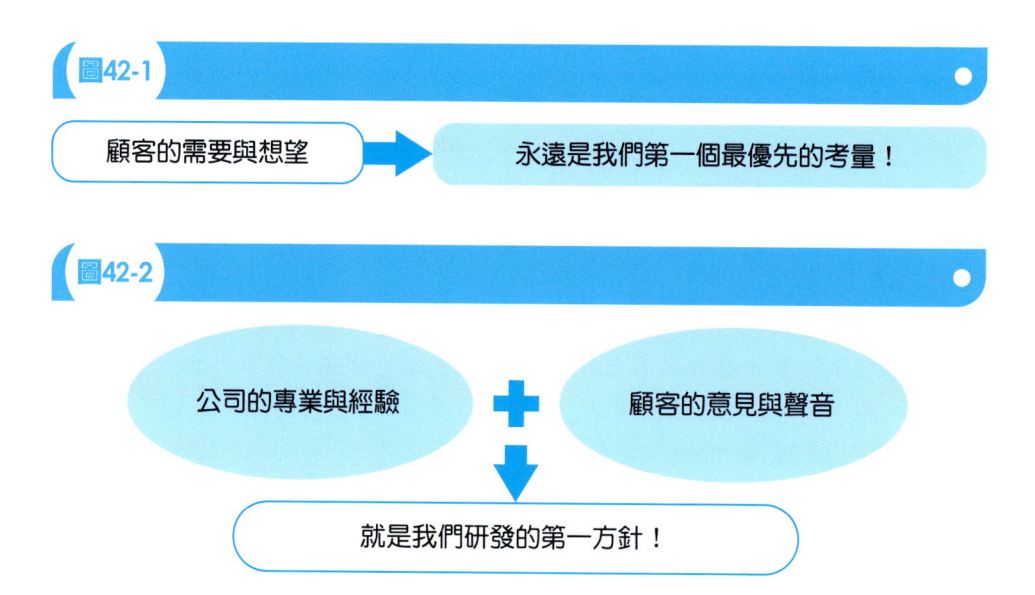

四、重點圖示

圖42-1

顧客的需要與想望 ➡ 永遠是我們第一個最優先的考量！

圖42-2

公司的專業與經驗 ＋ 顧客的意見與聲音
⬇
就是我們研發的第一方針！

圖42-3

產品組合及品牌組合多樣化、多元化 ➡
- 必可提高市占率
- 必可占有更多零售陣列空間！

圖42-4

洞悉市場消費新趨勢 ✚ VOC（傾聽顧客聲音）
⬇
- 行銷必會成功
- 業績必會上升！

圖42-5

- 深化品牌建設
- 打造品牌資產價值
⬇
品牌資產的七個度
⬇

1. 知名度
2. 好感度
3. 指名度
4. 信賴度
5. 忠誠度
6. 黏著度
7. 情感度

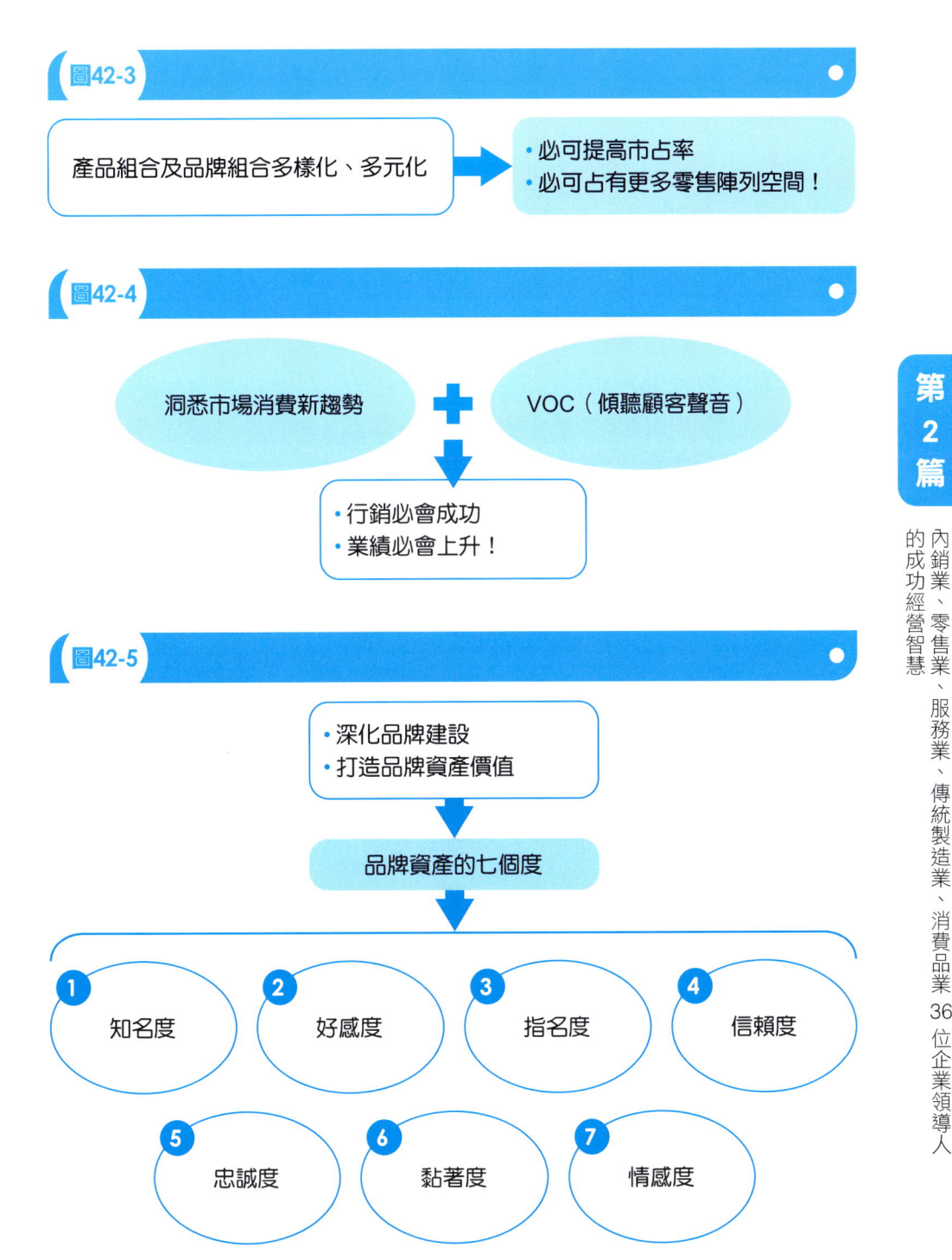

第2篇 內銷業、零售業、服務業、傳統製造業、消費品業 36 位企業領導人的成功經營智慧

169

第 43 位　恆隆行進口代理公司董事長　陳政鴻

一、公司簡介

- 恆隆行是國內最大家電、家用品進口總代理商,知名且暢銷的 dyson 吸塵器、吹風機、空氣清淨機等,就是由該公司代理進口的。
- 恆隆行 2024 年營收額達 90 億元,其中,dyson 系列產品占了 70 億元之多。

二、領導人成功經營心法

1. 只要產品對消費者有用、有價值,再小眾市場也能做到暢銷。
2. 改變不是危險的,穩定不動,才是最危險的狀態。
3. 我們不做短線,我們只對消費者有真正價值的東西做好。
4. 產品不怕賣貴,就怕沒特色。
5. 賣高價產品,就愈需要有更好的售後維修服務。
6. 暢銷產品誕生 3 要件:
   (1) 產品好;(2) 行銷強;(3) 售後服務快速。

三、作者重點詮釋

(一)只要產品對消費者有用、有價值,再小眾市場,也能做到暢銷:

恆隆行陳政鴻董事長認為,只要代理的產品,對消費者有實用性、有價值性,即使再小眾市場,也能做到很成功。例如:饗賓集團的果然匯蔬食自助餐、台灣代駕公司、車庫娛樂代理日、韓電影等,都是很成功的小眾市場經營。

(二)改變不是危險的,穩定不動,才是最危險的狀態:

今天,在面對大環境及競爭對手變化劇烈的今天,企業必須有所改變,改變不是危險的,穩定不動,才是最危險的狀態;因此,在產品開發創新、在行銷廣告創新、在門市店型革新、在通路銷售上,都必須改變、變革、革新,才能度過大環境的衝擊。

(三)產品不怕賣貴,就怕沒特色:

陳政鴻董事長認為,它們所代理的各國知名好產品,並不怕賣貴,反而怕的是沒特色。例如:他們所代理的 dyson 吸塵器、吹風機、空氣清淨機,價格雖貴,但產品有特色、產品口碑好,雖貴,但仍賣得很好。所以,做經營或做行銷,一定要有明顯特色。

（四）暢銷產品 3 要件：產品好、行銷強、售後服務好

暢銷產品 3 要件，以恆隆行代理知名國外產品來看，計有：
1. 產品。基本上要夠好，好品質、好用、實用、耐用。
2. 行銷強。廣告宣傳力強，人員銷售戰力強，社群口碑強。
3. 售後服務好。有一組專業的維修技術人員及客服人員。

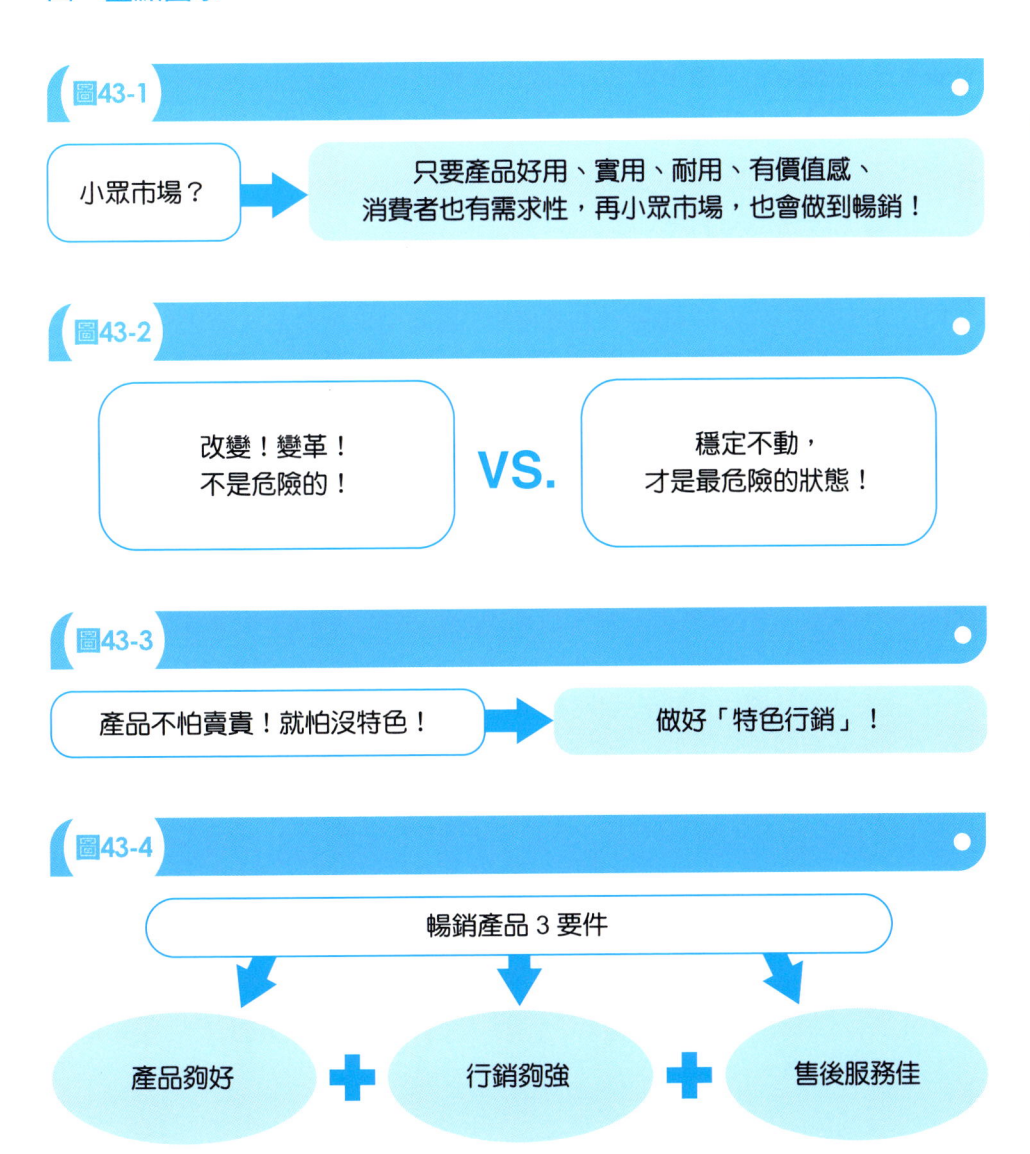

四、重點圖示

圖43-1

小眾市場？ ➡ 只要產品好用、實用、耐用、有價值感、消費者也有需求性，再小眾市場，也會做到暢銷！

圖43-2

改變！變革！不是危險的！　VS.　穩定不動，才是最危險的狀態！

圖43-3

產品不怕賣貴！就怕沒特色！ ➡ 做好「特色行銷」！

圖43-4

暢銷產品 3 要件

產品夠好 ＋ 行銷夠強 ＋ 售後服務佳

171

第 44 位　遠東巨城購物中心董事長 李靜芳

一、公司簡介

- 遠東巨城購物中心是桃竹苗地區最大的購物中心，每年到訪人次數達 1,500 萬人次，年營收 130 億，臉書累積超過 300 萬打卡數，營業坪數超過 7 萬坪。
- 遠東巨城購物中心，是遠東零售集團的成員。
- 該購物中心包括：電影院、美食餐廳、流行衣飾、生活娛樂、時尚大店、超市、百貨公司等多樣化提供。

二、領導人成功經營心法

1. 我們的客層定位，是全家庭的最佳桃竹苗區購物中心。
2. 依照消費者喜好，滾動式調整櫃位，每年品牌調整率高達 25%；確保每個專櫃都是消費者喜歡及有需要的。
3. 巨城每月平均舉辦 20 場活動，吸引各種階層及各種偏好的消費者來這裡。
4. 巨城不只是購物而已，而是能創造溫暖及回憶，讓當地人都能吃喝玩樂的好地方。
5. 你想買什麼，我就賣。
6. 巨城要成功，必須掌握四點：(1) 商品 (2) 賣場動線 (3) 交通 (4) 辦活動。

三、作者重點詮釋

（一）滾動式調整櫃位，每年品牌調整率達 25%：

新竹遠東巨城購物中心每年滾動式調整櫃位的品牌數，高達 25%，這是一種對櫃位優化的表現，希望每一個品牌櫃位，都能發揮最大的銷售業績，以提高坪效。

（二）你想買什麼，我就賣：

新竹遠東巨城秉持顧客需求至上的法則，只要顧客想買什麼，遠東巨城就努力去找到相關的品牌專櫃來進駐，完全以顧客需求及想望為準則，才會有今天的成功。

四、重點圖示

圖44-1

滾動式調整櫃位，每年品牌調整率達25%（占1/4）之多！以求拉高坪效！

圖44-2

你想買什麼，我就賣。
永遠把握顧客的需求及期待，放在第一個位置！

第 45 位　假期國際公司創辦人徐亦知

一、公司簡介
- 假期國際公司為販售耳環、項鍊、手環、戒指、髮飾、香氛等飾品為主的連鎖店，目前店面有 28 店，年營收額為 5 億元。
- 該門市店品牌為「vacanza」，販售 3,000 多種飾品，以平價飾品，居全台市占第一。

二、領導人成功智慧金句
1. 在店型及商品上，要不斷推陳出新，才會讓消費者感到新鮮。目前，門市店型已到第 4 代。
2. 門市店保持新鮮感，就會立刻反映在銷售成長上。
3. 展店可以用小規模測試，成功之後，再進行大規模複製。
4. 失敗是成功的基石，在經營上，要給自己準備失敗的成本。
5. 做任何事時，要先想到後兩步，成功了，第二步馬上接上去。

三、作者重點詮釋

（一）做任何事時，要先想到後兩步，成功了，第二步馬上接上去：

假期飾品公司創辦人徐亦知認為：做任何事，要先想到後兩步，成功了，第二步馬上接上去。這表示，徐創辦人凡事都想得比較遠，而不是只看眼前，只想到今天而已，對未來的第 2 步、第 3 步都想到、都準備好了。

（二）商品及門市店型，要不斷推陳出新，才會讓顧客感到新鮮，業績也會成長：

做零售業、做門市店的企業，必須在商品組合上及門市店型上，能夠不斷推陳出新，讓顧客感到有新鮮感、有需求性，如此，業績才能不斷成長。

四、重點圖示：

圖45-1

做任何事,要先想到後兩步,成功了,
第二步馬上接上去!

圖45-2

商品組合 ＋ 門市店型

⬇

要不斷推陳出新,才會讓顧客有新鮮感,
業績才會不斷成長!

第 46 位　新光三越百貨公司總經理　吳昕陽

一、公司簡介

- 新光三越為全台最大百貨公司，計有 19 個館，2024 年營收達 880 億元，獲利 39 億元，獲利率 4%。新光三越主力館，為台北市信義區的 4 個館，包括：A9、A11、A4、A12 館。
- 新光三越在 2022 年轉投資在高雄經營 outlet，為另一種成長策略。
- 新光三越歷經 2020～2021 的全球及台灣新冠疫情，使這兩年業績顯著下滑，度過百貨公司辛苦的兩年。
- 新光三越近幾年來，每年不斷引進新餐飲及新專櫃，使業績有所成長。
- 新光三越在 2025 年初，台中館發生瓦斯氣爆案，震驚全台，暫時中止該館營運，損失很大。

二、領導人成功智慧金句

1. 發展新事業、新顧客及新渠道，是未來 3 大重點策略。
2. 新光三越目前有 350 萬人會員，未來仍將深耕這 350 萬人會員，鞏固他們的黏著度、忠誠度及回購率。
3. 未來百貨，仍將每年持續改裝，引進更多、更暢銷的國外新品牌及國內新餐飲，創造業績成長動能。
4. 我們一直很努力在積極布局未來。
5. 餐飲、化妝保養品及名牌精品，已成百貨公司三大營收主力來源。
6. 未來同業競爭將更加激烈，包括有：日本三井的 6 家 outlet 及 LaLaport 購物中心設立，SOGO 大巨蛋館 3.6 萬坪設立營運、新店裕隆城 2 萬坪設立營運等，面對業界強烈挑戰，唯有更創新、更改革、更努力、更加快腳步、更翻新來面對環境變局。

三、作者重點詮釋

（一）發展新事業、新顧客、新通路，是未來 3 大重點策略：

　　國內最大百貨公司新光三越副董事長吳昕陽認為；未來成長的 3 大重點策略就是：

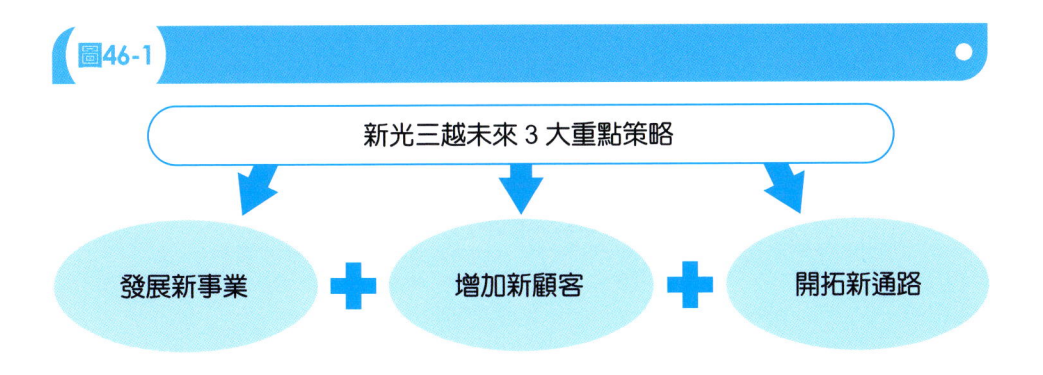

1. 發展新事業；2. 增加新顧客；3. 開拓新通路。

策略方向有了，接下去如何落實將會是細節所在。

（二）持續深耕 350 萬會員，好好鞏固住他們的忠誠度：

吳昕陽副董事長認為今年最重要的是，持續深耕 350 萬會員（App 會員），如果能做好鞏固住他們的忠誠度，使他們每年在週年慶重大節日時，都能回來再購，就是經營會員的成功。所以，如何深耕既有會員的作法，將是未來重點。

（三）我們一直很努力在積極布局未來：

布局未來、超前布局、布局未來中長期成長戰略規劃等觀念及思維，以成為現今很多大公司、大企業集團的重點任務之一。唯有布局未來，才能掌握未來，也才知道未來的成長動能在哪裡。

（四）面對業界更強烈挑戰，唯有更創新、更改革、更努力、更翻新、更加快腳步，來面對變局：

現在各行各業都充滿了大環境的不確定性及更強烈的同業、異界競爭挑戰，面對變局的突圍之道，只有：

1. 更創新。
2. 更改革。
3. 更努力。
4. 更翻新。
5. 更加快腳步。

四、重點圖示

圖46-1

新光三越未來 3 大重點策略

發展新事業 ＋ 增加新顧客 ＋ 開拓新通路

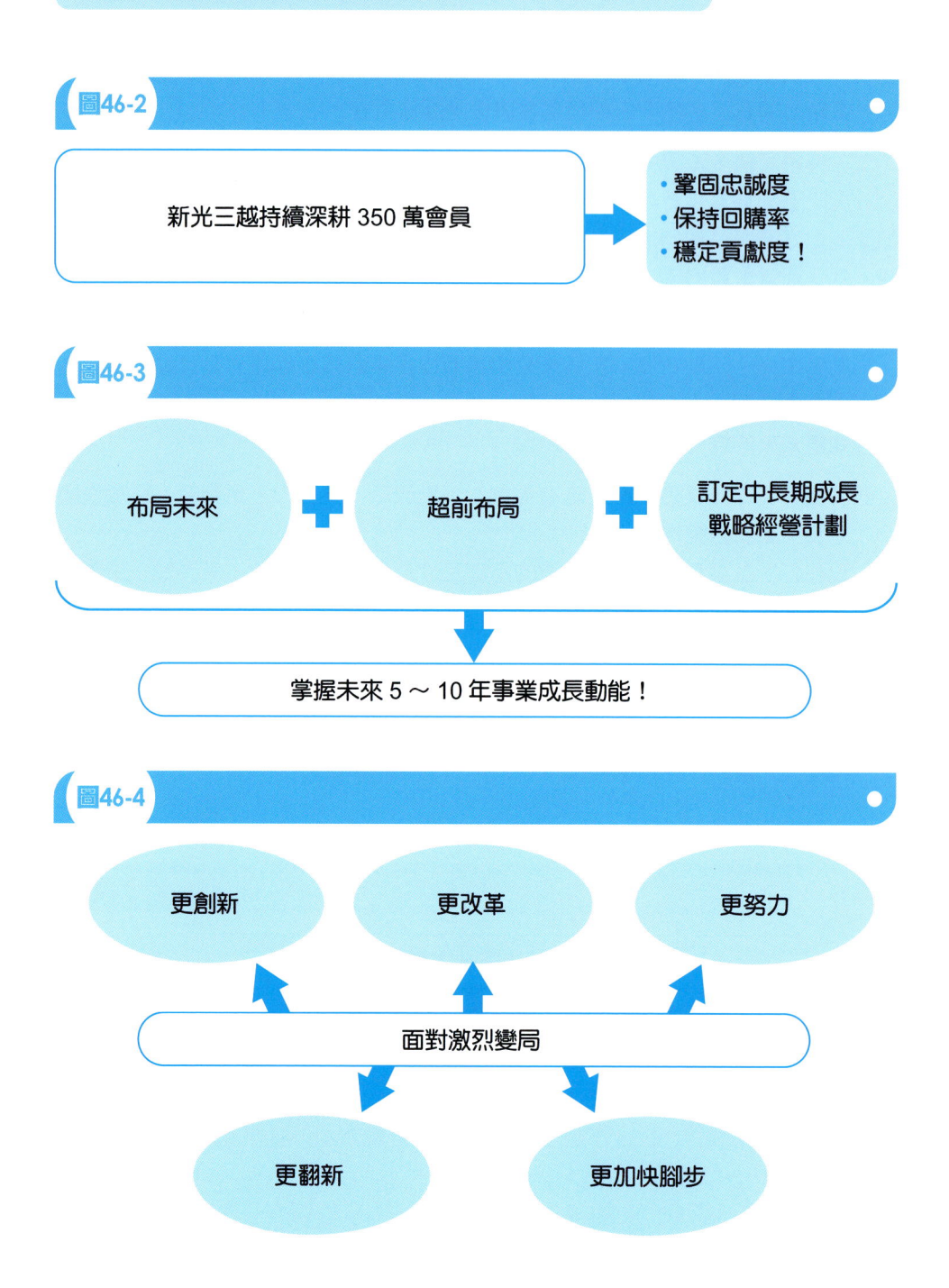

第 46 位　新光三越百貨公司總經理吳昕陽

圖46-2

新光三越持續深耕 350 萬會員 ➡
- 鞏固忠誠度
- 保持回購率
- 穩定貢獻度！

圖46-3

布局未來 ＋ 超前布局 ＋ 訂定中長期成長戰略經營計劃

⬇

掌握未來 5～10 年事業成長動能！

圖46-4

更創新　　更改革　　更努力

⬆　　　⬆　　　⬆

面對激烈變局

⬇　　　　⬇

更翻新　　更加快腳步

178　超圖解81位董事長及總經理成功經營智慧

第 47 位　寬宏藝術公司董事長林建寰

一、公司簡介

- 寬宏藝術為國內最大展演代理公司，疫情前，2024年最高年營收曾到14億元，目前股價62元。
- 寬宏展演及演唱會收入占80%，靜態展覽占20%收入。
- 一些知名國外展演均由寬宏代理，例如：貓劇、獅子王、國王與我、歌劇魅影，以及國內知名藝人歌手演唱會，也均由寬宏舉辦。
- 寬宏的市占率高達80%之高，其餘20%，由必應、開麗、華研等3公司承接。

二、領導人成功經營心法

1. 我們在展演活動上，是具備一條龍作業優勢；包括：活動洽商、規劃、硬體現場布置、賣售、行銷宣傳等垂直整合一條龍。
2. 我們有自己的電腦售票系統，可以掌握自己的快速金流收入。
3. 過去承辦很多國外展演團隊都很成功，贏得好口碑及信賴；現在很多國外表演來台，第一個都跟我們接洽。
4. 我們持續放大「大者恆大」優勢。
5. 我們的經營策略：
   (1) 上、下游垂直整合一條龍。
   (2) 水平擴張多元化。

三、作者重點詮釋

（一）垂直整合一條龍營運，帶動企業最大競爭力：

有些公司串起垂直整合一條龍，都是自己來做，不用別人來協助參與，此種，凡事都由自己掌握及執行，也算是一種競爭優勢的呈現。像寬宏展演公司，從國內外展演團體的洽談、引進、舞台工程、售票、行銷到完成，此謂垂直整合均由寬宏自己完成。

（二）好口碑＋好信賴國外展演團體都優先來找我們：

很多國外展演團體，想來台表演，大都會先找寬宏公司討論及負責演出，這主要是寬宏公司多年來已養出好口碑和好信賴，這兩個正面因素之所致。所以，口碑及信賴，此兩項因素對企業營運是非常重要的。

（三）大企業、領先公司，永遠保有「大者恆大」優勢，不易被人超越：

凡是大企業，大都擁有「大者恆大」的優勢，不易被後面的追隨者超越，因為這些大企業每天也是戰戰兢兢在經營，也會居安思危，保有危機感的。

例如：鴻海集團、台積電、遠東集團、統一企業集團、統一超商、星巴克、王品餐飲、和泰汽車、寬宏藝術、麥當勞、……等，都呈現「大者恆大」的經營優勢。

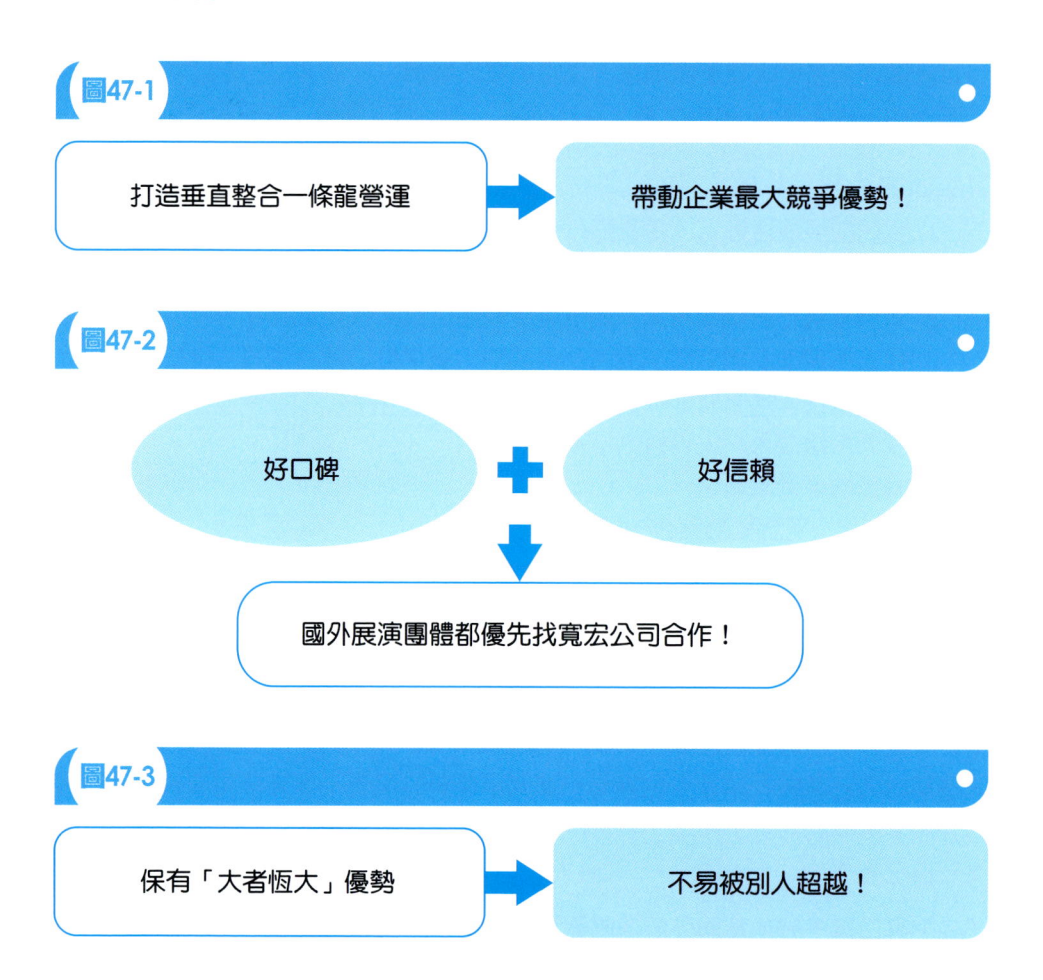

四、重點圖示

圖47-1

打造垂直整合一條龍營運 ➡ 帶動企業最大競爭優勢！

圖47-2

好口碑 ＋ 好信賴 ➡ 國外展演團體都優先找寬宏公司合作！

圖47-3

保有「大者恆大」優勢 ➡ 不易被別人超越！

第 48 位　饗賓餐飲集團總經理陳毅航

一、公司簡介
- 饗賓集團是國內大型餐飲集團之一，在 2024 年營收達 85 億元，全台店數達 90 店。
- 饗賓集團目前計有 10 個品牌，包括：
  1. Buffet 自助餐：饗食天堂、饗饗、旭集、果然匯、饗 A Joy。
  2. 其他品牌：真珠、小福利、朵頤、開飯川食堂、饗泰多。
- 每年吸引 500 萬人客人入店。
- 投資 8 億元，在嘉義建食材中心。
- 目前員工人數為 4,000 人。
- 預計 2026 年，營收額達 100 億時，就要 IPO 上市櫃。

二、領導人成功經營心法
1. 我們上市櫃的宗旨，就是要把餐飲業從高工時、高勞力行業，提升為高價值與高待遇行業。
2. 我們集團在 2020～2021 年疫情期間，不裁員、不減薪，自己負擔虧損。
3. 我們有五個 Buffet 自助餐，是全台最大，涵蓋高價、中價位品牌，已成為我們的競爭優勢。
4. 我們採取「多品牌」、「多價位」、「加速展店」為 3 大策略。
5. 我們採取集團統一採購，可有效降低食材成本，回饋給顧客。
6. 我們的餐廳，持續改裝、提升裝潢、擴大現點現做餐點，創造更大視覺美感，讓顧客願意再來消費。
7. 我們在桃園青埔成立 1,000 坪的人才培育中心，稱為「饗賓學院」，培育主廚及員工更有技能及知識。
8. 我們想創造顧客獨一無二的餐飲體驗，讓全世界看見台灣餐飲全新風貌。

三、作者重點詮釋
（一）我們採「多品牌」、「多價位」、「加速展店」3 大戰略並進，加速公司壯大；饗賓餐飲集團近年來快速成長，主要是採取三大策略：

1. 多品牌；2. 多價位；3. 加速展店。這正確的 3 大策略，帶動了饗賓集團的快速成展，成為繼王品集團之後的第二大餐飲集團。

（二）集團統一採購，可有效降低食材成本：

由於品牌多、店數多，因此饗賓集團可以統一採購，發揮經濟規模效益，而有效降低食材成本。所以，當公司營運規模愈大之後，就有很多附加效益可以產生。

（三）Buffet 餐廳升級三大方針：持續改裝、擴大現點現做區及創造視覺美感

饗賓 Buffet 自助餐廳所採取的升級三大方針，即：
1. 持續改裝（裝潢升級）。
2. 擴大現點現做區。
3. 創造整個視覺美感。

如此，即可爭取顧客再回來消費的新契機。

（四）成立「饗賓學院」，加強培育員工知識及技術：

饗賓公司重視人才培育，特別成立「饗賓學院」，加強廚師及全體員工的知識及技能，更無形提升整個公司的人才競爭力，支撐集團的不斷成長需求。

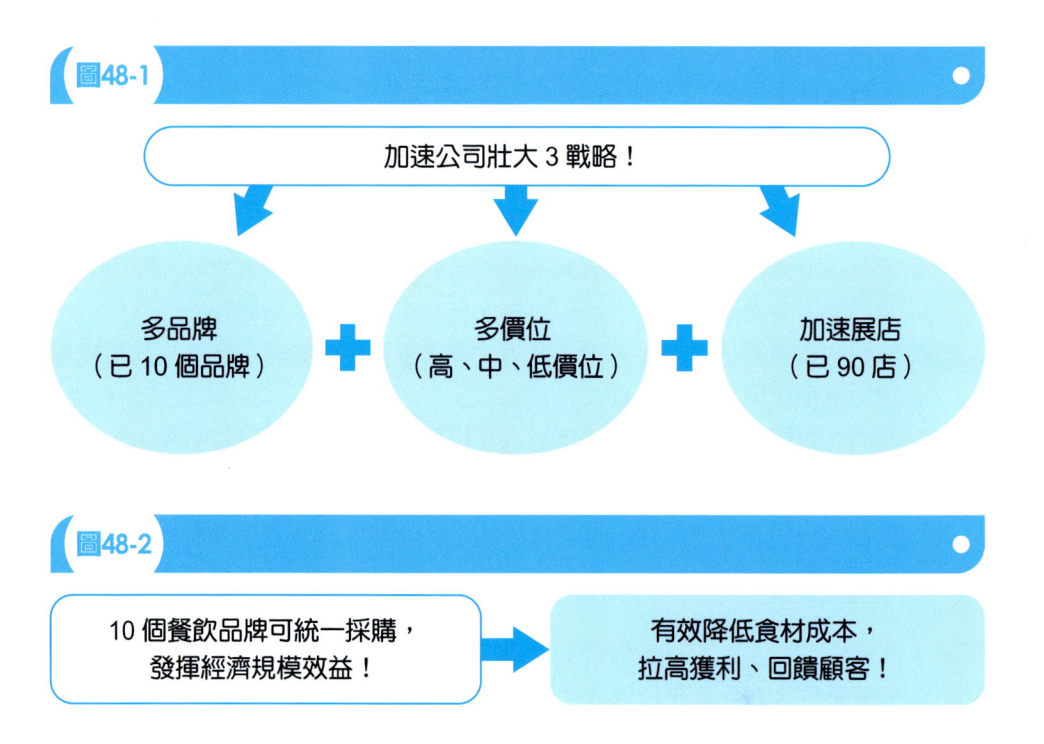

四、重點圖示

圖48-1

加速公司壯大3戰略！

多品牌（已10個品牌） ＋ 多價位（高、中、低價位） ＋ 加速展店（已90店）

圖48-2

10個餐飲品牌可統一採購，發揮經濟規模效益！ → 有效降低食材成本，拉高獲利、回饋顧客！

圖48-3

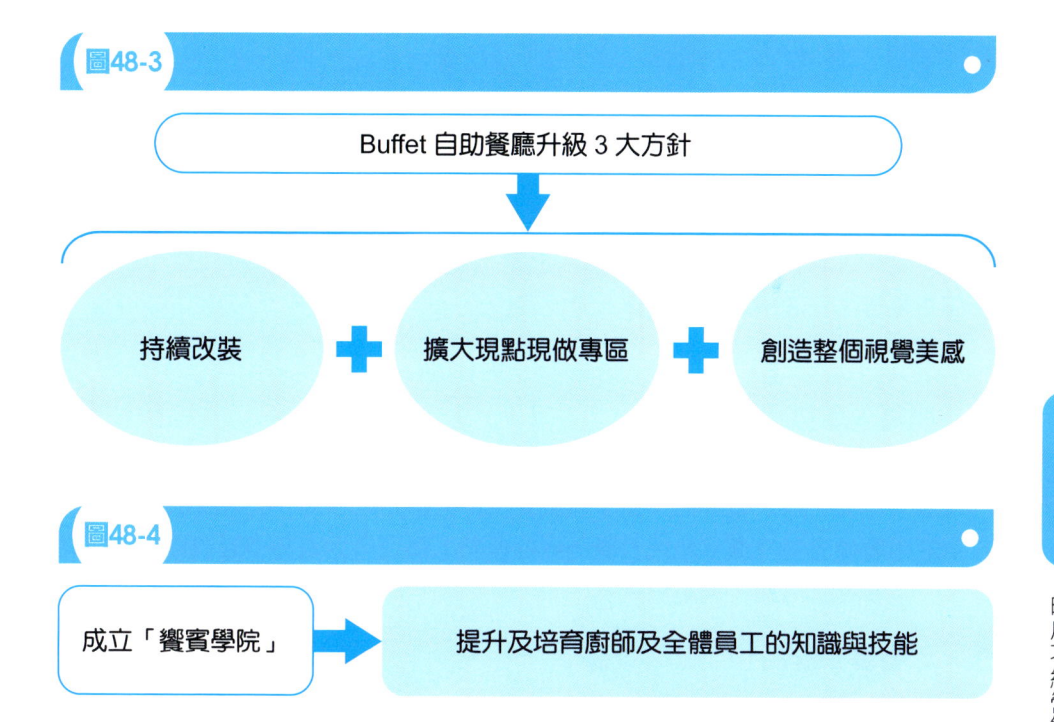

Buffet 自助餐廳升級 3 大方針

持續改裝 ＋ 擴大現點現做專區 ＋ 創造整個視覺美感

圖48-4

成立「饗賓學院」 → 提升及培育廚師及全體員工的知識與技能

第49位　禾聯碩公司總經理林欽宏

一、公司簡介

- 禾聯碩（HERAN）是本土第一大家電公司，目前在液晶電視機及電風扇的市占率第一，目前為上櫃公司，有本土家電界股王之稱，目前股價為109元，領先聲寶、三洋、大同、歌林、東元等。
- 2024年營收額為68億元，獲利8.5億元，EPS為10元。

二、領導人成功經營心法

1. 我們真的是非常本土的家電廠商，成績全是自己單打獨鬥拼出來的。
2. 十年如一日，執著把一件事情做好，待能量足夠強大，再乘勝出擊。
3. 禾聯碩會堅守價格親民及產品好的優勢，鎖定最大宗的中層消費者，持續以多樣化商品，滿足消費者。

三、作者重點詮釋

1. 十年如一日，執著、專注把一件事情做好：

我們公司總經理林欽宏認為：十年如一日，執著把一件事情做好，就是一件大功德。我們是本土家電廠，已上市櫃，是本土家電中的佼佼者，不輸一些老牌本土家電公司，例如：聲寶、三洋、大同、歌林、華菱、東元等。

2. 堅守價格親民及產品好的優勢，滿足消費者：

總經理認為家電品牌，只要能做到兩件事，即價格平實親民及產品真的優質不錯，久了之後；消費者就會有好口碑傳出，企業也就能存活下來。

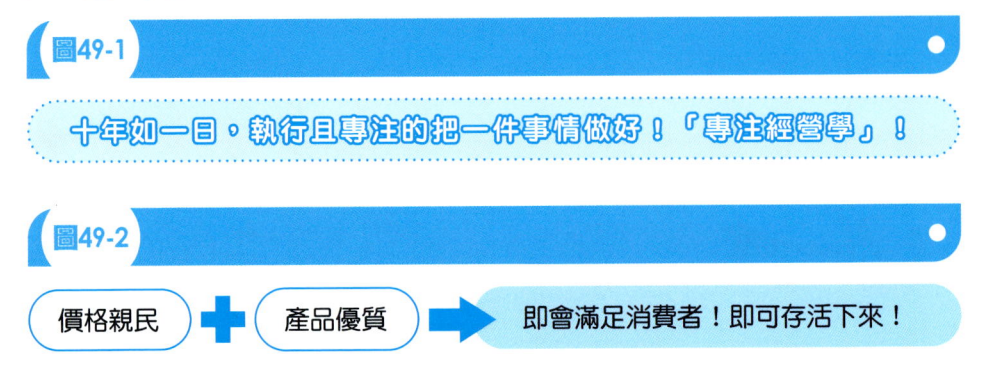

四、重點圖示

圖49-1

十年如一日，執行且專注的把一件事情做好！「專注經營學」！

圖49-2

價格親民 ➕ 產品優質 ➡ 即會滿足消費者！即可存活下來！

第 50 位　嘉里大榮貨運公司董事長沈宗桂

一、公司簡介

- 嘉里大榮為國內前3大貨運公司（統一速達、新竹貨運及嘉里大榮為前3大），專門針對醫藥物流為主力，做得很成功。
- 目前股價為 40 元，2024 年營收額達 87 億元，稅前淨利額為 7 億元，淨利率 7.4%。

二、領導人成功經營心法

1. 專做別人不做的事情，然後，把它做到賺錢。
2. 做沒人要做的事情，很多人說你怎麼那麼笨；但就是這樣利潤最高，因為難做，不好做。例如：醫藥物流，這就是好案例。

三、作者重點詮釋

1. 專做別人不做的事情，然後，把它做到賺錢；並且利潤最高：

　　嘉里大榮貨運公司沈宗桂董事長認為：「專做別人不做的事，然後把它做到賺錢，並且利潤最高。」經營企業，凡是走最簡單，反而獲利最低、價格最低，因為大家都會做，一窩蜂闖進來做，成了殺低價的紅海市場；應該換另一種眼光看，最困難的路，一旦走通了，就是利潤最高的、進入門檻最高的。

四、重點圖示

圖50-1

專做別人不做的事情，然後把它做到賺錢，並且利潤最高！

圖50-2

走困難的路，柳暗花明又一村，會是最賺錢的！

第 51 位　玉山金控董事長黃男州

一、公司簡介

- 玉山金控旗下含括：玉山銀行、玉山證券、玉山投顧及玉山創投等公司，為國內優良金控公司之一。
- 玉山金控獲利來源，主要是玉山銀行占 85%，證券占 8%。
- 玉山銀行國內計有 139 家分行，海外計有 28 家分行。
- 2024 年，玉山金控合併營收為 548 億元，本期淨利為 157 億，EPS 為 1.1 元，目前股價為 26 元。

二、領導人成功智慧金句

1. 成功永無止境，我們只相信持續的改善、改變與進步。
2. 企業必須不斷創新求變，追求進步，才能禁得起時間考驗，邁向基業長青，成就百年事業。
3. 永續發展是企業一輩子的重要課題。
4. 如今局勢變化又快又急，最高領導人得在錯綜複雜卻資料有限的情況下，快速做出決策，然後不斷修正。
5. 當領導人，要不斷學習，然後才能不斷成長。
6. 接受創新的挑戰，但也要管控失敗的風險。
7. 領導人要把握每一次轉機，走得更遠。
8. 好的領導人要能兼顧所有利益關係人，包括：董事會、股東、員工及社會大眾，創造最大的利益。

三、作者重點詮釋

（一）成功永無止境，我們只相信持續的改善、改變及進步：

玉山金控董事長黃男州認為：「成功永無止境，我們只相信持續的改善、改變與進步。」企業永遠不能停下腳步、不能鬆懈、不能自滿、不能驕傲，要永遠向前跑。

（二）企業必須不斷求新、求變、求進步、求快、求更好，才能基業長青、成就百年事業：

企業經營，要達到基業長青、成就百年事業，要做到：
1. 求新；2. 求變；3. 求進步；4. 求更好。

（三）永續發展、永續經營，是企業一輩子的重要課題：

企業百年經營是要一代接棒一代的，要有永續發展及永續經營的觀念及責任心，這也是企業一輩子的重要課題。

（四）快速做出決策，然後不斷修正、不斷調整，就會愈來愈好：

面臨外在激烈的大環境的變化與競爭者變化，黃男州董事長認為：
1. 快速做出決策；2. 不斷修正、不斷調整；3. 就會愈來愈好。
千萬不能猶豫不決、遲滯不決，會使企業陷入更大困境。

（五）當各階層領導人，自己也要不斷學習、不斷進步、不斷成長，創造自己更高價值：

玉山金控黃男州董事長認為，即使已是中高階領導人，自己本身仍應不斷學習、不斷進步、不斷成長，創造自己更多價值給公司。

（六）好的最高領導人，要兼顧所有利益關係人，包括：董事會、大眾小股東、員工、供應商及社會：

好的最高領導人，尤其是兩千家上市櫃公司的董事長、總經理們，經營事業之後的成果及利益，必須照顧好所有的利益關係人，包括：大股東們、小股東們、員工們、供應商們及社會群體。

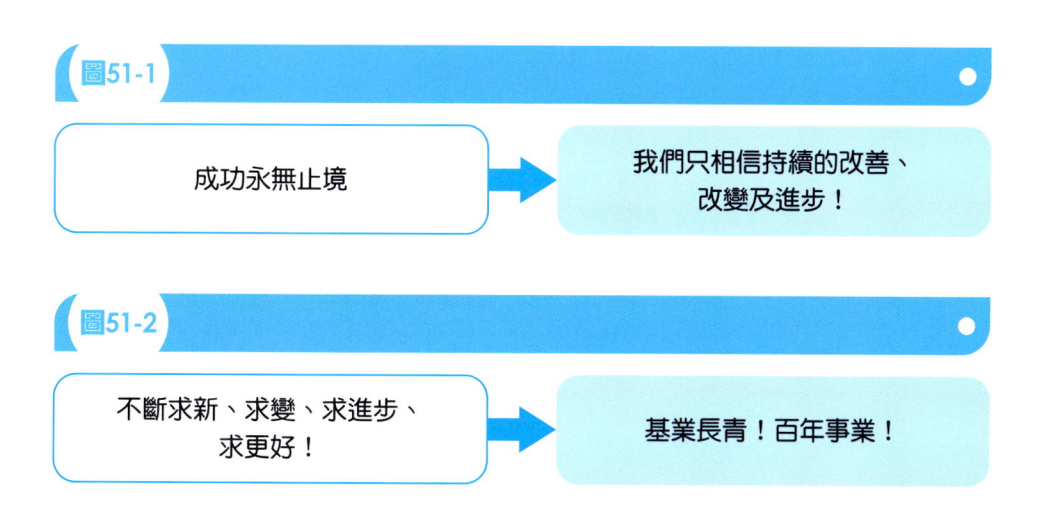

四、重點圖示

圖51-1

成功永無止境 ➡ 我們只相信持續的改善、改變及進步！

圖51-2

不斷求新、求變、求進步、求更好！ ➡ 基業長青！百年事業！

第 51 位　玉山金控董事長黃男州

圖51-3

永續發展、永續經營 ➡ 企業一輩子的重要課題！

圖51-4

快速做出決策！不斷修正、不斷調整！就會愈來愈好！

圖51-5

各階層領導主管 ➡ 自己要不斷學習、不斷進步、不斷成長！創造自己更高價值！

圖51-6

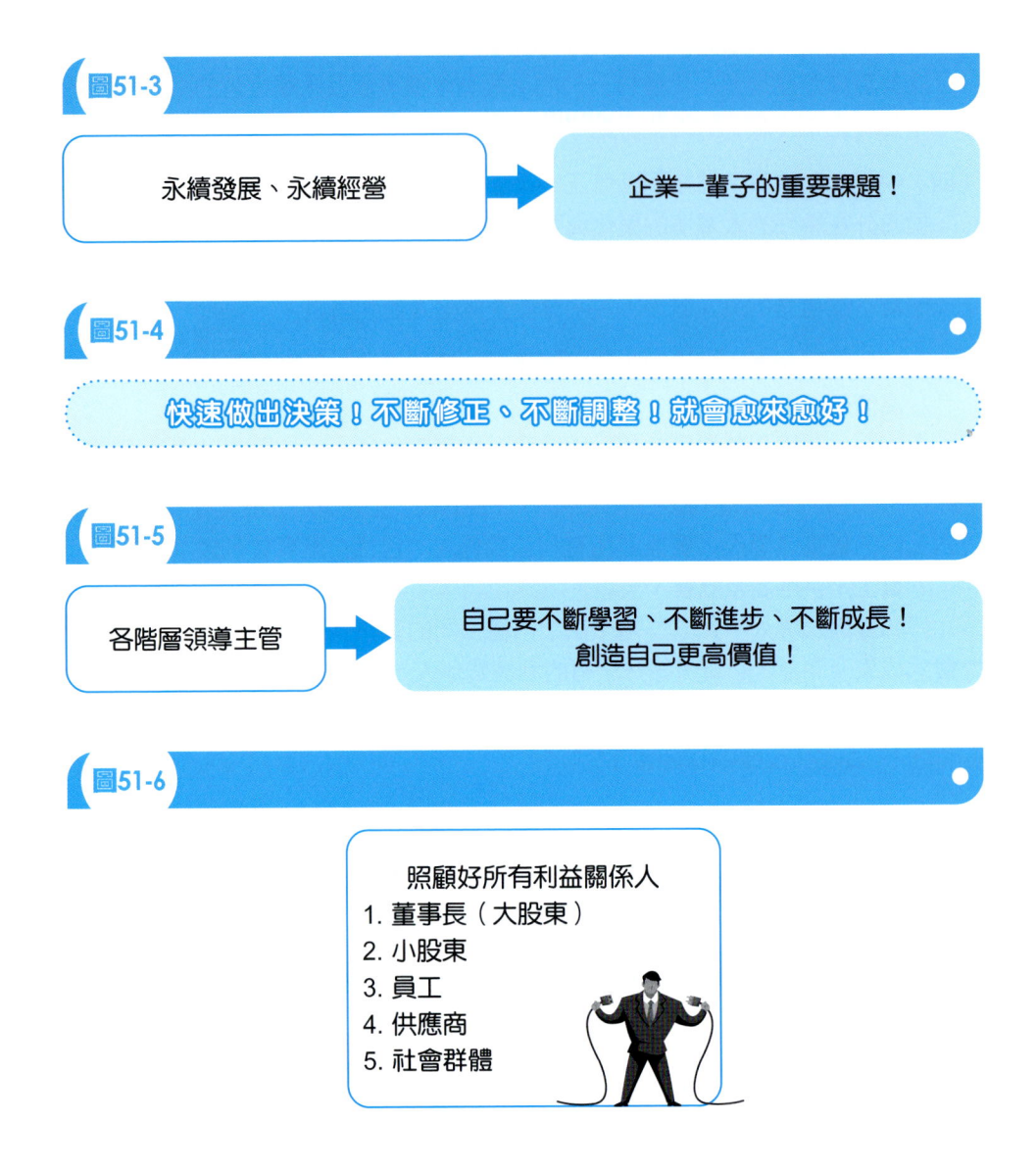

照顧好所有利益關係人
1. 董事長（大股東）
2. 小股東
3. 員工
4. 供應商
5. 社會群體

第 52 位　花仙子公司執行長王佳郁

一、公司簡介
- 花仙子為國內最大香氛產品及家用清潔用品製造商。
- 花仙子的品牌，計有：茶樹莊園、去味大師、克潮靈、Farcent 香水、Farcent 洗髮乳、驅塵氏清潔劑、潔霜、藍藍香、小通、防蟲樂等。
- 花仙子股價為 60 元，2024 年營收額 16.5 億元，獲利 1.6 億元。

二、領導人成功經營心法
1. 透過與通路商緊密合作，不斷開拓新產品與新客群，讓品牌年輕化。
2. 經營企業，彈性及速度很重要。
3. 花仙子證明，老品牌也能走出一條新路出來。

三、作者重點詮釋
（一）日常消費品公司要與通路商緊密合作，不斷改良產品並開發新產品，帶給他們新營收：

對日常消費品公司而言，有兩件事比較重要：
1. 要與零售通路商緊密合作，爭取好的上架及陳列空間。
2. 要不斷改良產品及推出新產品，帶給通路商新的業績來源。

（二）經營企業，彈性、速度、機動、靈活、敏捷 5 要點很重要：

花仙子王佳郁執行長認為，企業經營有五要點很重要，即面對大環境激烈變化，企業要彈性、速度、機動、靈活、敏捷。如此，才能做好面對環境的各種衝擊。

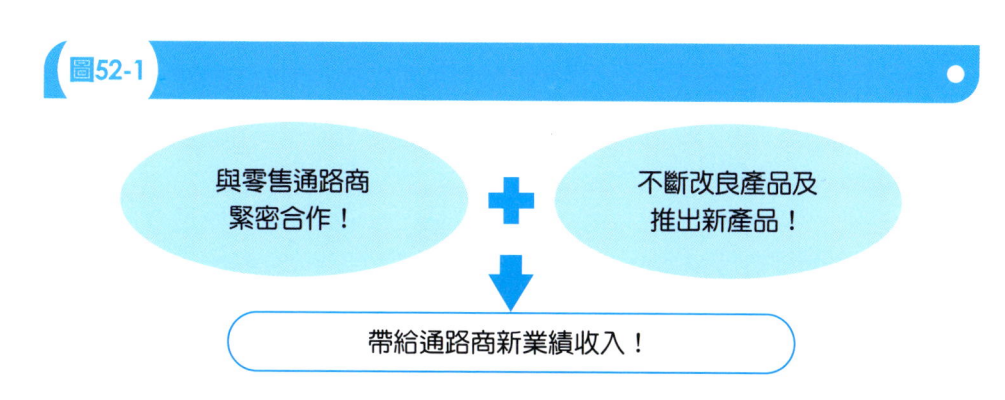

四、重點圖示

圖52-1

與零售通路商緊密合作！ ＋ 不斷改良產品及推出新產品！

↓

帶給通路商新業績收入！

第 52 位　花仙子公司執行長王佳郁

圖52-2　應對環境巨變的 5 原則

1. 彈性要大
2. 速度要快
3. 機動要足
4. 靈活性要大
5. 敏捷度要高！

第 53 位　桂冠火鍋料前董事長王正明

一、公司簡介
- 桂冠公司是國內最大湯圓及火鍋料製造商，2024 年營收額達 30 億元。
- 近幾年已將產品線延伸到「健康營養品」發展，並成立「營養研究室」，專責這方面的研發。
- 桂冠堅持品質、食品安全、新鮮營養，並成為調理食品的專業。

二、領導人成功經營心法
1. 信守承諾，要做，就做最好的。
2. 我們不做價格競爭，只做價值競爭；我們用好的食材、嚴謹品質、食物好吃等價值來競爭。
3. 任何事情，只要有 60% 以上把握，就可以下去做。可以邊做、邊修、邊改，就會愈做愈好；不必等到 100% 完美再去做，此時商機都被別人搶走了。
4. 只要路是對的，就不要怕遙遠，就去做吧。

三、作者重點詮釋

（一）信守承諾，產品要做，就做最好的：

桂冠火鍋料前董事長王正明表示，一個公司最重要的，就是要信守承諾，把產品做到真正是最好的，包括：食材的鮮度、等級、品質、成份及製造流程等，都要把產品做到最好，讓顧客很滿意。

（二）我們不做價格競爭，只做價值競爭：

企業經營最佳的狀況，儘量做「價值競爭」，而不得已之下，才做「低價格競爭」。因為價值競爭能使公司獲利更好，而價格競爭，會使獲利愈來愈低，而競爭對手也愈來愈多。

（三）只要路是對的，就不要怕遙遠，就去做吧：

王正明前董事長認為，企業經營過程中，只要發現路是對的，就不要怕遙遠、怕困境，就去做吧，遲早會達成正確目標的。例如：像很多新產品技術研發，可能費時很久，但只要是對的路及方向，就要一直走下去。

（四）很多決策，不必等到 100% 完美再去做，此時商機都被人搶走了：

企業經營，面對很多決策時，不必等到 100% 完美，就要試著去做、去走，

第 53 位　桂冠火鍋料前董事長王正明

否則很多新商機都會被競爭對手搶走了，此時再做，為時已晚。所以，經營企業，不要等待完美的 100% 決策，這是沒有必要的。

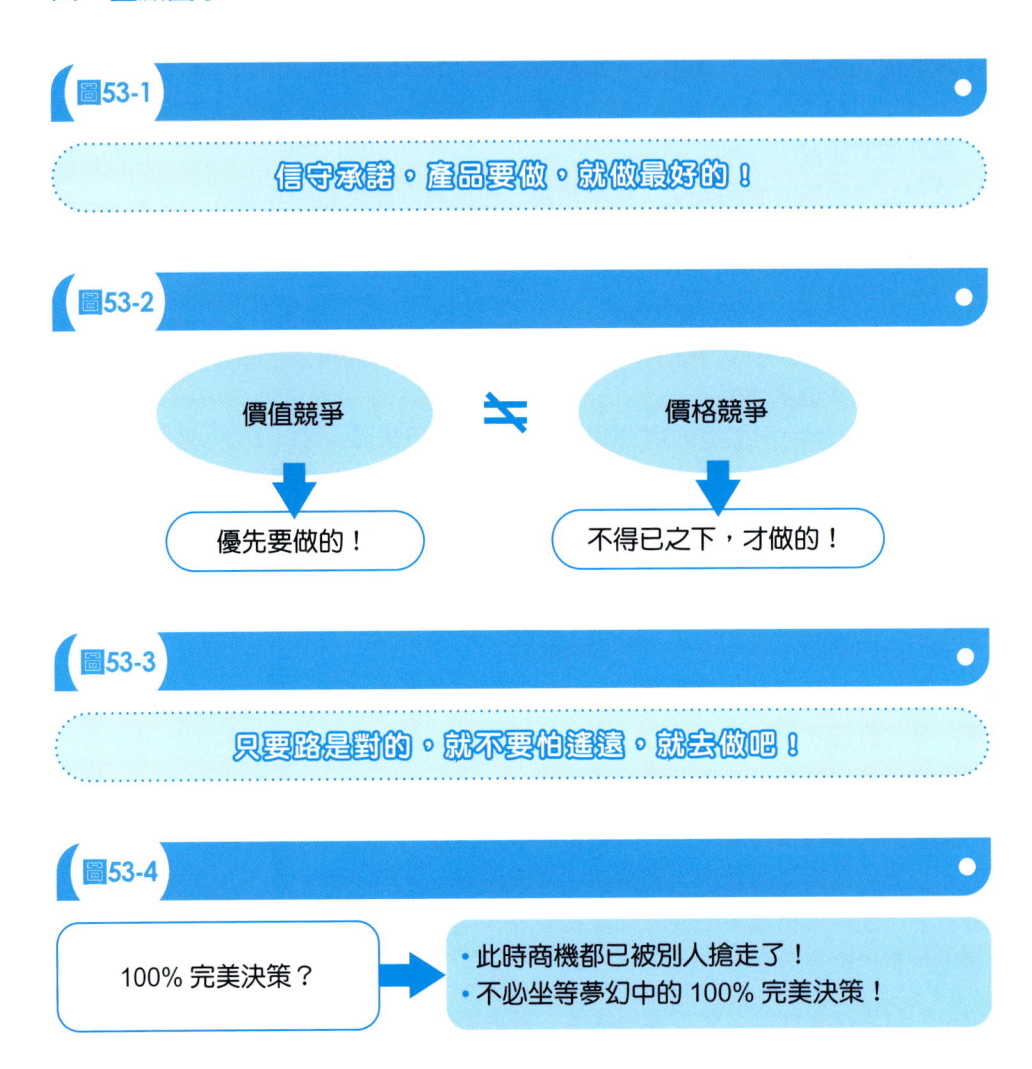

四、重點圖示

圖53-1

信守承諾，產品要做，就做最好的！

圖53-2

價值競爭 ≠ 價格競爭

價值競爭 → 優先要做的！

價格競爭 → 不得已之下，才做的！

圖53-3

只要路是對的，就不要怕遙遠，就去做吧！

圖53-4

100% 完美決策？ →
- 此時商機都已被別人搶走了！
- 不必坐等夢幻中的 100% 完美決策！

第 54 位　台灣優衣庫（Uniqlo）執行長 黑瀨友和

一、公司簡介

- 優衣庫（Uniqlo）為日本最大及全球前三大服飾公司。
- 在台成立十多年，設有 70 家大店，與本土 NET 服飾並列為最大服飾連鎖店。
- 優衣庫（Uniqlo）服飾號稱日本國民服飾，以平價、簡單設計、品質好為特色，其購買族群以年輕人為主力。

二、領導人成功經營心法

1. 優衣庫（Uniqlo）能長年獲得台灣消費者的喜愛，主要祕訣就在於 VOC（Voice of Customer，傾聽顧客聲音）。
2. VOC 是優衣庫（Uniqlo）的經營核心，我們每個月都會搜集超過一萬筆顧客回饋數據，並建立大數據資料庫，為了就是能貼近消費者的需求與偏好。
3. 會從五大管道搜集顧客的意見回饋：
   (1) 第一線門市店現場顧客訪問。
   (2) 問卷調查。
   (3) 手機會員留言。
   (4) 專業委外市調。
   (5) 客服中心的意見。
4. 就是因為重視顧客心聲，進而掌握顧客的喜好，才讓優衣庫（Uniqlo）在台灣得到不少忠實粉絲的支持。
5. 我們要努力成為深受台灣民眾喜愛的品牌，我的使命，就是讓台灣優衣庫（Uniqlo）做到真正的在地化。
6. 日本優衣庫（Uniqlo）總公司設立有「VOC 中心」（顧客之聲中心），裡面有 50 多位客服人員，專心接聽電話或 e-mail 文字往來，他們最主要任務是搜集日本當地顧客的意見或建議，再傳達給相關設計部門做重要設計服飾參考。所以，「VOC 中心」的主要功能是搜集顧客的好點子、好想法、好建議，使設計人員更貼近顧客的需求與要求。

第 54 位　台灣優衣庫（Uniqlo）執行長黑瀨友和

三、作者重點詮釋

（一）成功的祕訣，就在 VOC（Voice of Customer，傾聽顧客聲音）：

日本優衣庫（Uniqlo）在東京的總部，有一層樓是給「VOC 中心（或稱 VOC 辦公室）」使用的，它不僅是一個客服中心，更是扮演搜集顧客對服飾設計及穿著好點子的最佳來源，也可稱為顧客的情報中心。

（二）每個月都會搜集顧客回饋意見一萬多筆：

在台灣的優衣庫（Uniqlo），也成立一個「VOC 小組」，人數規模比日本總公司的「VOC 中心」小很多，但也是兼負客服＋搜集客人建議與意見的情報小組。

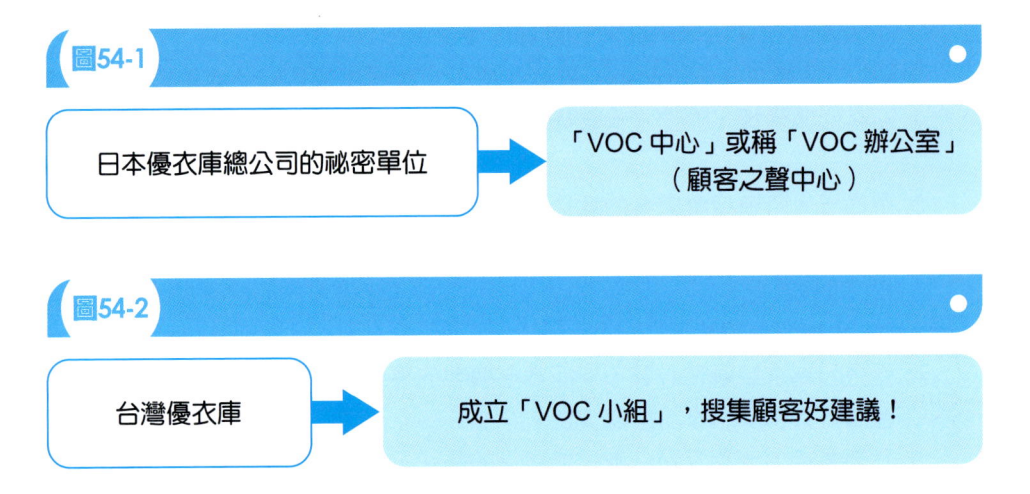

四、重點圖示

圖54-1

日本優衣庫總公司的祕密單位　➡　「VOC 中心」或稱「VOC 辦公室」（顧客之聲中心）

圖54-2

台灣優衣庫　➡　成立「VOC 小組」，搜集顧客好建議！

總歸納／總結論

內銷業、零售業、服務業、傳統製造業、消費品業 36 位企業領導人的成功經營智慧 156 則總整理。

1 做好食安，食安第一

2 不斷創新＋與時俱進

3 穩健經營至上

4 沒有景氣好壞，只有自己能力與努力不夠

5 適應變革、做好準備、快速創新、掌握趨勢

6 不斷調整、與時俱進

7 企業成功最核心秘訣，只有一個：「人」、「人才」

8 提供有用的、好的、感動的「價值」給會員

9 精挑細選出真正「優質好產品」＋「高 CP 值產品」給會員

10 創造出差異化、特色化的經營優勢

11 定期推出新產品、新品牌、改良既有產品，保持新鮮感和驚喜感

12 開拓週邊相關新事業，推動集團不斷成長、成功

13 企業經營成功 5 化：
- 警覺化
- 進步領先化
- 創新驚喜化
- 信賴品牌化
- 永續經營化

14 每年固定投放電視及網路廣告量，確保品牌力不墜落

總歸納／總結論

15 便宜，就是王道

16 快速展店，形成經濟規模優勢

17 消費者不會永遠滿意，所以，要永遠進步，永遠走在顧客前面

18 公司全員必須團隊協力合作

19 信任員工、充分授權、尊重專業、採納不同意見的用人政策

20 將成功歸功於全體員工

21 人才培育，是企業成長的基本功

22 面對變局 6 要：
- 快速應變
- 因應調整
- 順勢經營
- 保持彈性
- 創新求變
- 解讀未來

23 堅持每天讀書 30 分鐘

24 成功不是靠某個領導人，而是靠團隊、靠人才

25 堅持品質，是企業長期的功課，成立「200%QC小組」

26 消費者是會變的，會不滿足的，所以，要隨時保持創新與改變的能力

27 傾聽顧客聲音＋融入顧客情境＋挖出潛在內心需求

28 做到顧客極致的 3 高：「顧客滿意」＋「顧客感動」＋「顧客信任」

29 企業衰退的原因：太驕傲＋太自我滿足＋不進步

30 要為顧客創造「更美好生活」

31 要做消費趨勢的創造者，主動創造出新需求

32 領導人要給出：「成長願景」＋「成長目標」

33 經營事業，不進則退，不能安於現狀

34 組織運作的最高原則：適才適所＋選對人＋用對人

35 事業成功率：策略清楚＋方向對＋執行人馬認真

36 永遠思考：第二條、第三條成長曲線在哪裡？永遠不能懈怠

37 經常站在第一線，貼近市場，迅速做調整

38 企業最大的資產是「人」，其他都是次要的

39 「品質」＋「品牌」＝信任

40 想賺錢，要先想想：顧客的需求轉到哪裡去

41 別人已在做沒關係，重點是你有沒有做得更好？讓客人非你不可

42 領導人工作4點：
- 看方向
- 找對人
- 調配資源
- 管結果

43 每天要做好：「整軍備戰」

44 不只要老闆自己好，要與全體員工共好

45 要對公司營運上的弱項，加以優化及加強

46 能為客戶（B2B）賺錢，就是我的生意經

47 經理人，必須：
- 能預見問題
- 能防止問題
- 能解決問題

第2篇 內銷業、零售業、服務業、傳統製造業、消費品業 36位企業領導人的成功經營智慧

197

總歸納／總結論

48 每個員工，每年都要成長30%，才不會被客戶（B2B）淘汰掉

49 領導人天職：帶領團隊，往正確方向走，尋找機會、創造成長、搶占市場、開疆闢土

50 對市場要有高敏感度，才能看見消費者需求；才能找出潛在新市場

51 要大膽行銷，突破品牌傳統想像

52 除自營品牌外，代理品牌也是條業績能成長的路

53 數十年老品牌，要永保活力、要做好品牌年輕化

54 要與全台經銷商走在一起，加入他們的LINE群組

55 策略：就是想高、想遠、想深；也就是要做對的事

56 人才有3層次：
- 會做事
- 會管理
- 會經營

57 短／長期工作區分：
- 短期：占70%
- 長期：占30%時間

58 每個月，要關心損益表達成狀況

59 對每一件大事，必須要有無所不在的檢查點

60 學習，任何時間、任何地點

61 要發揮「追根究柢」的精神

62 「會員經濟」+「點數生態圈」：鞏固住熟客會員

63 擴大物流中心建設，提升物流配送效率，強化營運競爭力

64 「物美價廉」，仍是庶民經濟時代的核心指標

65 「人才團隊」＋「組織能力」，是成功企業的最根本兩大支撐力量

66 「多品牌」、「多價格」策略，已經成功

67 自營品牌＋代理品牌並進

68 毫不猶豫關掉虧錢的店

69 面對大環境巨變，要有：「敏捷力」＋「應變力」

70 CP值＋CE值，兩者並重

71 做好環境3抓：抓變化、抓趨勢、抓新商機

72 持續加速展店＋提升每店營業額

73 成功方程式：
- 隨時應變
- 隨時創新
- 隨時準備
- 隨時調整

74 要永不滿足；好，還要更好

75 要往高附加價值位移，才能長期獲利經營

76 利用集團資源，發揮綜效

77 不斷展現「產品革新」策略，才能暢銷，才能搶市占率

78 研發團隊要分拆為：
- 年輕的設計團隊
- 資深的技術團隊

79 今年好績效，就是明年壓力；永遠要戰戰兢兢，不容鬆懈

80 台灣市場太小，要向海外市場拓展

第2篇　內銷業、零售業、服務業、傳統製造業、消費品業36位企業領導人的成功經營智慧

總歸納／總結論

81 要持續展店，擴大規模化，增加經濟效益

82 持續優化店內「產品組合」，並「汰劣留強」，提高坪效

83 創業初期向成功企業學習，先抄，再修改

84 把公司股份放出20%，給員工認股，大家都是股東，團隊就可做大

85 要朝向多元化、多角化經營，以避免單一產品／單一事業風險

86 要不斷進行3個優化：
- 產品組合優化
- 品牌組合優化
- 事業經營組合優化

87 企業要有前瞻性、要超前布局、要布局未來

88 我們必須動得比消費者快，永遠走在消費者最前面

89 一定要改變，一定要轉型，一定要更創新

90 要大步向前邁進，永不再回頭，永不再走回頭路；走舊路到不了新地方

91 持續專注、聚焦女性消費市場

92 要有更完整的數位布局

93 朝向雙品牌、多品牌營運方向

94 你若不進步，就會被市場及顧客淘汰掉

95 堅定追求：品質＋美味＋高CP值

96 要引進好人才，要建立好制度，並做好IPO及十年布局計劃

97 行銷要成功，就是要：發現需求→滿足需求→創造需求

98 事業中的所有突破及創新，都要根據「顧客需求」

99 任何事，都要以「顧客為優先」

100 任何生意，都要先找出有哪些沒有被滿足的需求

101 要做出差異化競爭及特色化競爭

102 企業經營秘訣：抓住變化＋超前部署

103 做行銷，要跟著整個社會脈動的改變，一直精進，一直增加新東西

104 我們奉行的就是：「應變經營學」，一直因應變化、抓住變化，不斷進步、不斷壯大

105 要不斷研發創新，預測市場需求，提供消費者新穎好用產品

106 在鞏固原有忠實客群時，也要接近年輕族群，擴大年齡層

107 要為品牌增值及年輕化！並不斷注入新元素

108 經營品牌，「信賴」才是王道

109 「70分行銷學」就可以了，不必等到「100分行銷學」

110 要注意「迭代行銷」，抓住市場及顧客改變的節奏

111 「有備無患」，才能一直存活下去

112 解決客戶（B2B）最在意的核心問題，客戶就會信賴你

113 自己要不斷升級與進步，並且跑在客戶（B2B）前面才行

第2篇 內銷業、零售業、服務業、傳統製造業、消費品業36位企業領導人的成功經營智慧

總歸納／總結論

114 成功的企業領導人都看得很遠，都是用十年起跳的

115 看十年後的東西，是看大方向、看大戰略的

116 身為最高領導人，如果只看眼前的目標，你底下人才的眼光也會受限

117 自己不看十年後的事情，那你十年後必定發生危機的

118 顧客的需求，是我們第一個最優先的考量

119 公司的專業＋顧客的意見，就是我們研發第一方針

120 產品多樣化，可以提高整個市占率

121 洞悉市場消費最新趨勢＋傾聽顧客心聲

122 持續深化品牌建設，打造品牌資產價值

123 只要產品對消費者有用、有價值，再小眾市場，也能做到暢銷

124 改變不是危險的；穩定不動，才是最危險狀態

125 產品不怕賣貴，就怕沒特色

126 暢銷產品3要件：產品好＋行銷強＋售後服務好

127 滾動式調整櫃位，每年品牌調整率達25%

128 你想買什麼，我就賣什麼

129 做任何事要先想到後兩步；成功了，第2步馬上接上去

130 商品及門市店型，要不斷推陳出新，才會讓顧客感到新鮮，業績也會成長

131 發展新事業、新顧客、新通路，是未來3大重點策略

132 持續深耕 350 萬會員，好好鞏固住他們的忠誠度

133 我們一直很努力在積極布局未來

134 面對業界更強烈挑戰，唯有更創新、更改革、更努力、更翻新、更加快腳步，來面對變局

135 垂直整合一條龍營運，帶動企業最大競爭力

136 好口碑＋好信賴，國外展演團體都優先來找我們

137 大企業、領先公司，永遠保有「大者恆大」趨勢，不易被人超越

138 我們採取「多品牌」、「多價位」、「加速展店」3大戰略並進，加速企業壯大

139 集團統一採購，可有效降低食材成本

140 十年如一日，執著、專注把一件事做好

141 堅守價格親民及產品好的兩大優勢，滿足消費者

142 專做別人不做的事情，然後，把它做到賺錢，並且利潤最高

143 成功永無止境，我們只相信持續的改善、改變及進步

144 企業必須不斷求新、求變、求進步、求快、求更好，才能基業長青、成就百年企業

總歸納／總結論

145 永續發展、永續經營，是企業一輩子的重要課題

146 快速做出決策，然後不斷修正、不斷調整，就會愈來愈好

147 當各階層領導人，自己也要不斷學習、不斷進步、不斷成長，創造自己更高價值出來

148 好的最高領導人，要兼顧所有利益關係人，包括：董事會、大眾小股東、員工、供應商及社會

149 日常消費品公司要與通路商緊密合作，不斷改良產品及開發新產品，帶給他們新營收

150 經營企業5要點：彈性、速度、機動、靈活、敏捷

151 要信守承諾，產品要做，就做最好的

152 我們不做價格競爭，只做價值競爭

153 只要路是對的，就不要怕遙遠，就去做吧

154 暢銷產品3要件：產品好＋行銷強＋售後服務好

155 成功的秘訣，就在VOC（Voice of Customer）（傾聽顧客聲音）

156 每個月都會搜集顧客回饋意見一萬多筆

第三篇

國外（日本、美國）大型上市櫃公司 27 位企業領導人的成功經營智慧

第 55 位　日本豐田總公司（TOYOTA）會長（董事長）豐田章男、社長（總經理）佐藤恆治

一、公司簡介

- 豐田公司（TOYOTA）是全球第一大汽車公司，它在 2024 年度的全球銷售量成績為：
  1. TOYOTA 品牌：全球銷售 956 萬輛
  2. HINO 品牌：15 萬輛
  3. 大發品牌：76 萬輛
     三者合計：全球銷售 1048 萬輛
- 豐田汽車：
  1. 國內銷售：128 萬輛（占 21%）
  2. 國外銷售：827 萬輛（占 79%）
- 豐田汽車：
  1. 國內生產：265 萬輛（占 30%）
  2. 海外生產：637 萬輛（占 70%）
- 豐田汽車財務績效；
  1. 全球合併營收額：37.1 兆日圓（約 9 兆台幣）
  2. 全球合併營業淨利額：2.7 兆日圓（約 6,700 億台幣）（7.2% 營業淨利率）
  3. 全球合併稅前淨利額：3.6 兆日圓（約 9,000 億台幣）（9.7% 稅前淨利率）
- TOYOTA 在台灣行銷的品牌計有：
  1. 高價位品牌：Alphard、Lexus、Crown。
  2. 中價位品牌：Camry、Cross、Prius、Sienna、Sienta 等。
  3. 平價位品牌：Yaris、Altis、Vios 等。

二、領導人成功經營心法

1. 要努力創造出獨一無二的價值出來。
2. 安全（汽車安全）是豐田最優先事項。
3. 要打造出超越顧客期待的車子，並要快速滿足顧客對車子的新需求。
4. 顧客有笑容，就是對我們車子的滿意。

5. 要持續掛出高遠且具挑戰性目標，持續努力的去達成它。
6. 時刻要有「改善」的精神，用更好的方法去製造出好車子。
7. 要堅持做出高品質、高設計感的好車子。
8. 要運用新的技術，不斷革新及創新，永遠走在時代最前端。
9. 要永遠獲得顧客的信賴性及顧客滿意度不斷向上提高。
10. 不管在何時、何地，都要堅持以「現場」為第一的價值觀。
11. 勿忘對全球環保（ESG）的努力及實踐。
12. 人才，永遠是我們集團最重要且寶貴的資產價值。
13. 要做出對社會有貢獻的優良企業。
14. 要對移動（mobility）的未來，充滿想像力及執行力。
15. 要持續不懈的提升、打造「技術力」。
16. 要先穩固、紮實對「價值創造」的經營基盤。
17. 要永遠堅守以「優質商品力」為主軸的經營學。

三、作者重點詮釋

（一）**商品力就是：要超越顧客期待並滿足新需求。**

企業經營及做行銷，應該切記「商品力」的意涵，就是：
1. 商品要超越顧客的期待。
2. 商品要快速滿足顧客不斷出現的新需求。
3. 商品要讓顧客感到安心、安全、好用、好看、開心、幸福感、有笑容。

（二）**持續保有高遠且具挑戰性經營目標：**

企業經營，永遠不能太低標，不能太輕易達成，或是害怕不能再成長。高階領導人，在每一個階段完成目標任務後，就必須再掛出下一個三年或五年或十年必須再努力達成的「更高遠」與「更具挑戰性」的營運目標或績效目標，這樣，企業才會每天、每月、每年、每三年都保有繼續再努力、再加油、再動腦筋的新動機、動力出來。例如：

1. 統一超商：20多年前，達到3,000店時，以為市場飽和了，如今，已做到7,200店，成長140%之多，誰也想不到，這就是高遠且挑戰性十年目標。
2. 王品餐飲：十多年前，王品只有五個品牌，有人喊已飽和了，如今，十多年後，王品已有25個品牌，310店，年營收200億元，誰想得到呢？
3. 全聯超市：十多年前，全聯虧損五年後，滿300店才損益平衡，當時，林敏雄喊出要達成1,000店高遠目標，大家都覺得不可能；如今，全聯已經1,200店，年營收破1,800億元的第一大超市。

第 55 位　日本豐田總公司（TOYOTA）會長（董事長）豐田章男、社長（總經理）佐藤恆治

（三）堅持不斷「改善」的精神，把車子做到最好：

豐田汽車製造及設計汽車的第一條精神，就是「不斷改善」，在設計面、零組件面、製造面，都力求不斷改良、改善、升級、加值，把車子做到全世界最好。

（四）不斷向上提高「顧客滿意度」及獲得顧客「長期信任感」：

日本豐田汽車認為企業經營的關鍵點有兩個：

1. 不斷向上提高「顧客滿意度」，從七成、八成、九成到九成五的高滿意度（70% → 80% → 90% → 95%）。
2. 獲得顧客「長期信任感」。有了長期信任感、信賴感，就會有再回購的保證及忠誠心了。

（五）人才，永遠是公司最重要、最寶貴的資產價值：

日本豐田也認為，人才，永遠是豐田今天能夠成功的背後最重要及最寶貴資產價，必須永遠做好人才的招聘、任用、培育、激勵、留住等人資任務。

（六）要持續不懈的打造、強化、提升「技術力」：

「技術力」是對任何各行各業、百工百業，都必須高度重視的關鍵能力，沒有好的「技術力」，就不會有好的產品出來。所以，今天，有好的豪華汽車、好的電冰箱、好的電動車、好的機車、好的筆電、好的先進晶片半導體、好的 AI（人工智慧）產品、好的 ChatGPT 及 Deepseek、好的電影、好的電商購物、好的網路新聞……等，都是企業界由於有好的、先進的、突破的、加值的「技術力」所致。

四、重點圖示：

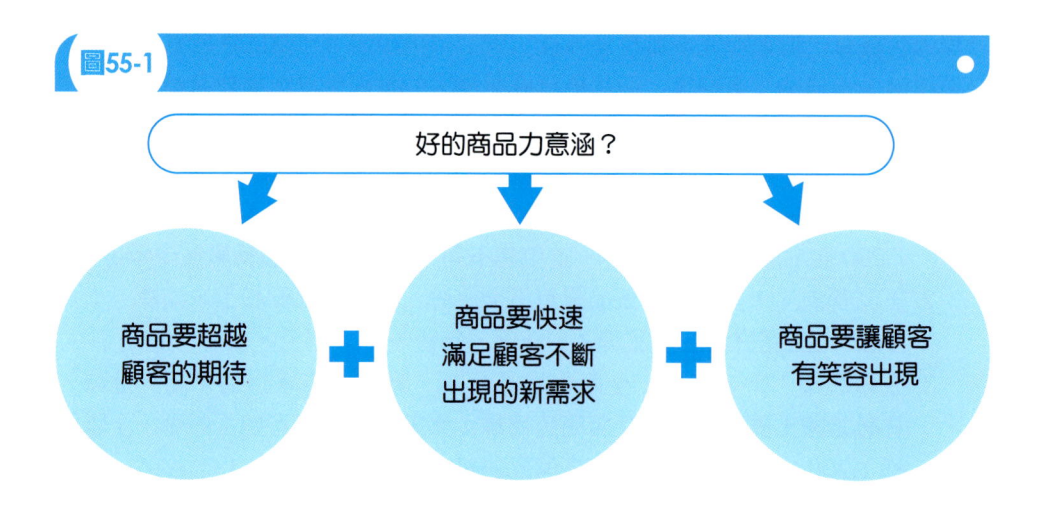

圖55-1

好的商品力意涵？

商品要超越顧客的期待　＋　商品要快速滿足顧客不斷出現的新需求　＋　商品要讓顧客有笑容出現

圖55-2 五年十年後目標

五年十年後：

1. 總店數目標
2. 總營收目標
3. 總獲利目標
4. 總品牌目標
5. ROE 目標
6. EPS 目標
7. 市占率目標
8. 業界排名目標

↓

持續掛出「高遠」且具「挑戰性」的營運目標！

圖55-3

每日堅持不斷「改善」的精神！ → 把車子、把商品、把門市店、把品牌、把服務，做到最好！

圖55-4

不斷向上提高顧客滿意度！（95% 以上） ＋ 獲得顧客長期信任感！

↓

更加黏緊我們的公司及我們的品牌！

第 55 位　日本豐田總公司（TOYOTA）會長（董事長）豐田章男、
　　　　　社長（總經理）佐藤恆治

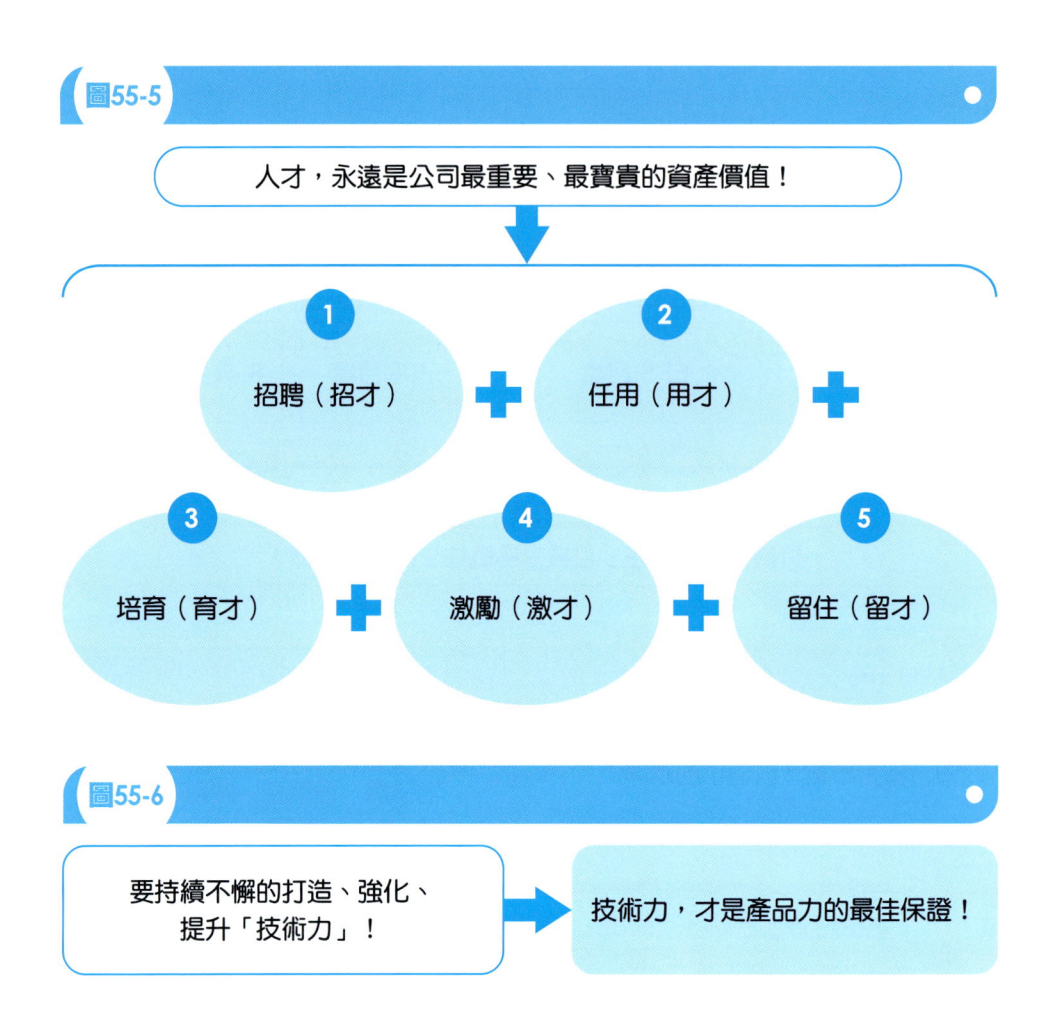

圖55-5

人才，永遠是公司最重要、最寶貴的資產價值！

1. 招聘（招才）
2. 任用（用才）
3. 培育（育才）
4. 激勵（激才）
5. 留住（留才）

圖55-6

要持續不懈的打造、強化、提升「技術力」！　→　技術力，才是產品力的最佳保證！

第 56 位　日本 Panasonic 總公司社長 楠見雄規

一、公司簡介

- 日本 Panasonic 是日本第一大及全球的知名家電及電動車電池製造公司。
- 日本 Panasonic 再 2024 年度全球合併營收額高達 8.3 兆日圓（約 2 兆台幣），合併營業淨利額為 3,141 億日圓（約 785 億台幣），獲利率 4%，EPS 為 30 日圓（約 7 元台幣）。
- 台灣松下公司（Panasonic）也是台灣最大家電製造及銷售公司，目前，電冰箱、洗衣機都居市占率第一名；另外冷氣機、吹風機、吸塵器、空氣清淨機、除濕機、微波爐等也都銷售不錯。

二、領導人成功經營心法

1. 競爭力強化，永遠是重點。
2. 面對 2030 年未來戰略的兩大面向主軸是：
   (1) 如何做好、解決地球環境問題（即減碳、淨零碳排）。
   (2) 如何做好對每個消費者的健康、安全、快樂。
3. 電動車全球時代已來臨，未來持續投資電池事業，將是重中之重。
4. 對「事業經營組合」（business portfolio）的考量兩大點：
   (1) 要有未來性、成長性的事業體才去做。
   (2) 要有高度競爭力、競爭優勢的事業體才去做。
5. 要持續努力提升 EPS 即企業價值，以回報廣大投資大眾。
6. 所有產品都要努力做到排碳、減碳功能。
7. 我們提出「Panasonic Green Impact」（松下綠色震撼），就是要邁向綠色地球的經營，並對此做出貢獻。
8. 未來的 Panasonic 要加速變革，包括：
   (1) 技術變革；(2) 事業模式（business model）變革。
9. 持續提升我們企業基柱：技術力、研發力。
10. 我們 Panasonic 的 4 大經營基本方針為：
    (1) 成本要合理化。
    (2) 品質要不斷提升。
    (3) 服務要強化，提升滿意度。
    (4) 要追求顧客價值極大化；要時常傾聽顧客聲音；要站在及融入顧客情境。

第 56 位　日本 Panasonic 總公司社長楠見雄規

11. 對上述 4 大經營方針，如何實踐：
    (1) 每個部門（技術、製造、銷售、行銷、物流、服務）及每個員工，都有責任努力工作，做好崗位上工作。
    (2) 對成本及費用的浪費、無效益，要不斷全力消除。
    (3) 對外部大環境變化要加速應對、應變。
    (4) 每個事業部都要獨立成為「BU」（責任利潤中心制），自己負責自己事業單位的經營管理。
    (5) 要把「自主責任經營感」的企業文化打造出來，每個部門及每個人都要擔起責任。
    (6) 要加強團隊及眾人智慧的集合與發揮，這才是最高經營學。

三、作者重點詮釋

（一）競爭力強化，永遠是重點：

企業經營會從各方面做努力、做改善、做升級、做效率化，做這麼多的事，到最後，可以歸納一句話：就是競爭力提升及強化。企業所指的「競爭力」或「競爭優勢」，包括有下列 12 種：

1. 成本競爭力。
2. 報價（定價）競爭力。
3. 產品競爭力。
4. 交期競爭力。
5. 服務競爭力。
6. 技術競爭力。
7. 信賴度競爭力。
8. 品牌競爭力。
9. 行銷競爭力。
10. 通路競爭力。
11. 多元選擇競爭力。
12. 組織競爭力。

企業競爭力強大了，領先了，自然就會搶得客戶、搶得客戶、搶得市場、搶得利潤。

（二）「事業經營戰略組合」再優化、再強大：

企業在整體經營戰略上，很強調「組合」（portfolio）概念，包括有各種「戰略組合」：

1. 產品組合
2. 品牌組合
3. 事業經營組合
4. 投資組合
5. 門市店型組合
6. 地域性組合
7. 海外設廠組合
8. 海外客戶組合

針對上述 8 種「戰略組合」（strategic portfolio），企業都要經常性的加以分析、檢討、優化、強化有更好的「戰略組合」，更做好「汰劣存優」的工作，

使公司、集團每年都能更提升營收額、提升獲利額、提升 EPS、提升 ROE。

（三）綠色經營＋CSR 經營＋ESG 經營，是全球上市櫃大企業經營新趨勢：

自 2020 年起，全球興起 3 個新經營趨勢，也就是全球上市櫃大企業都必須做好、做到 3 項經營：

1. 綠色經營；2. CSR 經營；3. ESG 經營。

如此，才能符合先進國家進口新規範，也才能獲得國際大型投資基金、投信公司的大舉買入該公司股票，公司股票價值才能提升，當然，這更是一種自發性保護投資大眾及保或地球的使命責任感。

（四）要加速變革、持續性變革、往更好方向變革：

企業經營必須重視「變革」，即：「變化」＋「革新」，有改變、有革新，企業在各領域就能保持進步即領先。

而企業變革領域，包括 14 種：

1. 事業體變革。
2. 公司整體變革。
3. 人才變革。
4. 技術變革。
5. 門市店型變革。
6. 產品變革。
7. 通路變革。
8. 客戶變革。
9. AI 製造設備變革。
10. 設計變革。
11. 功能變革。
12. 行銷變革。
13. 組織變革。
14. 生意模式變革。

（五）「BU 利潤中心」自主經營、自主負責、自主存活：

現在很多大型企業都強調公司或集團，要把它們分割為更細的各個「利潤單位」或「營運單位」，此稱「BU：business unit」。

要求這些細分出來的 BU，要能自主經營、自主負責、自主存活下去。

這些 BU 利潤中心的細分，可依 8 種區分 BU：

1. 產品別 BU。
2. 品牌別 BU。
3. 事業部別 BU。
4. 分公司別 BU。
5. 各店別 BU。
6. 各子公司 BU。
7. 各地域別 BU。
8. 各館別 BU。

（六）最高經營學：集結全體員工向心力、智慧力、經驗力、團隊力，4 力齊發，公司必勝：

日本 Panasonic 總公司領導人認為：企業的最高經營學，乃在於集結全部員工的、人才的 4 力：

第 56 位　日本 Panasonic 總公司社長楠見雄規

1. 人才向心力。
2. 人才智慧力。
3. 人才經驗力。
4. 人才團隊力。

如此，企業集團必會愈來愈強大、愈來愈拓展、愈來愈卓越。

四、重點圖示

圖56-1 競爭力（競爭優勢）

1 成本競爭力	2 報價（價格）競爭力	3 產品競爭力	4 交期競爭力
5 服務競爭力	6 技術競爭力	7 品牌競爭力	8 信賴度競爭力
9 行銷競爭力	10 通路競爭力	11 多元選擇競爭力	12 組織競爭力

圖56-2 企業經營八種「戰略組合」

1 產品組合	2 品牌組合	3 事業經營組合	4 海外客戶組合
5 門市店型組合	6 地域性組合	7 海外設廠組合	8 投資組合

汰劣存優！不斷優化、改良、壯大！

圖 56-3

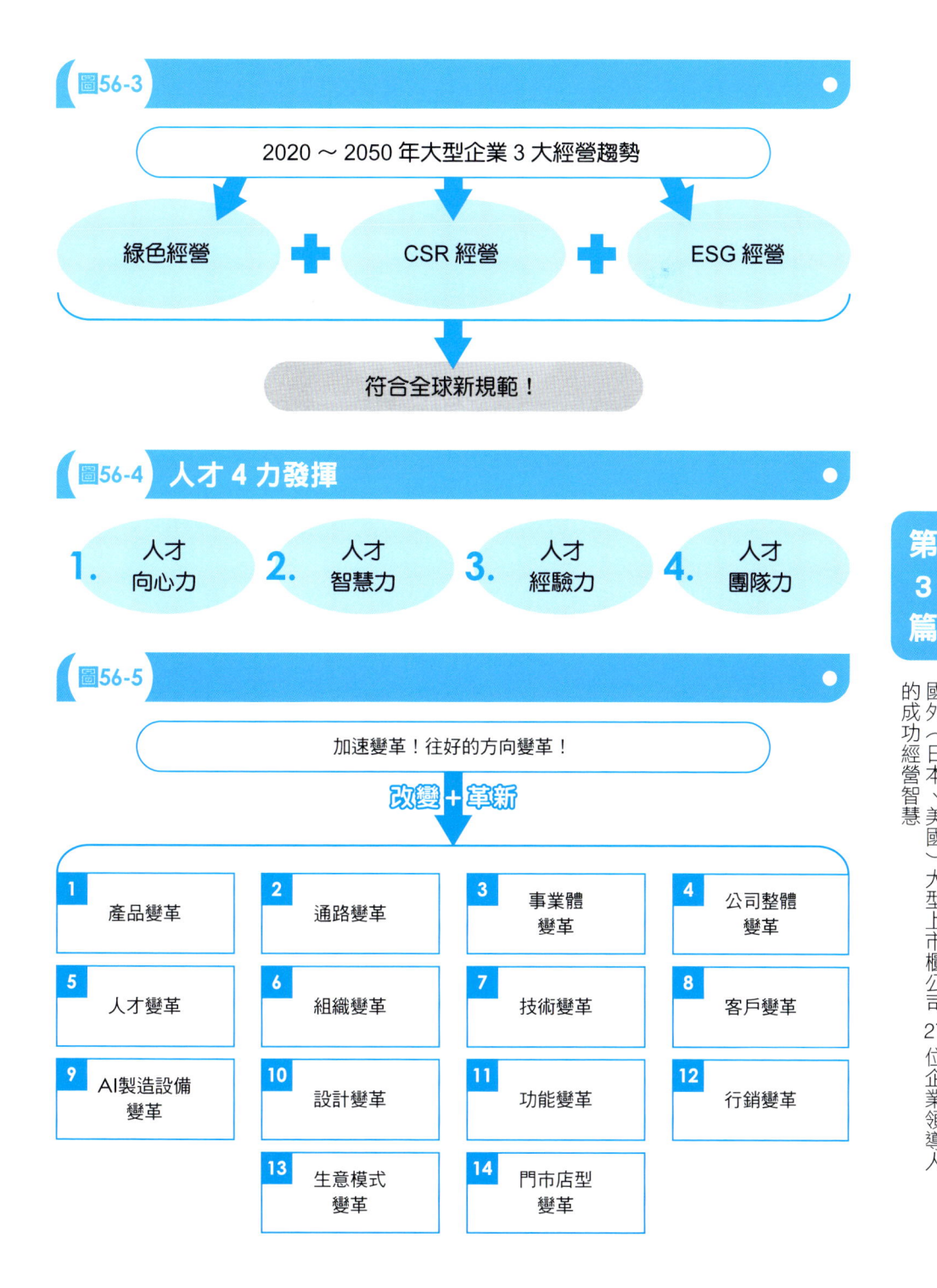

2020～2050 年大型企業 3 大經營趨勢

綠色經營 ＋ CSR 經營 ＋ ESG 經營

→ 符合全球新規範！

圖 56-4 人才 4 力發揮

1. 人才向心力
2. 人才智慧力
3. 人才經驗力
4. 人才團隊力

圖 56-5

加速變革！往好的方向變革！

改變 ＋ 革新

1 產品變革	2 通路變革	3 事業體變革	4 公司整體變革
5 人才變革	6 組織變革	7 技術變革	8 客戶變革
9 AI製造設備變革	10 設計變革	11 功能變革	12 行銷變革
	13 生意模式變革	14 門市店型變革	

第 3 篇 國外（日本、美國）大型上市櫃公司 27 位企業領導人的成功經營智慧

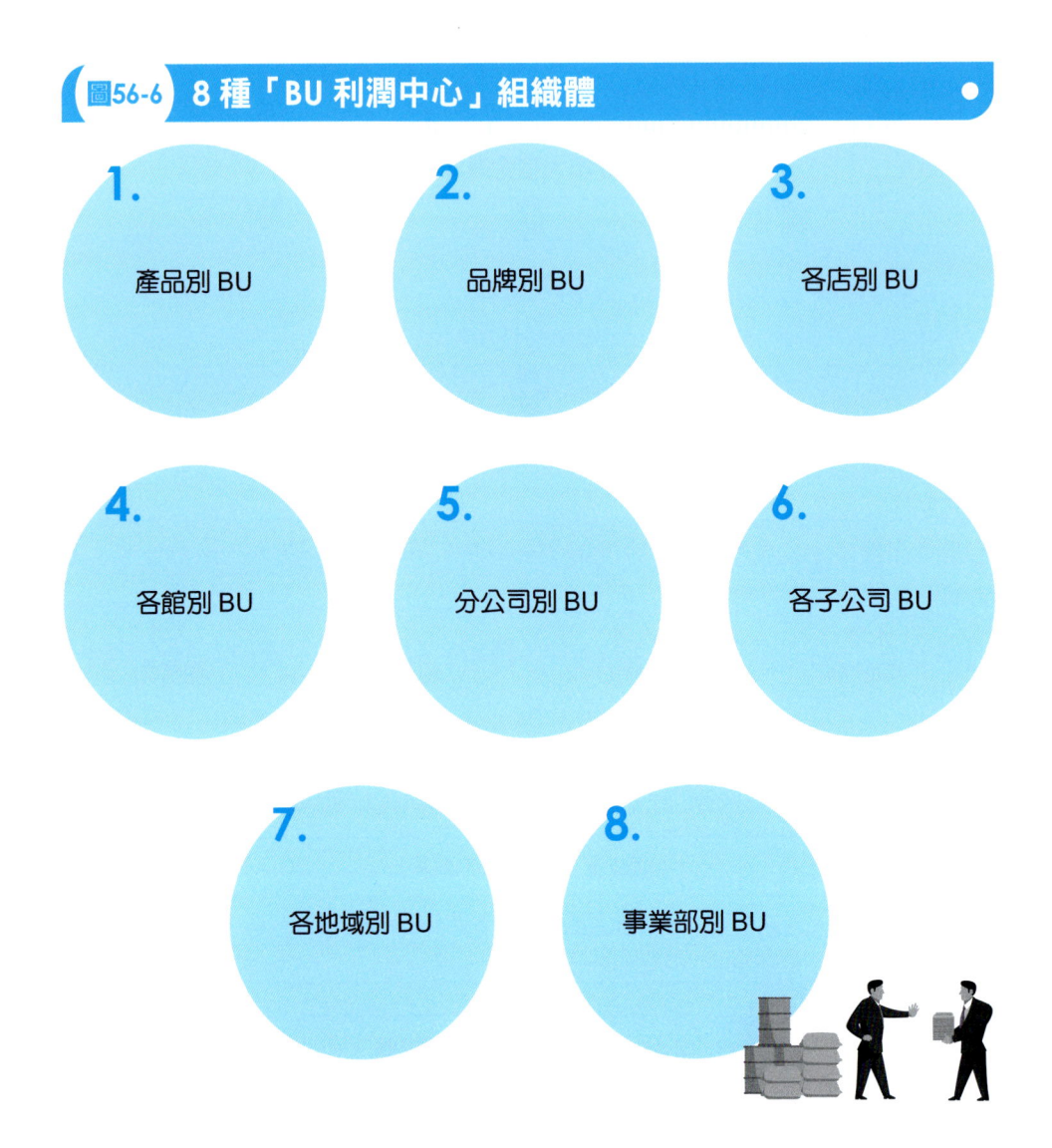

第 56 位　日本 Panasonic 總公司社長楠見雄規

圖56-6　8 種「BU 利潤中心」組織體

1. 產品別 BU
2. 品牌別 BU
3. 各店別 BU
4. 各館別 BU
5. 分公司別 BU
6. 各子公司 BU
7. 各地域別 BU
8. 事業部別 BU

第 57 位　日本日清食品控股總公司社長（總經理）安藤宏基

一、公司簡介
- 日本日清食品公司是日本最大泡麵公司，其總公司在東京及大阪兩地。
- 日本日清在 2024 年度合併營收總額為 5,100 億日圓（約 1,270 億台幣），合併獲利約 200 億日圓（約 50 億台幣），EPS 為 120 日圓，ROE 為 7.6%。日清食品目前在全球 100 個國家都有銷售，海外獲利占 3 成，全球迄今已銷售 500 億個日清杯麵。
- 日本日清全球員工為 9,000 人，股價（東京證券市場）高達 1.2 萬日圓。
- 日本日清食品公司有點類似台灣的統一事業，不過，統一企業的產品類別比日清公司更多、更多樣化。

二、領導人成功經營心法：
1. 日清公司（Nissin）最新的願景 slogan（標語）為：「新的食文化創造集團」（Earth Food Creator）。
2. 食品公司的基本功就是「CSV 經營學」：
   (1) C：clean，清潔、乾淨、沒有汙染。
   (2) S：safe，安全、安心。
   (3) V：value，價值（附加價值）。
3. 現在全球食品業關注的核心點，只有 3 項：
   (1) 環境；(2) 健康；(3) 營養。
4. 日本各大企業流行的「兩利經營學」，即：
   (1) 對既有事業的深化經營；(2) 對新領域事業的開拓即探索經營。
5. 日清創辦人的名言：
   「成長一路，沒有頂點。」（意指：企業經營，就是要永續成長下去，沒有頂點、沒有終止的一天）。
6. 日清認為產品附加價值的創造很重要，主要有 4 個思考面向：
   (1) Creative（要有創造性）。　　　(3) Global（要有全球性）。
   (2) Unique（要有獨特性）。　　　 (4) Happy（要有令人開心性）。
7. 日清公司在 2021 年時已發表：「日清食品集團中長期成長戰略（2021～2030 年）」，朝向 2030 年新願景目標勇往邁進。日清公司已訂定未來十年的 3 個成長戰略主題：

第 57 位　日本日清食品控股總公司社長（總經理）安藤宏基

(1) 既有事業的現金流（cash flow-in）創造力再強化戰略。（主要以海外事業營收成長為重點）。
(2) 新領域事業的大力穩步推進。
(3) Earth Food challenge 2030 年（新的 2030 年食文化挑戰）。

8. 日清事業多角化推進，非常重要，過去 30 年太集中在泡麵事業（占九成營收），未來多角化，朝向：
(1) 飲料事業；(2) 餅乾事業；(3) 泡麵事業的第二收入。
成為未來新收入育成來源。
9. 提供更好吃、更健康、更有價值的商品出來，是永遠要努力的。
10. 日清要以提升經營效率化的各種作為，來吸納近一、二年來原物料成本的上漲，絕不能調漲日清的產品售價。
11. 對外在大環境的變化，我們要快速適應，並積極想辦法解決及克服，不要抱怨。
12. 要持續壯大日清（Nissin）品牌影響力，提升顧客忠誠度及回購率。
13. 要重視食品科學（food science）的研發，共創未來安全、安心、又營養的「未來性食品」。
14. 「人才戰略」是支援全公司中長期十年戰略達成的根基。
15. 要對集團中長期人才與組織規劃展開變革。
16. 全球化人才育成，是未來海外市場成長的關鍵課題。
17. 日清已成立「Nissin Academy」（日清內部大學）做好人才育成工作。
18. 日清企業大學培訓的兩種層級人才，包括：
(1) 經營者型高階人才專案計劃（每年從全集團挑戰 10～15 人培訓）。
(2) 一般專業人才專案計劃（包括：銷售類、行銷類、供應鏈類、生產製造類、各幕僚單位類）。
19. 要持續落實對 ESG 永續環保、永續社會關懷、永續公司治理的實踐，不可動搖。

三、作者重點詮釋

（一）兩利經營學：既有事業深化＋新事業開拓探索

日本各大企業正在普遍運用「兩利經營學」，亦即兩個方向都要並進；包括：
1. 既有事業要持續深化、深耕、擴大。
2. 新事業要探索、要下決心去開拓，成為未來性支柱型事業。

（二）持續壯大品牌別影響力，提升顧客忠誠度及回購率：

日本最大日清泡麵公司認為，未來仍須持續壯大品牌（Nissin）影響力，不斷再提升、強化顧客對「日清（Nissin）品牌」的忠誠度及回購率，如此就可穩固每年的既定營收額目標。

（三）成長一路，沒有頂點：

日清食品創辦人始終認為：經營企業必須抱持「成長一路，沒有頂點」的觀念及信心，不斷把企業每一年、每五年、每十年的持續成長走下去，絕不會有到頂走不下去的一天。

（四）對外在大環境變化的對應3招，適應、應變、解決它們：

日清食品認為面對外在大環境不利變化的對應3招，即是：
1. 適應它；2. 應變它；3. 解決它。

（五）「人才戰略」，是支援全公司中長期十年戰略達成的根基：

「人才戰略」是全公司、全集團的最重要核心資產價值，也是支援全集團、全公司未來訂下的五年、十年中長期成長戰略達成最關鍵根基。所以，任何大集團、大公司必須預先做好、準備好「十年人才戰略發展計劃」才行。

（六）成立「企業內部大學」或「人才培訓中心」：

日本各大型集團或公司，都有成立諸如：「企業內部大學」或「人才培訓中心」的重要編制，以有計劃、有步驟的育成各種專業人才、部門人才、高階領導人才及經營賺錢型人才。

四、重點圖示：

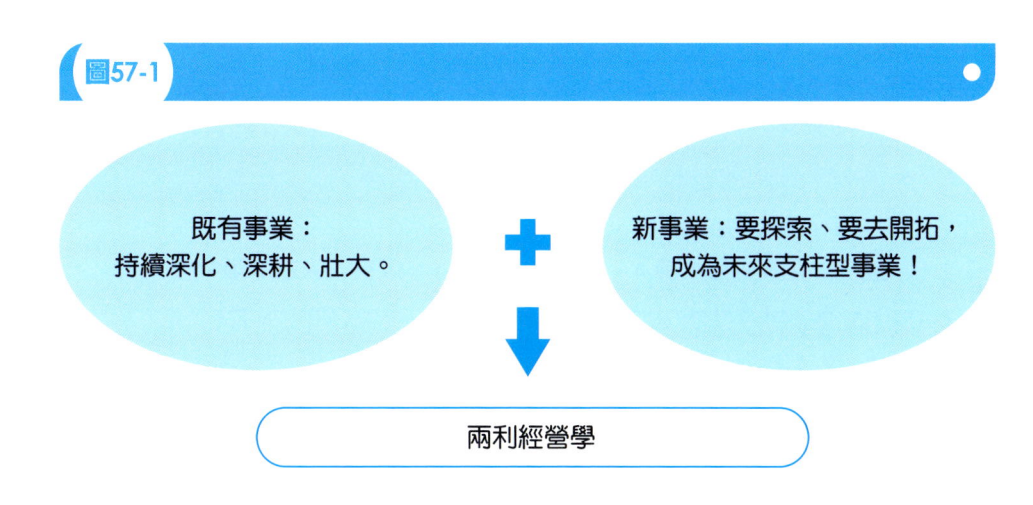

圖57-1

既有事業：
持續深化、深耕、壯大。

＋

新事業：要探索、要去開拓，成為未來支柱型事業！

↓

兩利經營學

第 57 位　日本日清食品控股總公司社長（總經理）安藤宏基

圖57-2

持續壯大品牌影響力

兩大提升

- 提升顧客忠誠度！
- 提升顧客回購率！

圖57-3

成長一路，沒有頂點！ → 保持「成長型」優良企業！

圖57-4　面對外在大環境巨變

1. 適應它！
2. 應變它！
3. 解決它！

圖57-5

「人才戰略」 → 支援全公司、全集團中長期十年戰略達成的根基！

圖57-6

成立：企業內部大學　VS.　成立：人才培訓中心

↓

培育各類專業人才、經營人才、營運人才及未來高階領導人才

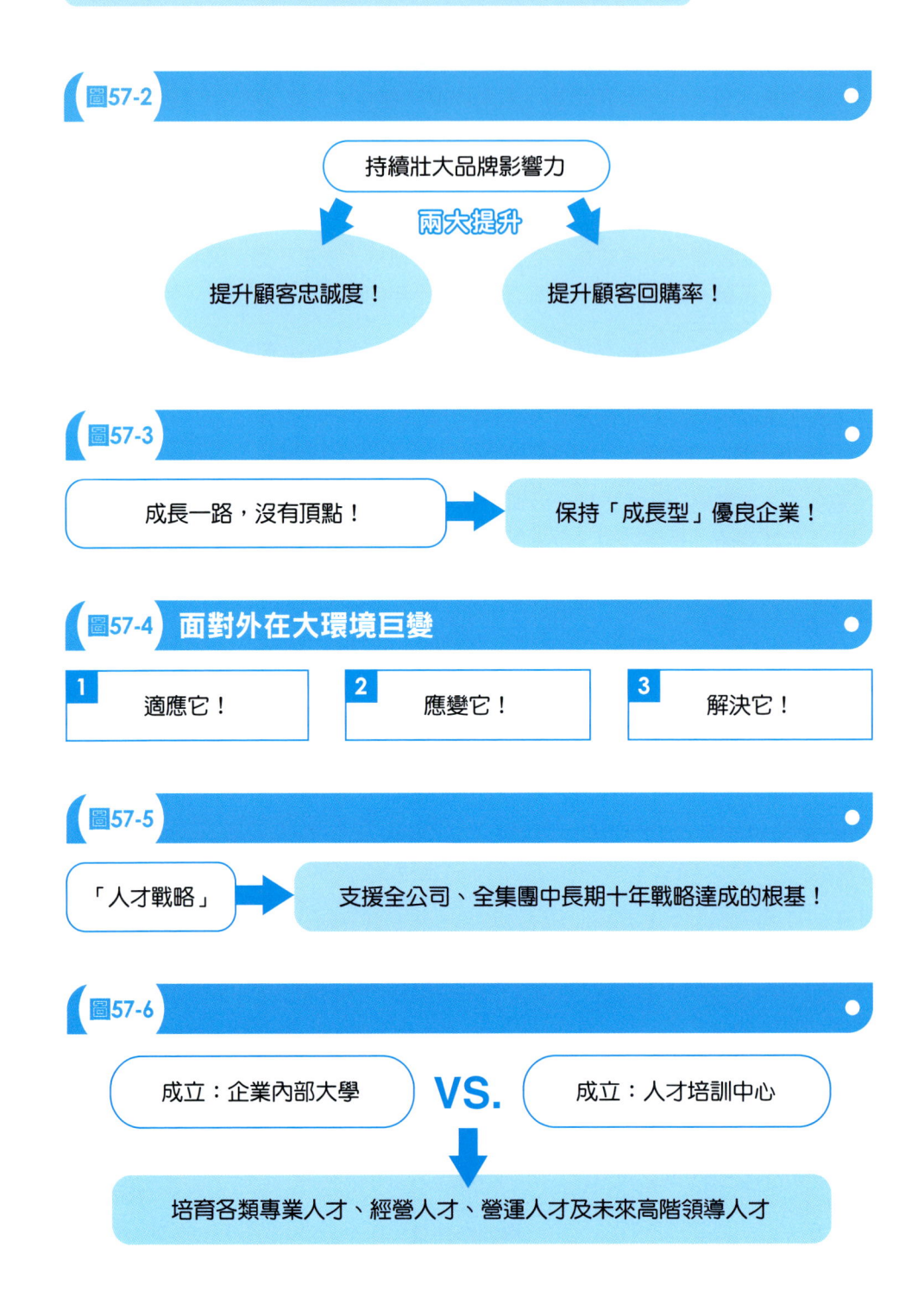

第 58 位　日本迅銷「優衣庫」(Uniqlo) 總公司創辦人柳井正

一、公司簡介

- 日本 Uniqlo（優衣庫）服飾公司是日本最大，也是全球第三大服飾公司。
- 日本迅銷公司在 2024 年度全球合併營收額高達 2.68 兆日圓（約 6,700 億台幣），全球合併營業淨利額為 3,600 億日圓（約 900 億台幣），淨利率為 13.4%。
- 日本迅銷公司的國內營收額占比為 40%，海外營收占比為 60%，海外收入已超過日本國內收入，已成為全球化公司。

二、領導人成功經營心法

1. 我的 2024 年度最新全公司經營基本方針為：
   第 4 創業期、挑戰、實行、達成。
2. 優衣庫（Uniqlo）自 1984 年創業以來，已過 30 年，如今，進入第 4 個十年，即是「第 4 創業期」。
3. 未來十年經營總願景目標，即是：
   世界第一且最大的全球化服飾領導品牌、Global No 1. Brand（全球第一服飾品牌）。
4. 未來十年（2024～2033 年）的全球合併總營收額目標訂在 10 兆日圓（約 2.5 兆台幣）；因為，過去十年來，我們營收額已成長 3 倍，那麼，到 2033 年全球營收即可達 10 兆日圓，這不是不可能。
5. 在全球行銷上，我們一定要塑造出 4 個最的品牌：
   (1) 顧客最信賴的第一品牌。
   (2) 顧客買的最安心的第一品牌。
   (3) 顧客最愛的第一品牌。
   (4) 顧客最有價值共感的第一品牌。
6. 我們要創造全球顧客有「價值共感」的事業生意，那就是：我們不只是平價／國民服飾而已，而更要有「價值共感」才行，如此，才會對我們的品牌，有好感度、認知度、忠誠度，才能永遠第一名屹立不搖。
7. 我們是「情報製造零售公司」，也就是：
   「商品流＋情報流」。也就是，我們不僅做出全球一流的優質服飾產品，

第 58 位　日本迅銷「優衣庫」（Uniqlo）總公司創辦人柳井正

而且也掌握好對服飾市場的生產、銷售、顧客的情報資訊變化與趨勢。

8. 「全球化」（Global）與「在地化」（Local）是一體的；即：「Global is local, local is global.」未來我們的商品開發，要加強各國在地化商品開發；而在地化商品也可以銷售到全球去。
9. 未來，要加強「個店化經驗」，亦即，各國門市店要依在地國的需求而彈性、調整營運，包括：商品品項、陳列、裝潢、銷售、廣告、代言人、宣傳、媒體報導、促銷、線上商城、公關活動等都是要在地化、個店化經營。
10. 要對全球各地人才投資強化，從過去以日本人為中心的經營，改為以全球在地優秀人才經營的培養、育成為方針；包括：亞洲、美洲、歐洲都是。當地經營層、店長層薪酬比日本高都行。
11. 未來全球經營新趨勢有 3 個：
    (1) ESG 永續經營；(2) 減碳經營；(3) 企業社會責任經營。
12. 我們是全球企業中，對顧客最支持的企業，因為我們：做出對顧客最好、最高品質、穿得最開心的優良服飾一條龍公司。
13. 第 4 創業期的原動力，即是：今後十年的成長曲線。

三、作者重點詮釋

（一）2030 年願景目標與經營計劃：

日本很多大型上市櫃公司都已訂定「未來中期 3～5 年」或「未來 5～10 年中長期經營計劃」，並舉行記者會，對外加以發布。這些中長期經營計劃，也可以說是訂出他們公司未來的要全力達成的願景目標；包括：

1. 國內或全球市場地位與排名。
2. 十年後的合併總營收額目標。
3. 十年後的合併獲利額目標。
4. 十年後：毛利率、營業淨利率、稅前獲利率，EPS、ROE 目標。

（二）全球化布局與在地化深耕並進經營：

大型企業最終的發展，就是強調：既是全球化，也是在地化（Globalization & Localization）。也是必須考量「全球化布局」，也要考量「在地化深耕」，兩者並進。

（三）個店化、特色店、複合店、在地店化、多元化店型營運：

觀察日本、台灣地區連鎖店業的經營，朝向 4 種多元化方向發展：

1. 個店化（個別化、個性化、非標準化店）
2. 特色店；3. 複合店；4. 在地店化。

上述 4 種多元店化的發展，將使連鎖店業者有更大的成長發揮空間，也是一種不斷革新、創新的好結果。

四、重點圖示

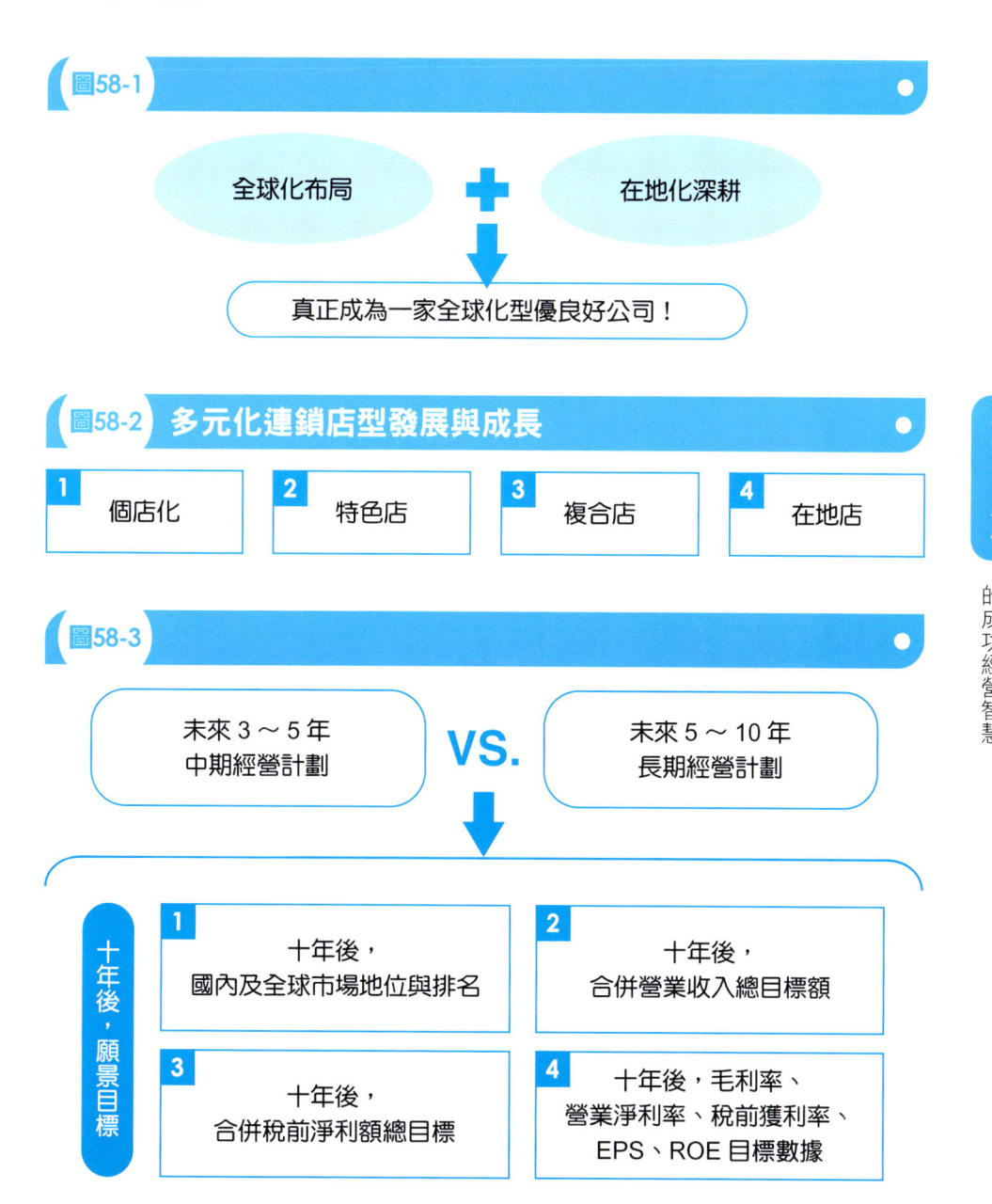

圖58-1

全球化布局 ＋ 在地化深耕

↓

真正成為一家全球化型優良好公司！

圖58-2　多元化連鎖店型發展與成長

| 1 個店化 | 2 特色店 | 3 複合店 | 4 在地店 |

圖58-3

未來 3～5 年
中期經營計劃
VS.
未來 5～10 年
長期經營計劃

↓

十年後，願景目標

1. 十年後，國內及全球市場地位與排名
2. 十年後，合併營業收入總目標額
3. 十年後，合併稅前淨利額總目標
4. 十年後，毛利率、營業淨利率、稅前獲利率、EPS、ROE 目標數據

第 59 位　日本花王總公司社長　長谷部佳宏

一、公司簡介

- 日本花王是日本第一大，也是全球知名的日常消費品製造公司。
- 日本花王在 2024 年度，全球合併營收額達 1.55 兆日圓（約 3,900 億台幣），全球合併營業淨利額為 1,100 億日圓（約 275 億台幣）。
- 日本花王的各事業部營收占比為：
  1. 日常消費品：34%
  2. 皮膚、保養品：24%
  3. 化學品：23%
  4. 化妝品：16%
  5. 其他：4%
- 日本花王的全球各地區營收占比：
  1. 日本：57%
  2. 亞洲：21%
  3. 美國：120%
  4. 歐洲：10%
- 日本花王在全球有 37 個生產據點，全球子公司有 111 個公司，產品銷售到全球 100 個國家。
- 花王知名品牌有：花王、Bioré、一匙靈、妙而舒、sofina、逸萱秀、Curel、佳麗寶、KATE、media 媚點……等。

二、領導人成功經營心法

（一）花王之強：花王創新的 5 大源泉為：
1. 創造力（商品創造、開發）。
2. 技術力（開放型創新技術）。
3. 人才力（集結多樣化優良人才）。
4. 品牌力（全球 71 個品牌群）。
5. 企業文化中（花王之道的實踐）。

（二）要斬斷退路，永遠繼續往前快走。

（三）花王價值創造（value creation）的 4 個資本來源：
1. 人才資本。
2. 財務資本。
3. IP 智產權、商標、專利資本。
4. 製造設備資本。

（四）對「事業經營組合管理」（business portfolio），要不斷優化、不斷調整、不斷汰劣存優，不斷提升經營績效指標。
（五）花王的基本戰略：往變革再加速！再造一個強大的新花王！
（六）2025～2030年，推出「K25」計劃，即「花王五年中期經營計劃」，做為未來五年的行動總指引。
（七）要開啟「ESG 經營」，要對 ESG 有重大貢獻。
（八）花王全球人才成長策略有 4 重點。
　　1. 個人培訓成長策略（加強教育訓練投資，提升每個員工成長）。
　　2. 組織力最大化策略（要多樣化人才招聘、人才組合再充實、未來人才戰略配置、人才工作動機再提升）。
　　3. 工作效率化、效能化策略（工作績效 3 倍提升）
　　4. 人才成長環境優化策略（員工薪資、獎金、晉升、福利再加強）。
（九）花王的銷售與行銷戰略，包括：
　　1. 要深化對消費者、對顧客生活的了解、洞悉。
　　2. 要提供新的「生活價值提案（life value solution）」。
　　3. 要強化忠誠度行銷（loyalty marketing）之加強。
　　4. 從過去大量產品、大量行銷，轉向嚴選商品及信賴忠誠行銷轉換。

三、作者重點詮釋

（一）花王之強，花王創新的 5 大源泉：
　　創造力、技術力、人才力、品牌力、企業文化力；花王是日本最大日常消費品公司，也是一家不斷創新的公司，它的創新來自五種源泉，如下：
　　1. 創造力（指新商品創造、開發）。
　　2. 技術力（指創新技術）。
　　3. 人才力（指集合多樣化優良人才）。
　　4. 品牌力（合計推出 71 個品牌之多）。
　　5. 企業文化力（即花王之道的實踐）。

（二）要斬斷退路，永遠繼續往前快走：
　　花王領導人認為，企業經營不應心存退縮、退怯，反而更應斬斷退路，背水一戰，永遠繼續往前快走，以及必要的轉型變道前進。

（三）花王「價值創造」的 4 個資本來源：
　　花王公司認為「價值創造」（value creation），主要植根於 4 個資本來源：
　　1. 人才資本（要有人才）。　　3. IP 智產權資本（要有 IP 權）。
　　2. 財務資本（要有錢）。　　　4. 製造設備資本（要有好設備）。

第 59 位　日本花王總公司社長長谷部佳宏

在上述四項齊全完備下，企業自然可以不斷做出「價值創造」及「高質化經營」。

(四) 往變革再加速，再造一個強大新花王：

花王認為：未來的成功，要仰賴加速的變革才行，切不可延滯、拖延重要的各種變革及改革，才能再造強大新花王。

(五) 花王全球人才成長策略 4 重點：

花王提出對全球人才成長策略，應該著重在 4 重點，才能養出更多、更好的全球人才：

1. 加強對個人培訓成長（即對每位員工加強教育訓練的投資）。
2. 打造組織能力最大化（即對每一個部門、每一個單位、每一個工廠，都能養成強大的組織戰鬥力）。
3. 加倍工作效率化，效能化（對每位員工工作績效 3 倍提升）。
4. 人才激勵、獎勵再優化（加強對員工的薪水、獎金、分紅、福利、晉升等之增加激勵）。

(六) 花王行銷成功 4 重點：

花王在日本，除技術力強大外，行銷也很成功，主要掌握 4 重點：

1. 要不斷深化對顧客需求及生活方式的了解與洞悉。
2. 要不斷對顧客有好的「生活價值」提案。
3. 持續強化「忠誠度行銷」的運作目標。
4. 要為顧客嚴選商品，新商品要嚴選後才能上市。

四、重點圖示：

圖59-1　花王：創新 5 大源泉

1. 創造力
2. 技術力
3. 人才力
4. 品牌力
5. 企業文化力

圖59-2

要斬斷後路！永遠繼續往前走！

圖59-3 花王「價值創造」4個資本來源

| 1 人才資本 | 2 財務資本 | 3 IP 智產權資本 | 4 製造設備資本 |

圖59-4

往變革再加速！ → 再造一個強大的花王！

圖59-5 花王人才成長 4 重點

| 1 加強對每個員工的教育訓練 | 2 打造組織團隊能力最大化 | 3 加倍工作效率及效能提升 | 4 對人才激勵、獎勵再優化 |

圖59-6 花王行銷成功 4 要點

| 1 不斷深化對顧客生活的了解及洞悉 | 2 不斷提出顧客生活價值提案 | 3 持續強化「忠誠度行銷」 | 4 為顧客嚴選商品 |

第 60 位　日本永旺（AEON）零售集團社長（總經理）吉田昭夫

一、公司簡介

- 日本永旺（AEON）零售集團是日本第一大而且是全球第十大的零售公司。
- 日本永旺在 2024 年度合併營收額達 8.7 兆日圓（約 2.17 兆台幣），合併獲利額為 2,000 億日圓（約 500 億台幣），獲利率為 2.3%。
- 日本永旺零售集團總資產為 11.6 兆日圓、總資本額為 9,000 億日圓，總員工人數達 56 萬人，全球總店數達 2 萬店（日本 1.61 萬店，海外 3,800 店），全球會員卡數為 9,000 萬卡，海外有 14 個國家進入。
- 日本永旺零售集團到 2030 年度目標為：
  1. 合併營收：11 兆日圓
  2. 合併獲利：3,800 億日圓
  3. 獲利率：3.5%
  4. ROE：7%
- 日本永旺集團的事業，包括：
  1. 大型綜合量販店
  2. 中小型超市
  3. 藥局連鎖
  4. 綜合金融（銀行、保險）
  5. 折扣店
  6. 各式專門店
  7. 海外亞洲事業

二、領導人成功經營心法

1. 永旺使命：永遠為顧客需求及社會繁榮而貢獻。
2. 要經常站在顧客立場而經營。
3. 提供最便宜價格及最安心品質的商品經營。
4. 持續強化提升對顧客需求的價值。
5. 持續成功推進自有品牌（private brand，簡稱 PB）「TOPVALU」的擴大經營，此自有品牌每年已創造 8,400 億日圓的很大貢獻。
6. 藉由 9,000 萬會員卡紅利點數生態圈而強化會員對我們永旺的忠誠度。
7. PB（自有品牌）商品有兩種：
   (1) 平價「TOPVALU」；(2) 中高價「premium」（超值）。
8. PB 商品的成功，就是因為我們傾聽了顧客的聲音，而做出好的 PB 商品企畫及開發。
9. 永旺要帶給顧客「健康」+「幸福感」的零售生活圈打造。

10. 加速 OMO（線上＋線下全通路行銷）的完成。
11. 集團及海外事業必須進行「事業經營組合」的汰劣存優，讓所有事業都可以有更好獲利及未來性。
12. 加速落實減碳經營及地球環境保護。
13. 零售業是仰賴人力很大的行業（集團有 56 萬人員工），故要對人才資本加強投資。
14. 人才育成，是永遠不可缺的，包括三類人才：
    (1) 經營型人才；(2) 各種專業型人才；(3) 海外當地人才。
15. 堅持公司透明、公正、正派、公平、永續的 ESG 經營學。
16. 永遠堅持「顧客第一」。
17. 從傾聽聲音（voice）與意見中，獲得對新產品開發及既有產品改良的創意想法：
    (1) 顧客聲音；(2) 第一線員工聲音。
18. 持續打造、提升、深耕 PB 商品（TOPVALU）的強大品牌影響力。
19. 要不斷持續的對創造「獨特、獨一無二」商品價值的挑戰。
20. 未來到 2030 年的五大變革重點為：
    (1) 以顧客為接點的數位化轉型加速前進。
    (2) 對 PB（自有品牌）商品的創新、發想、獨特性價值創造，永不停止。
    (3) AEON 零售地區生活圈的創造。
    (4) 對亞洲市場的加速成長。
    (5) 對應新時代的健康、營養、藥局、預防醫療事業的推進。

三、作者重點詮釋

（一）持續成功推出「零售自有品牌」（PB）產品開發及經營：

日本最大永旺零售集團已經在過去十年中，成功推動「自有品牌」（TOPVALUE）（頂端價值）的開發及經營，每年創造 8,400 億日圓的銷售業績，可說非常成功典範，值得台灣零售業者學習借鏡。

（二）會員紅利點數經濟與生態圈：

日本永旺零售集團全球有 9,000 萬人會員卡（或行動 App），經由它多樣化的零售業種，串成一個「會員紅利點數經濟」及「會員紅利點數生態圈」的重要經營，可以更鞏固 9,000 萬人會員的黏著度及忠誠度。

（三）加速 OMO 推動（線下＋線上，全通路行銷邁進）：

現在，不管是消費品公司產品要上架，或是零售業經營通路，都在強調 OMO 線上＋線下全通路行銷模式的大力推進，為顧客創造最大的方便性、便利性及選擇性。

第 60 位　日本永旺（AEON）零售集團社長（總經理）吉田昭夫

（四）從 VOC（傾聽顧客聲音）中，搜集對既有產品改良及新產品推出的好創意想法：

日本永旺零售集團過去十年中，從顧客及第一線門市店員工中，認真傾聽他／她們對 PB（自有品牌）產品的一些很好意見、想法、需求及創意，因此，使得 PB 產品能夠有今天的成功。

四、重點圖示

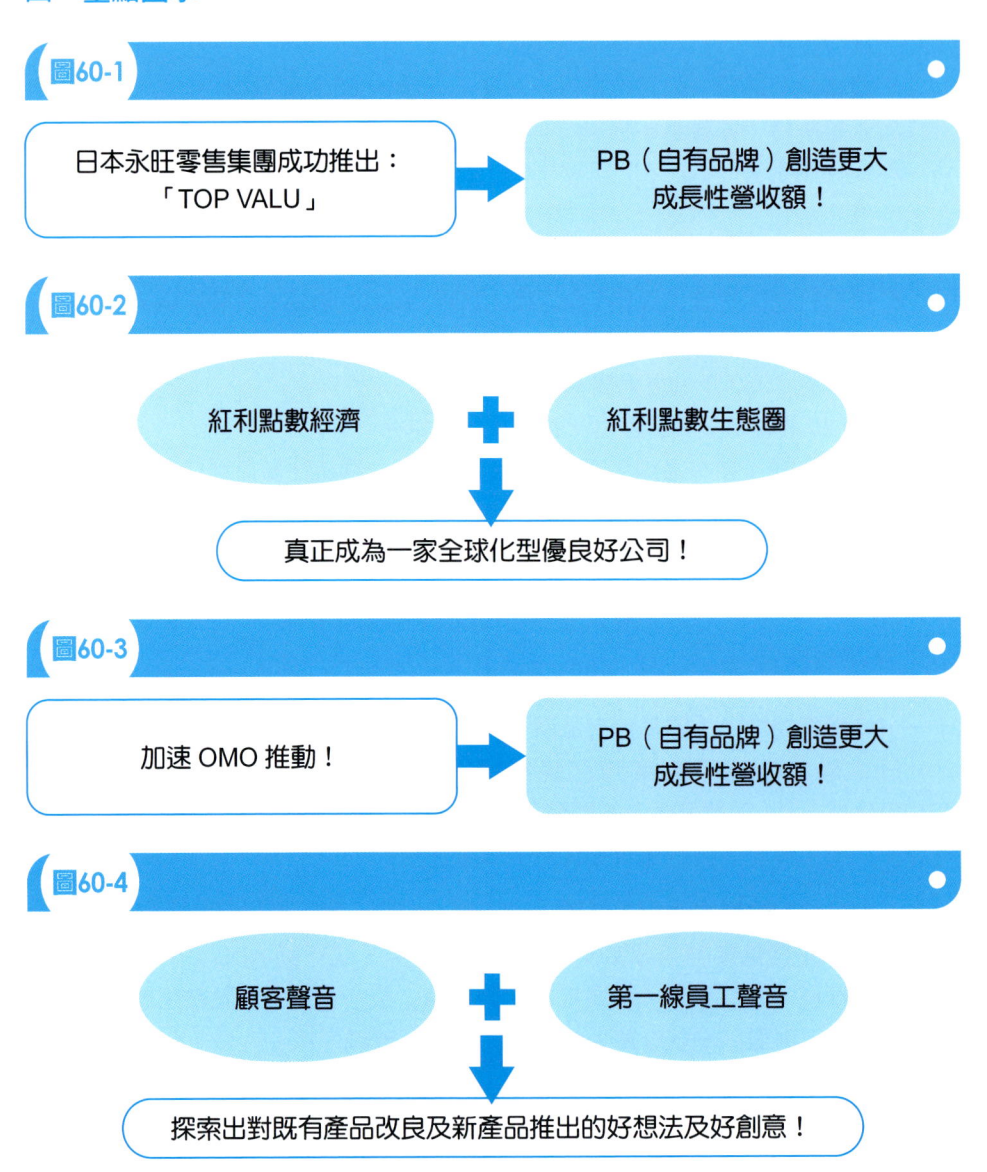

圖60-1

日本永旺零售集團成功推出：「TOP VALU」 → PB（自有品牌）創造更大成長性營收額！

圖60-2

紅利點數經濟 ＋ 紅利點數生態圈
↓
真正成為一家全球化型優良好公司！

圖60-3

加速 OMO 推動！ → PB（自有品牌）創造更大成長性營收額！

圖60-4

顧客聲音 ＋ 第一線員工聲音
↓
探索出對既有產品改良及新產品推出的好想法及好創意！

第 61 位　日本 SONY（索尼）總公司會長兼社長（總經理）吉田憲一郎

一、公司簡介

- 日本 SONY 是日本大型全球化公司，2024 年全球合併總營收額高達 11.5 兆日圓，合併淨利達 1.2 兆日圓，獲利率為 10%，EPS 為 754 日圓，日本股價為 12,000 日圓之高。
- 日本 SONY 公司有 6 大事業體，包括：電影、音樂、電玩、電子、半導體、金融等，其中，以電影＋音樂的娛樂事業營收額最高，占 6.4 兆營收額。
- 日本 SONY 在全球員工總人數達 2.3 萬人之多。

二、領導人成功經營心法

1. SONY 品牌就是要帶給全球消費者感動、娛樂、安心之感受的全球化企業。
2. 日本 SONY 有 6 大事業體，每個事業體差別很大，因此，為追求多樣化的事業成長，就必須要有多樣化的人才需求；人才是最重要的，尤其是「經營型」人才育成，更是重中之重。
3. 企業一定要用長期觀點來經營，並且努力使企業價值不斷向上再提升。
4. 要運用兩力（創造力＋科技力），做出令人感動的產品，來感動全球消費者。
5. 要持續投資 1 兆日圓以上在 IP（智產權內容）上，創造更多、更好、更長久的電影、音樂、電玩 IP 內容價值出來，並使 IP 價值最大化。
6. 未來的 SONY 要持續聚焦在 6 大事業體上，發揚光大，並持續它們的競爭優勢及競爭力，做好這 6 大本業即可。沒有競爭力的，我們 SONY 絕對不去做。

三、作者重點詮釋

（一）為追求多樣化的事業成長，就必須要有多樣化的人才：

日本 SONY 公司有六大不同的事業體，為達成它們的成長，企業必須努力尋求更多樣化的人才，來支撐及負責 6 大事業體的共同成長，所以，多樣化人才組合運用，就是一件大事，必須做好它。

第 61 位　日本 SONY（索尼）總公司會長兼社長（總經理）吉田憲一郎

（二）企業一定要用長期觀點來經營，並不斷向上提升企業價值：

　　企業經營絕不能短線經營，任何投資、任何決策，不能只看到三年、五年而已；而是要看到十年、二十年、三十年、五十年之後的企業何去何從的長期（long-term）觀點才是正確的。

（三）企業要做自己擅長、自己有核心競爭力的事業：

　　企業雖然會從事多樣化、或多角化或週邊化的事業體，但必須切記一條原則，即是：要做自己擅長、自己有核心競爭力（core competence）的事業體；絕不能跨行做自己很不熟悉、很沒競爭力的事業，那註定會失敗的。

四、重點圖示

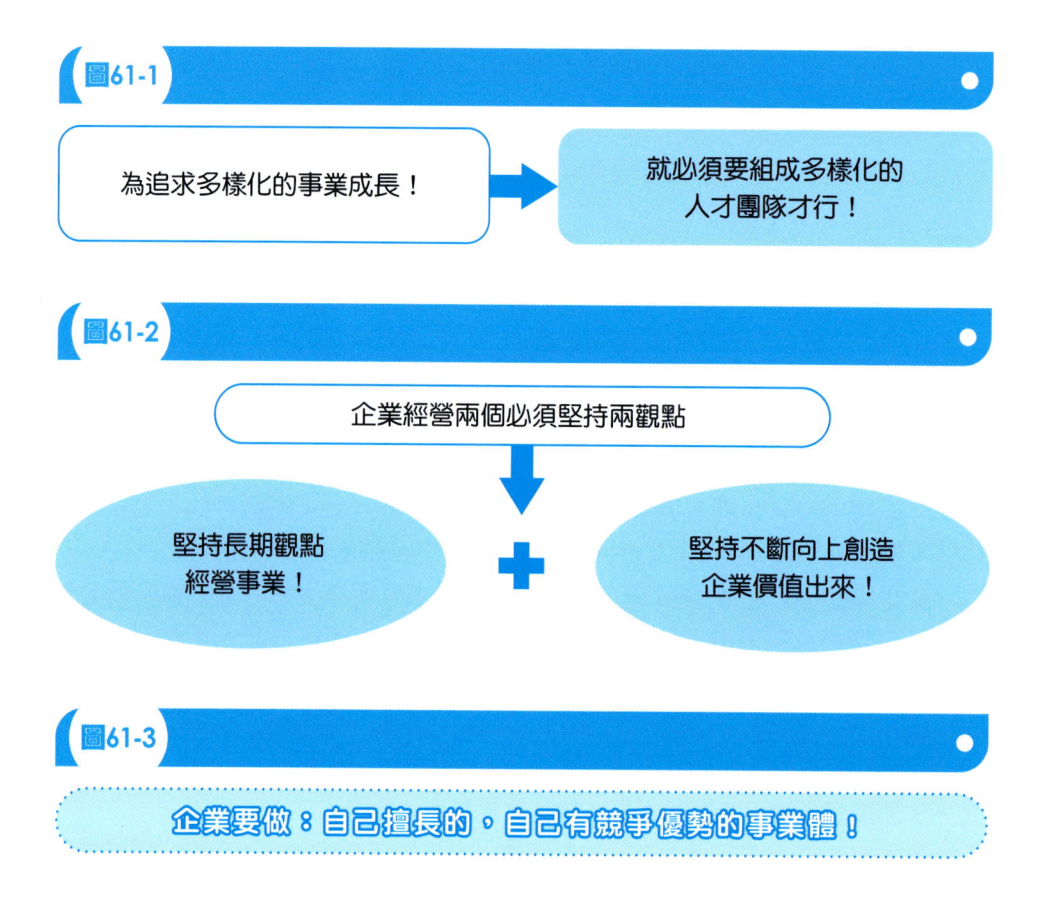

圖61-1

為追求多樣化的事業成長！ ➡ 就必須要組成多樣化的人才團隊才行！

圖61-2

企業經營兩個必須堅持兩觀點

堅持長期觀點經營事業！ ＋ 堅持不斷向上創造企業價值出來！

圖61-3

企業要做：自己擅長的，自己有競爭優勢的事業體！

第 62 位　日本 LAWSON（羅森）便利商店公司社長（總經理）竹增貞信

一、公司簡介

- 日本 LAWSON（羅森）便利商店連鎖店是日本第二大超商，在日本國內計有 1.48 萬店，海外店則有 4,800 店，合計全球 1.96 萬店。
- 日本 LAWSON 在 2024 年合併總營收額達 2.44 兆日圓，合併淨利額為 470 億日圓，淨利率為 2%，EPS 為 178 元，ROE 為 6.6%，日本國內總員工數為 5,200 人。
- 日本 LAWSON（羅森）國內超商店營收額為 4245 億日圓，另有成城石井超市的營收額為 1,086 億日圓，海外營收 800 億日圓，娛樂收入 629 億日圓，金融收入為 336 億日圓。

二、領導人成功經營心法

1. 我們所處的超商及超市業，是一個「隨時必須面對變化及應對變化的行業」，也是「一個變化非常快速的行業」。
2. 我們必須訂定「願景：2030 年的中長期經營計劃」，為未來十年做好長期成長戰略規劃及目標。
3. 大環境劇烈變化，使我們必須做出「大變革」，並成立各種「變革委員會」來專責，包括：
   (1) 商品創新變革委員會。
   (2) 店型創新變革委員會。
   (3) 物流變革委員會。
   (4) SCM（供應鏈）變革委員會。
   (5) 工作方法精進變革委員會。
   (6) ESG 推進委員會。
   (7) 集團事業組合優化委員會。
   (8) 店內設置廚房精進委員會。
   (9) 獲利結構精進委員會。
   (10) 營收創新變革委員會。
4. 我們 LAWSON（羅森）超商要持續精進帶給消費者六合一的東西，即：
   (1) 美味產品。
   (2) 健康、安心的信賴。
   (3) 品質的保障。
   (4) 便利（方便性）的快速。
   (5) 寬敞明亮、體驗良好的門市。
   (6) 不斷求新、求變、求更好的好鄰居。
5. 要把「LAWSON（羅森）」品牌價值繼續向上升高，成為最值得顧客信賴的「超商品牌」。

第 62 位　日本 LAWSON（羅森）便利商店公司社長（總經理）竹增貞信

6. 更要積極推進 ESG 減碳、減塑、減廢、保護地球、回饋社會本土。
7. 還是要不斷提升「顧客滿意度」，以超越 95%滿意為努力目標。
8. 持續推動高附加價值的 PB（自有品牌）產品，創造我們 LAWSON 店的差異化特色與真誠努力。
9. 要快速呼應顧客的需求及聲音，去開發顧客所需要的創新產品及創新服務。

三、作者重點詮釋：

（一）我們超商及超市行業，是一個：

1. 變化非常快速的行業。
2. 隨時必須面對變化及應對變化的行銷

日本大型超商 LAWSON（羅森）認為超商及超市，都是一個必須面對快速變化與面對快速應變的一個行業，因此，必須具有 (1) 更大彈性 (2) 更大靈活性、(3) 更大敏捷性 (4) 更大機動性 (5) 更大創新性等五大條件，才能在此行業中勝出。

（二）面對大環境巨變，我們也必須做出「大變革」，成立各種「變革委員會」：

面對外部大環境巨變，企業唯有以「大變革」及「變革委員會」組織型態，來做因應，才能存活下來。

（三）我們已訂好：「Vision 2030：願景 2030 年的中長期成長戰略經營計劃」：

日本大型公司或集團控股公司，經常會訂定未來 5～10 年的中長期成長戰略經營計劃，明列到願景 2030 年時之營運績效指標及成長戰略途徑，做為行事根本大計與堅定方向，值得台灣大型公司借鏡參考。

（四）要持續把「LAWSON」（羅森）品牌價值，繼續向上提升，使它成為顧客「最信賴」的「超商品牌」：

產品有品牌、公司也會有品牌，公司更要重視它自身的品牌，日本「LAWSON」（羅森），就是要把它打造成最受信賴的日本超商界品牌，並不斷提升它的品牌資產價值。

（五）仍要持續努力提升顧客滿意度達 95%以上目標數值：

顧客滿意度（Customer Satisfaction Index，CSI）是任何一個零售業、餐飲業、服務業必須高度重視的一個指標，必須做到 95%以上指數，才算是一個卓越的企業，CSI 也是一個不斷策勵自己不斷卓越的一個重要營運指標。

（六）不只要去呼應顧客需求，更要主動去挖掘、設想顧客的未來需求：

做行銷，不只要滿足顧客需求或是聽取顧客意見，而更是要能主動去挖掘、設想、發現顧客的未來潛在需求。

四、重點圖示

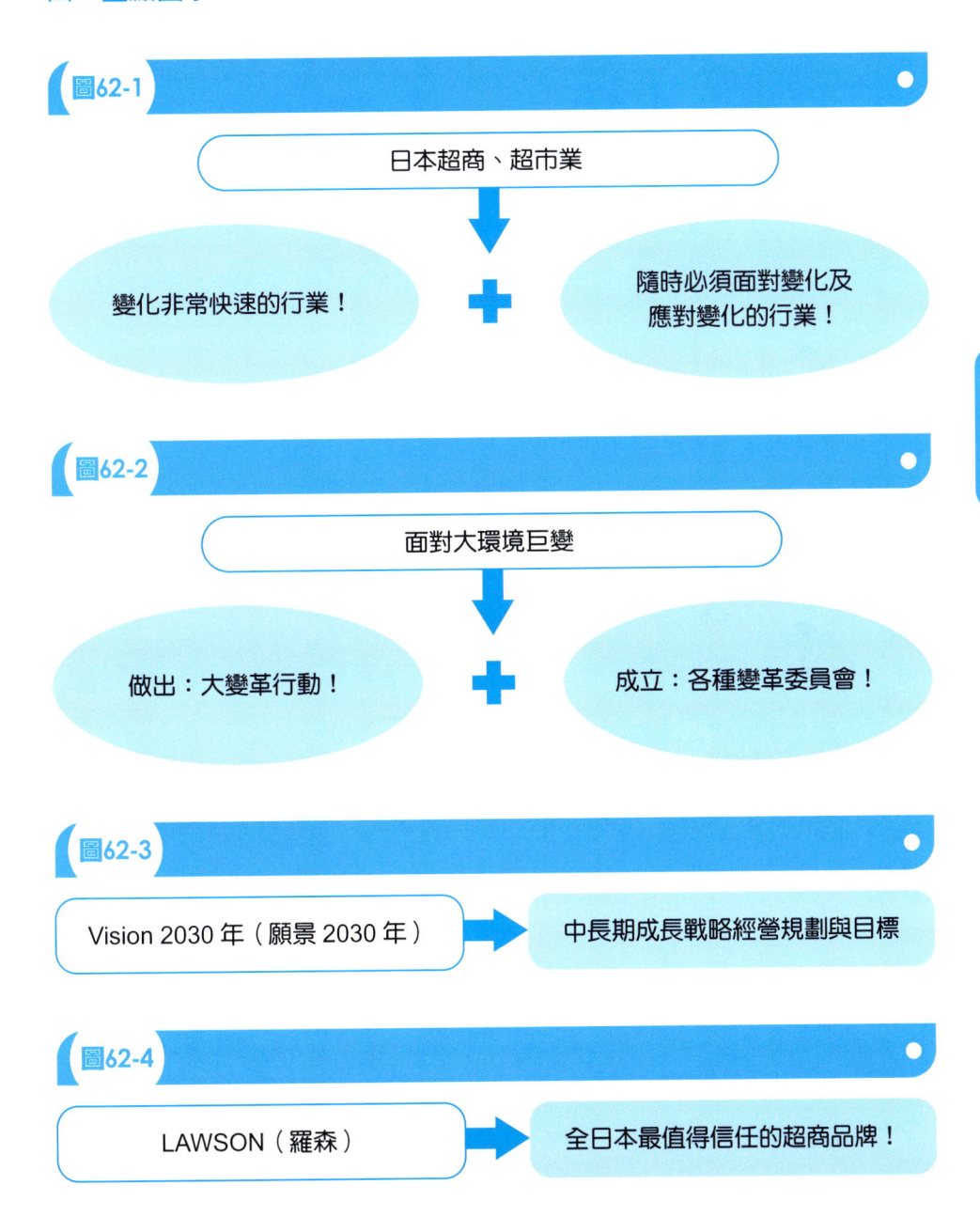

圖62-1

日本超商、超市業
↓
變化非常快速的行業！ ＋ 隨時必須面對變化及應對變化的行業！

圖62-2

面對大環境巨變
↓
做出：大變革行動！ ＋ 成立：各種變革委員會！

圖62-3

Vision 2030 年（願景 2030 年） → 中長期成長戰略經營規劃與目標

圖62-4

LAWSON（羅森） → 全日本最值得信任的超商品牌！

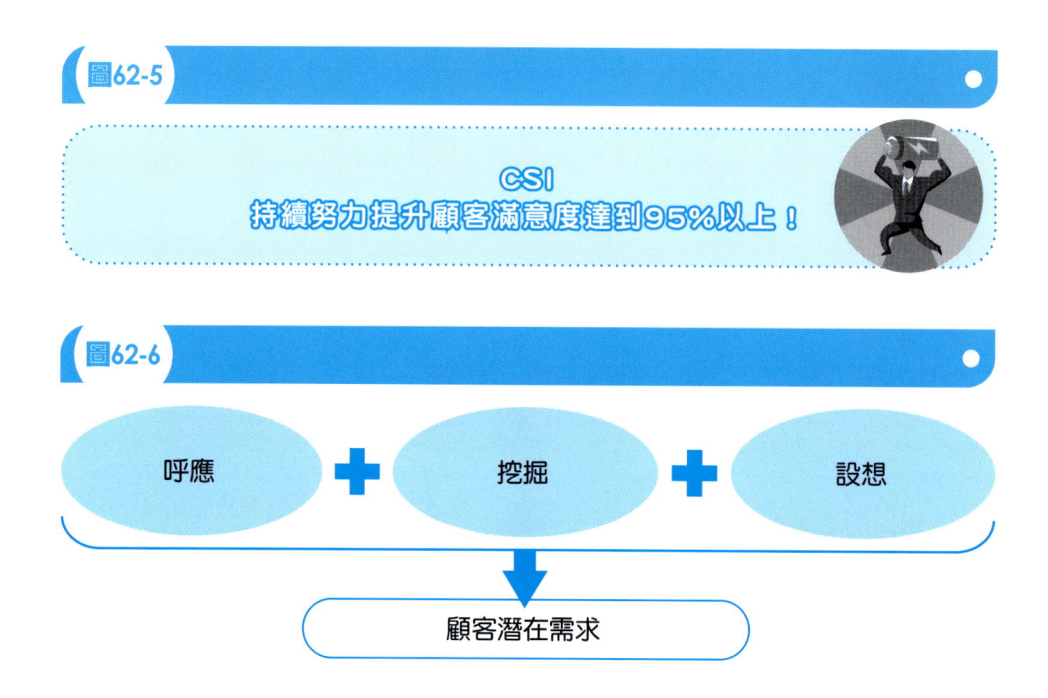

第 62 位　日本 LAWSON（羅森）便利商店公司社長（總經理）
　　　　　竹增貞信

圖62-5

CSI
持續努力提升顧客滿意度達到95%以上！

圖62-6

呼應 ＋ 挖掘 ＋ 設想

↓

顧客潛在需求

第 63 位　日本無印良品社長（總經理）堂前宣夫

一、公司簡介
- 日本販賣衣服雜貨、生活雜貨、食品雜貨的大型、知名連鎖店。
- 無印良品在 2024 年度營收額為 5,800 億日圓（約 1,450 億台幣），獲利額為 300 億日圓（約 75 億台幣），EPS 為 70 日圓。
- 無印良品在日本國內有 535 店，海外有 609 店，合計 1,144 店；日本營收額占 60％，海外營收額占 40％。海外市場以中國、東南亞、台灣為主力。
- 無印良品總品項數為 3.5 萬件，ROE 為 10％，全球會員卡人數（Muji passport）達 7,000 萬人。
- 無印良品於 1980 年創立，已 45 年，在全球 32 個國家設立銷售。

二、領導人成功經營心法
1. 公司使命：強調「人＋自然＋商品」，提供人類與社會更好的生活，並對人類有貢獻。
2. 我們最重視的是：誠實的品質及倫理。
3. 要持續努力提升企業的長期價值（long-term value）。
4. 商品的 3 個基本考量：必須從地球環境及人類社會來考量，包括：
    (1) 素材的選擇：健康、品質、平價。
    (2) 工程的點檢：勿太複雜的製造流程。
    (3) 包裝簡化。
5. 提供顧客最實用東西。
6. 抓緊專注且分眾的「10％顧客經營學」。

三、作者重點詮釋

（一）要持續努力提升企業的長期價值（long-term value）：

無印良品公司認為全部的努力，都是為了企業的「長期價值」（long-term value），而不是短期價值；所以，無印良品堅持它的長期且永續性的經營下去，並要創造更高價值，才算是成功的企業。

第 63 位　日本無印良品社長（總經理）堂前宣夫

（二）提供顧客最實用且最誠實品質的好東西：

日本無印良品認為提供顧客最實用、最誠實品質的好東西，是他們一直持守的，所以，健康、品質、平價、環保、簡單設計等五項即成為他們的基本產品開發守則。

四、重點圖示

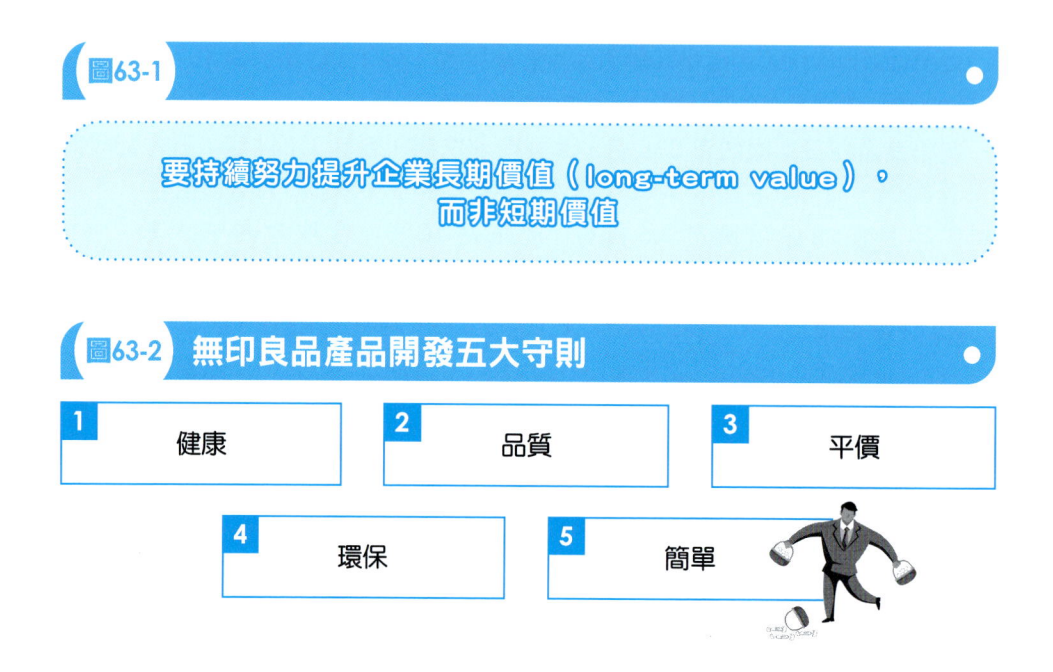

圖 63-1

要持續努力提升企業長期價值（long-term value），而非短期價值

圖 63-2　無印良品產品開發五大守則

1 健康	2 品質	3 平價
4 環保	5 簡單	

第 64 位　日本三得利（Suntory）控股公司社長（總經理）新浪剛史

一、公司簡介

- 日本三得利為日本知名的食品、飲料、酒類、健康食品等大型公司；創立於 1899 年，迄今已 124 年之久，全球總員工人數達 4.1 萬人；2024 年全球合併總營收達 2.65 兆日圓，合併淨利 2,700 億日圓，總公司在大阪及東京：
- 日本三得利公司日本營收額占比為 50%，海外營收占比亦為 50%。
- 日本三得利的食品及飲料營收占比為 54%，酒類占比 35%，健康食品占比為 11%。
- 日本三得利的食品飲料產品包括：茶飲料、咖啡、運動、碳酸、礦泉水等。

二、領導人成功經營心法

1. 要走困難道路，絕對不走順遂道路。
2. 要保持長期永續經營的價值觀，繼續邁向 200 週年。
3. 我們的產品及服務，一定要對人類及社會的健康及幸福生活帶來貢獻。
4. 堅持創辦人的「利益三分主義」，即：
   (1) 對顧客、供應商有利益。
   (2) 對社會發展有利益。
   (3) 最後，才是對公司有利益，包括對公司的員工及大眾小股東有利益。
5. 要確保「passion for challenge」，即：全員為挑戰而堅持高度熱情。
6. 堅定「All for the Quality」，要為高品質盡最大努力，包括：
   (1) 遵守法令。
   (2) 確保食安。
   (3) 誠實信念。
   (4) 以國際標準要求。
7. 經由顧客寶貴的聲音，創造出新價值出來，包括：
   (1) 每年搜集 7 萬個顧客意見。
   (2) 真正落實顧客導向。
   (3) 成立「顧客中心」單位，接聽客人意見。
   (4) 深化顧客第一的經營理念。
8. 邁向全球化企業。
9. 真正落實 ESG 永續發展的各種要求。

第 64 位　日本三得利（Suntory）控股公司社長（總經理）新浪剛史

三、作者重點詮釋

（一）堅持「利益三分主義」：

日本三得利公司堅持「利益三分主義」，也就是企業經營，不只是為自己一份利益而已，而是要分為三份利益，包括：1.對顧客的利益 2.對社會的利益 3.對自己公司的利益；如此，才是有意義、有貢獻的公司。

（二）每年搜集 7 萬個顧客意見：

日本三得利公司每年搜集超過 7 萬個顧客意見，從這裡可以去創造出更高價值的產品及服務出來。

四、重點圖示

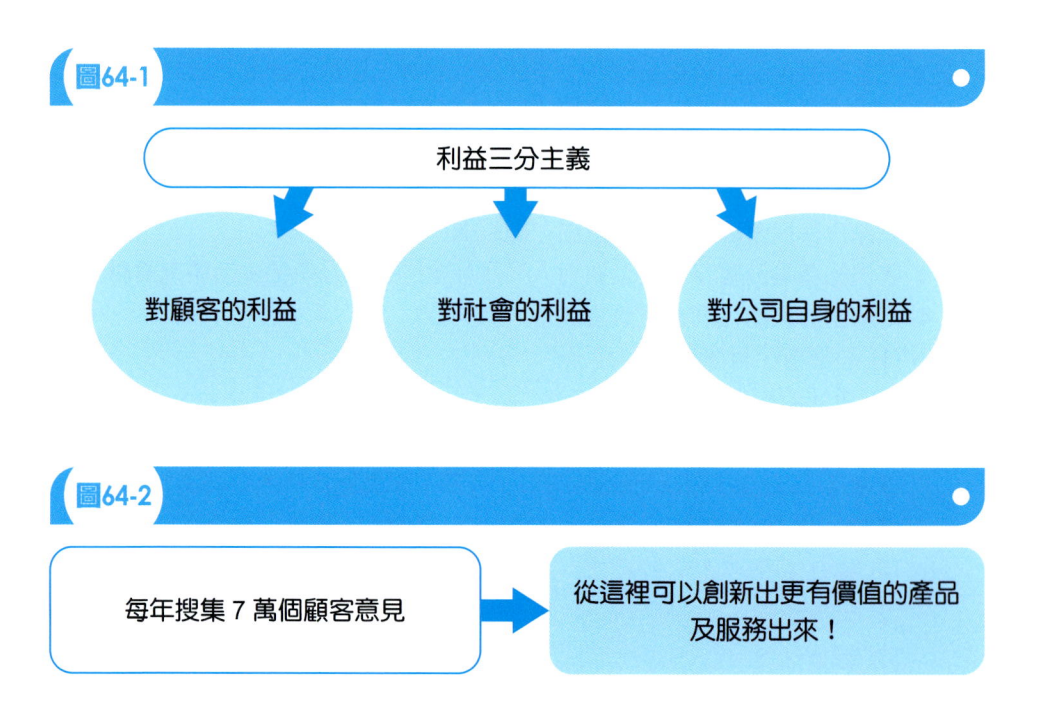

圖64-1

利益三分主義
- 對顧客的利益
- 對社會的利益
- 對公司自身的利益

圖64-2

每年搜集 7 萬個顧客意見 → 從這裡可以創新出更有價值的產品及服務出來！

第 65 位　日本 Welcia 藥妝連鎖店社長（總經理）松本忠久

一、公司簡介
- 日本 Welcia 是日本最多店的藥妝連鎖店,與松本清並列全日本第一大藥妝連鎖店。
- 日本 Welcia 目前在日本有 2,800 店,2024 年度營收額達 1 兆日圓,營業淨利額為 450 億,淨利率 4.5%;員工人數高達 5.6 萬人,藥劑師有 6,800 人,美妝師 2,600 人。
- 日本 Welcia 的品類營收占比為:醫藥品(20%)、配調藥(20%)、美妝(16%)、食品(22%)、日用雜貨(15%)。
- 日本 Welcia 的 24 小時店占 20%。
- 日本 Welcia 門市型態為調藥室＋美妝;另有老人介護服務公司。

二、領導人成功經營心法
1. 近幾年環境與社會變化很大,本集團也跟著變化很大,必須不斷進行「變革」才行。
2. 本公司強調兩個經營特色:
   (1) 專業性:有藥劑師 6,800 人
   (2) 方便性:有 24 小時無休店,占 2,800 店的兩成,即 560 店有此服務。
3. 我們一直在努力成為「CSV 企業」(即:Creating Share Value;創造共享價值的企業);亦即,必須兼顧兩個價值,一為企業經濟價值,二為社會價值。社會價值即為 ESG 價值,經濟價值即為企業獲利價值。
4. 企業的新價值(new value)要不斷向上提升。
5. Welcia 未來營運的 4 大主軸:
   (1) 深夜營業(兩成店 24 小時店,擴大到五成店 24 小時營運)。
   (2) 老人介護事業。
   (3) 藥局事業。
   (4) 複合店事業。
6. Welcia 要徹底追求「差異化」、「差別化」策略,才能在激烈競爭中勝出。
7. Welcia 與製造大廠合作,推出自有品牌(PB)商品,提供平價、獨創、高附加價值產品給顧客。
8. Welcia 高度重視並分析日本外部大環境變化,包括:少子化、老年化、醫療費增大、都市集中化、地方衰退化、生活型態多樣化、數位加速化、新冠疫情後期、氣候變化、中老年人再就業。

第 65 位　日本 Welcia 藥妝連鎖店社長（總經理）松本忠久

9. 我們的企業願景：「在社會大平台生活中，我們提供最優質的、最完善的藥局＋美妝＋介護門市店經營者」。
10. Welcia 門市店強調三合一的服務強化；即：營業、藥局、美妝。
11. Welcia 的未來 6 大策略，以及今後中長期戰略方向性：
    (1) 每年持續 120 淨增加店數邁進。
    (2) PB 自有品牌商品再大力推動。
    (3) ESG 永續經營落實。
    (4) 專業藥妝總合店再進化目標。
    (5) 往 health（健康）領域再強化。
    (6) 三年（2023～2026 年）中期經營計劃與目標的落實。
12. Welcia 在數年後，2026 年經營指標為：
    (1) 合併營收額：1.3 兆日圓
    (2) 合併獲利額：650 億日圓
    (3) 獲利率：5%
    (4) ROE：14%
13. 我們要對「人才資本」的高度重視與實踐經營：
    (1) 多樣化人才組成。
    (2) 經營型人才養成。
    (3) 藥劑師朝 1 萬人育成。
    (4) 員工工作 skill（技能）再提升。
    (5) 對員工健康重視。
14. 我們成立：「Welcia Academy（公司研修中心）」。即：Welcia 企業內部大學。

三、作者重點詮釋：

（一）對「人才資本」的高度重視與成立企業內部「研修中心」：

日本第一大藥妝連鎖店 Welcia 對「人才資本」是高度重視的，所以把人才，視為「資本」、「資產」一樣，是很有價值的；另又成立「公司 Academy」（公司研修中心）」，有計劃、有系統、推動所有第一線門市店人員同時具備「藥劑」＋「美妝」＋「介護」的知識。

（二）一直努力成為「CSV 企業」優質好企業：

日本大企業一直強調要努力成為「CSV 企業」，即：「創造共有、共享企業」，（Creating Share Value），包括：
1. 經濟價值：企業經營獲利，分享給大股東、小股東、員工等。
2. 社會價值：企業不只要自己獲利賺錢，同時也要善盡社會價值，包括：
   (1) CSR：企業社會責任。
   (2) ESG：E（環境保護）、S（社會關懷）、G（公司治理）。

（三）追求「差異化」、「差別化」經營才能在激烈競爭中勝出：

當處在大家都一樣產品時，就會陷入低價格殺價競爭；唯有推動產品在：功能上、設計上、耐用上、省電上、技術上、口味上、品質上、包裝上、心理榮耀上、原料上的差異化時，你才會勝出。

（四）大力推進 PB（自有品牌）產品經營：

近幾年，日本各大超商、超市、量販店、藥妝店等，都很成功推動 PB 產品的銷售，形成自身的一個特色，日本 PB 產品有兩大類，一是非常平價，二是較高品質、較高價格的 premium（加值）產品。

（五）「經營型人才」養成，讓企業能更賺錢、更擴大事業版圖成長性：

日本各大企業現在最需要的不是專業型、功能型的人才，而卻是「經營型人才」。經營型人才，就是指能為公司、集團賺錢、獲利的整體營運及中長期戰略開展的優秀人才。

（六）要把「企業新價值」，不斷打造及向上提升：

面對每年的營運，領導人必須領導全體員工，努力為企業創造更多的、更高一層的企業新價值出來，如此，企業才會不斷再成長、再茁壯。

（七）「複合型店經營改革」推動，創造對顧客更多價值感受：

日本現在流行複合型店的營運，就是把兩種、三種不同領域的、不同產業的店，整合在一起，成為複合店型態，如此，可望為顧客提供更多樣化價值感受，也增加了不同顧客群。

（八）每年持續 120 店淨增加展店戰略，持續搶占市占率及門市空間：

淨增加展店戰略，是大部分連鎖業的積極目標，因為，唯有持續展店，才能達成經濟規模效益並提升市占率，及占有門市店好位置。

（九）面對大環境巨變，企業必須展開「新的變革」、「多樣化的變革」、「有效的變革」，才能成功存活下去；面對外在大環境巨變，日本企業大都推動變革，包括十項：

1. 多樣化變革。
2. 新的變革。
3. 經營模式變革。
4. 商品組合變革。
5. 服務變革。
6. 行銷廣告變革。
7. 有效的變革。
8. 店型變革。
9. PB 產品變革。（自有品牌，Private Branad）。
10. 人才與育成變革。

第 65 位　日本 Welcia 藥妝連鎖店社長（總經理）松本忠久

圖65-1

「經營型人才」養成！

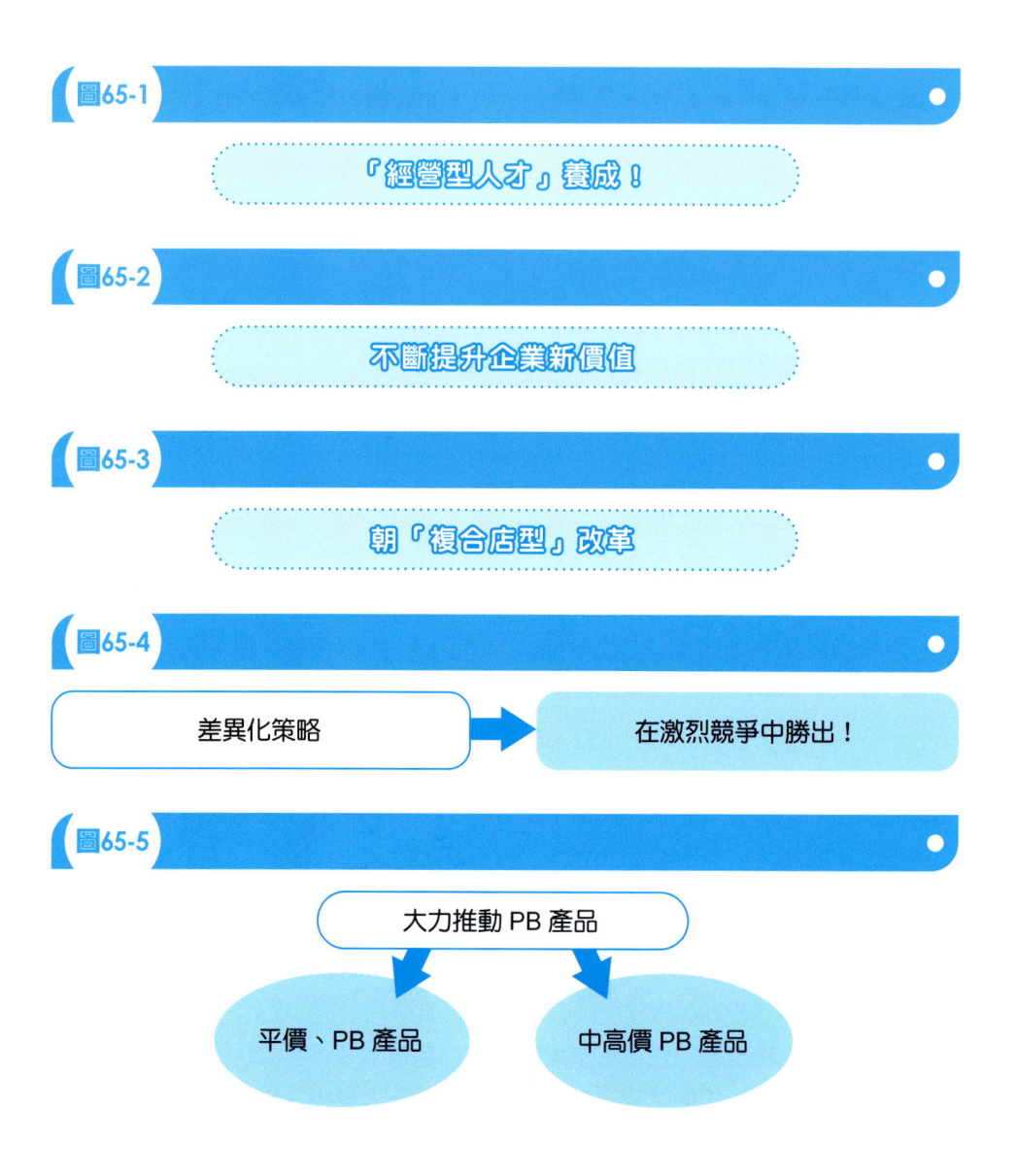

圖65-2

不斷提升企業新價值

圖65-3

朝「複合店型」改革

圖65-4

差異化策略　➡　在激烈競爭中勝出！

圖65-5

大力推動 PB 產品
- 平價、PB 產品
- 中高價 PB 產品

四、重點圖示

圖65-6

對「人才資本」的重視　➡　設立企業內部研修中心（企業內部大學）

圖 65-7

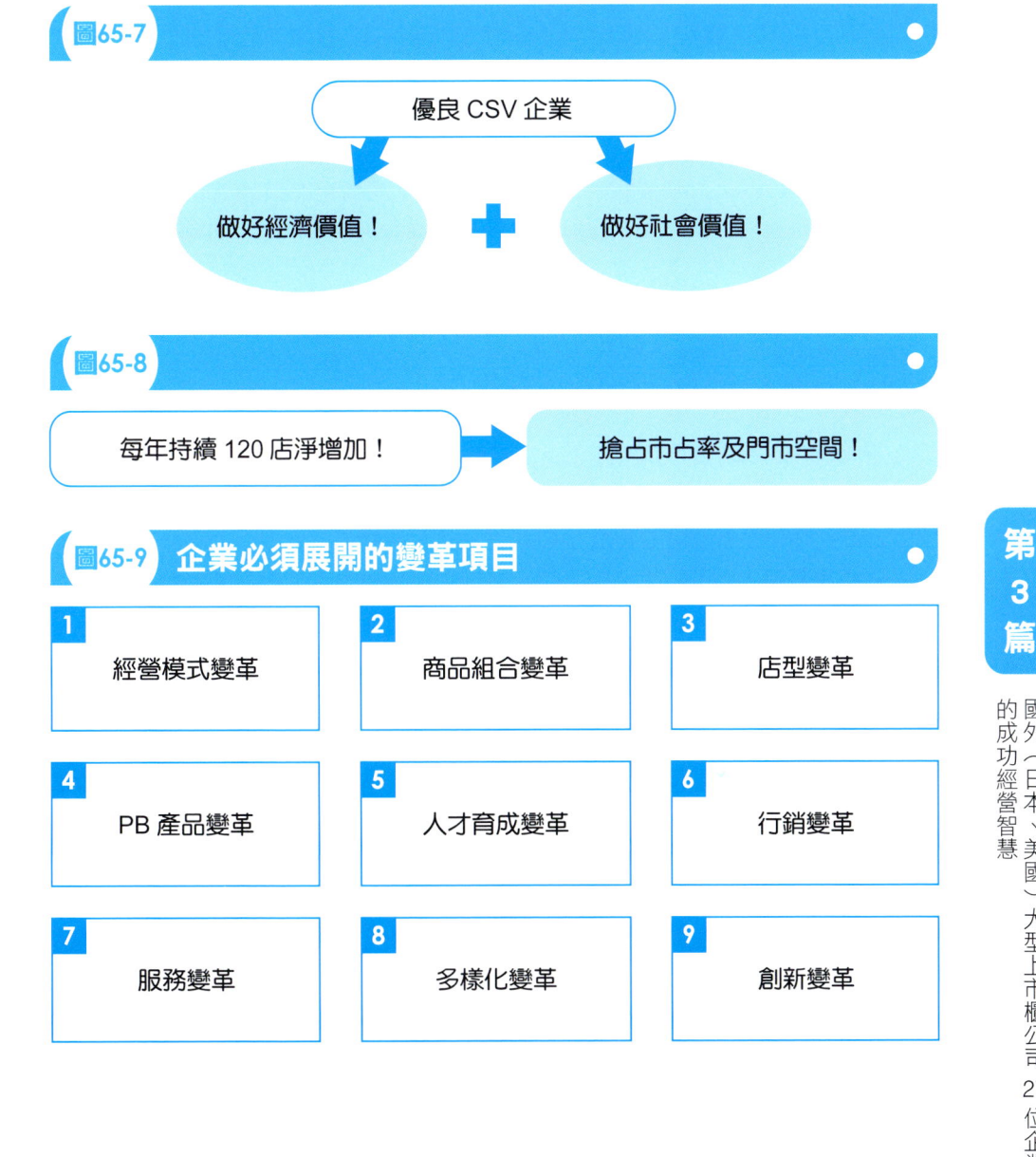

優良 CSV 企業

做好經濟價值！ ＋ 做好社會價值！

圖 65-8

每年持續 120 店淨增加！ → 搶占市占率及門市空間！

圖 65-9 企業必須展開的變革項目

1 經營模式變革	2 商品組合變革	3 店型變革
4 PB 產品變革	5 人才育成變革	6 行銷變革
7 服務變革	8 多樣化變革	9 創新變革

第 66 位　日本三越伊勢丹百貨公司社長（總經理）細谷敏幸

一、公司簡介
- 日本三越伊勢丹百貨，是由三越及伊勢丹百貨合併而組成的，目前是日本第一大百貨公司。
- 日本三越伊勢丹在在 2024 年營收額為 4,800 億日圓，淨利額為 300 億元，獲利率為 6.5%，總員工人數為 9,700 人。
- 日本三越百貨公司已有 300 年之久。

二、領導人成功經營心法
1. 永遠以「顧客」為第一位。
2. 時代環境及社會都在變化，故經營模式也要變革。
3. 基本戰略：
   (1) 定位為日本最高品質的核心百貨公司。
   (2) 提供最高、最美好的顧客體驗。
   (3) 朝高感度、高質感的消費擴大。
4. 重點戰略：
   (1) 個客為主軸的 CRM 戰略推動。（註：CRM 為顧客關係管理，又稱會員經營）
   (2) 提高感動性及高質感的戰略推動。
5. 提供價值：
   (1) 提供顧客解決問題的高度感動價值。
   (2) 對應顧客需求變化，提供革新方案。
6. 邁向 ESG 百貨公司典範實踐。
7. 三越伊勢丹會員等級區分為 4 個：
   (1) 每年 30 萬日圓以下消費額。
   (2) 每年 30～100 萬日圓消費。
   (3) 每年 100～300 萬日圓消費。
   (4) 每年 300 萬以上日圓消費。
8. 線上（官方商城）已大幅成長，占營收額 10%。
9. 往數位化方向推進：
   (1) 設立線上商城。
   (2) 行動 App 應用。
   (3) 數位行銷宣傳。
   (4) 數位化接客。

三、作者重點詮釋

（一）兼顧「高度感動」＋「高品質」並進的最優質核心百貨公司：

日本第一大三越伊勢丹百貨公司最新的營業方針是朝：

1. 高度感動；2. 高品質。

最優質中的核心百貨公司邁進，並從「店內裝潢」、「品牌專櫃」、「會員服務」、「行銷宣傳」、「線上商城」、「數位接點」、「辦活動」等多方向下手。

（二）以個客為主軸的 CRM 戰略推動：

三越伊勢丹百貨認為，未來百貨公司要推動以「個客」（個別好顧客好會員）的基礎的 CRM 戰略推動，做好會員經營的任務。

四、重點圖示：

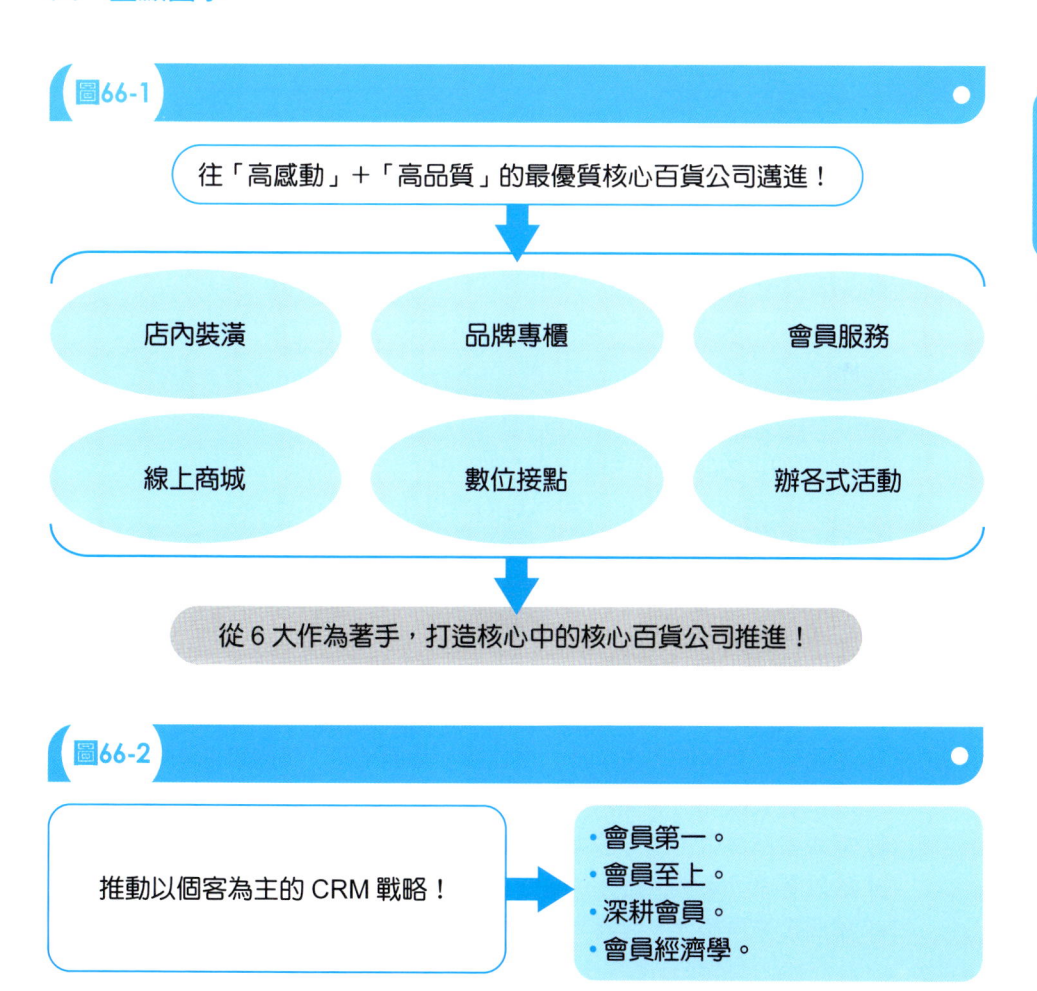

圖66-1

往「高感動」＋「高品質」的最優質核心百貨公司邁進！

- 店內裝潢
- 品牌專櫃
- 會員服務
- 線上商城
- 數位接點
- 辦各式活動

從 6 大作為著手，打造核心中的核心百貨公司推進！

圖66-2

推動以個客為主的 CRM 戰略！

- 會員第一。
- 會員至上。
- 深耕會員。
- 會員經濟學。

第 67 位　日本 Sundrug 第二大藥妝連鎖店社長（總經理）貞方宏司

一、公司簡介

- 日本「Sundrug」公司為日本第二大藥妝連鎖店，在 2024 年合併營收額為 6,900 億日圓，合併淨利額為 380 億日圓，獲利率 5.4％，EPS 為 220 日圓；總店數 1,300 店，其中；藥妝店為 950 店，折扣店為 340 店，員工總數為 1.4 萬人之多。主要經營業種有兩種，一為藥妝連鎖店，二為日常雜貨百貨品折扣連鎖店。
- Sundrug 營收額占比為：
  1. 美妝、美容、保養品：占 31%
  2. 醫藥、健康品：占 30%
  3. 日常雜貨品：占 21%
  4. 食品：占 14%
  5. 其他：占 4%
- Sundrug 預計到 2030 年的合併營收額約 1 兆日圓，合併獲利額 600 億日圓，總店數可達 1,800 店。

二、領導人成功經營心法

1. 「Sundrug」的經營核心理念：堅守對顧客重視的哲學；帶給顧客更美、更健康
的生活。
2. 「Sundrug」經營 3 個使命：「安心、便利、信賴」。
3. 積極傾聽顧客心聲，提供不斷改良的優質產品＋貼心服務。
4. 現在環境變化很快，要更快速、更有效去應變。
5. 絕不能滿足現狀，要有隨時都做好的準備，此稱：「準備經營學」。
6. 行銷方針：要比顧客先一步的考量及行動。
7. 要經常思考我們的強項及優勢在那裡，並加以擴充發揮。
8. 「Sundrug」未來 6 個成長策略：
   (1) 積極朝「業態融合化」及「複合店」發展：即「藥妝店」＋「折扣店」的複合店模式，以擴大顧客群。
   (2) 持續積極展店：對郊區型店的擴大。
   (3) EC（電商）事業的強化。做好 OMO 全通路行銷，帶給顧客最大便利。
   (4) 藥局事業再擴大。因應老年化社會來臨，商機很大。

(5) 集團會員人數達 2,600 萬人，加強紅利點數生態圈的活用。
(6) 人才育成。特別是藥劑師人才育成，尤為重要。

三、作者重點詮釋

（一）經營 3 使命：安心、便利、信賴

日本 Sundrug 藥妝連鎖店的 3 項經營使命，即：
1. 安心：產品必須令消費者安心、安全使用。
2. 便利：門市店必須要多，要讓消費者感到方便性、便利性。
3. 信賴：公司及品牌要讓消費者感到可信賴、可信任。

（二）「準備經營學」：隨時都要做好各項準備，有備無患

日本 Sundrug 藥妝連鎖店提出「準備經營學」的觀念；亦即面對外部大環境快速變化之下，企業為求有備無患，必須提前做好各項計劃及準備，不要措手不及，此稱「準備經營學」。

（三）朝「複合店」、「業態融合化」發展，爭取顧客擴大化：

日本 Sundrug 藥妝店近來也流行朝「複合店」及「業態融合化」發展，亦即，藥妝店＋折扣店合併在一起開店，可爭取到更多的顧客群，而帶動業績成長。

（四）儘量發揮自己的強項及優勢：

企業經營，必須儘量發揮自己的強項及優勢，往這個方向走去，才比較會贏。包括：你是研發技術強？或行銷強？或代工製造強？或產品品質強？或品牌強？或客製化強？或服務強？或整合性強？或設備強？

（五）人才育成，是企業再成長的重要根基：

人才育成，永遠是企業人資部門必須重視的；人才，一定是經過有計劃性的加以：教育訓練、工作單位歷練、專案負責歷練、子公司交付歷練、領導歷練、經營通才歷練、國外參訪歷練等，才會不斷進步與成長，變成對公司貢獻更大。

四、重點圖示

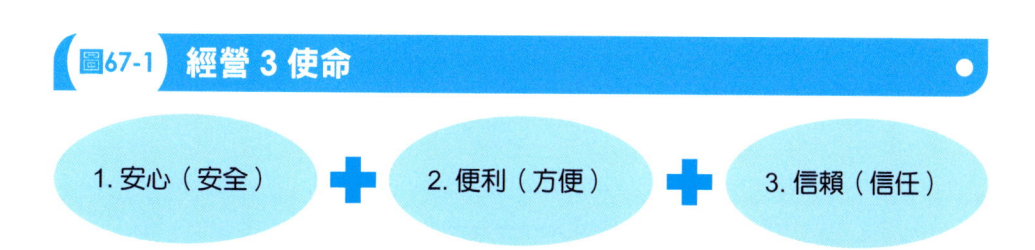

圖67-1 經營 3 使命

1. 安心（安全） ＋ 2. 便利（方便） ＋ 3. 信賴（信任）

第 67 位　日本 Sundrug 第二大藥妝連鎖店社長（總經理）貞方宏司

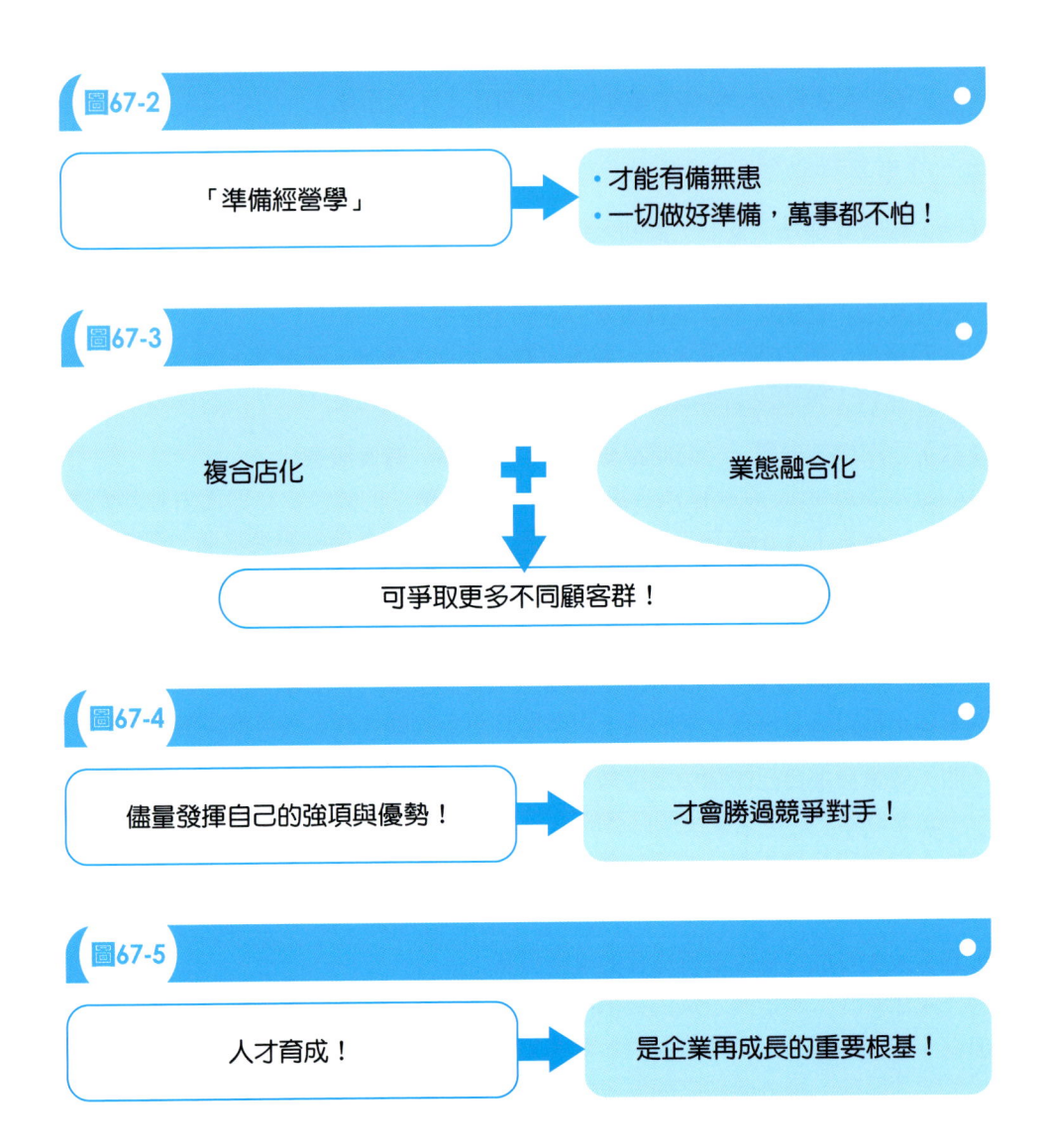

圖 67-2

「準備經營學」　→　・才能有備無患
　　　　　　　　　　・一切做好準備，萬事都不怕！

圖 67-3

複合店化　＋　業態融合化
　　　↓
可爭取更多不同顧客群！

圖 67-4

儘量發揮自己的強項與優勢！　→　才會勝過競爭對手！

圖 67-5

人才育成！　→　是企業再成長的重要根基！

第 68 位　日本伊藤園食品公司社長（總經理）本庄大介

一、公司簡介
- 日本伊藤園公司是日本茶飲料最大公司，也是綜合性食品公司。
- 伊藤園主要產品線有：茶飲料（綠茶、烏龍茶、紅茶、麥茶）、咖啡飲料、碳酸飲料、乳品飲料、礦泉水及保健／機能食品等。
- 伊藤園 2024 年合併營收額為 4,300 億日圓、合併獲利為 195 億日圓、獲利率為 4.7%，EPS 為 103 日圓。
- 伊藤園產品在全球 30 個國家銷售，總員工人數為 7,900 人，在日本有五個工廠及一個中央研究所。
- 伊藤園在日本設有 107 個直營店，並與日本茶農簽訂契約茶園，供應茶葉原料。
- 伊藤園到 2030 年營運目標訂為：
  1. 合併營收額：5,000 億日圓
  2. 淨利率：7%
  3. ROE：10%
  4. 海外銷售占比：15%
  5. 每年平均營收成長率：3%

二、領導人成功經營心法：
1. 伊藤園集團使命：「創造消費者及健康的企業。」
2. 集團長期願景：
   (1) 全球茶飲料第一品牌。
   (2) 全日本人健康價值的創造。
   (3) 獨一無二的企業。
3. 好產力定義：健康、安全（安心）、好喝、自然（天然）、好設計。
4. 堅持「顧客第一主義」：
   (1) 顧客為何不滿意？
   (2) 顧客未來需求及期待是什麼？
   (3) 顧客今天有何意見？
   (4) 顧客滿意度要達到 90% 以上。
   (5) 顧客行為有什麼變化？
   (6) 顧客為何不買我們的產品？
   (7) 顧客的需求及要求有何變化？
5. 伊藤園兩個核心能力：茶技術能力、茶價值鏈能力。

第 68 位　日本伊藤園食品公司社長（總經理）本庄大介

6. 伊藤園集團的七大經營理念：
   (1) 以「顧客第一主義」為最根本理念。
   (2) 為顧客健康而豐富的生活而持續努力。
   (3) 要做一個對社會有貢獻的企業。
   (4) 要為日本茶飲料創造更高價值。
   (5) 要誠實經營，得到顧客永遠的信賴。
   (6) 把伊藤園品牌價值，永遠再上更高一層樓。
   (7) 保障企業永續發展、永續經營。
7. 伊藤園中長期經營計劃（2025～2030 年；5 年期）的 5 個重點戰略：
   (1) 對國內既存事業的深耕及磐石化策略：茶飲料第一名品牌的再鞏固、品牌價值再提升。
   (2) 很好喝的茶，能銷到全球的策略：海外市場銷售再加強。
   (3) 新事業的開拓創造：在中老年保健食品、營養食品之開發。
   (4) 經營基盤強化：集團資源綜效發揮、人才育成、研發再強化。
   (5) ESG 永續經營，邁向 100 年企業。

三、作者重點詮釋

（一）堅持「顧客第一主義」；永遠要問：

顧客現在及未來的需求是什麼？顧客行為有何變化？顧客有什麼意見？顧客未被滿足的需求還有哪些？

企業經營及做行銷，永遠要堅持「顧客第一主義」，永遠要貼近、滿足顧客的需求及需要，包括現在及未來的未被滿足的需求，永遠把顧客放在最核心、最關鍵及第一的位置上。

（二）核心能力（core competence）與核心競爭力的持續不斷強化：

每個企業要戰勝競爭對手，並取得客戶訂單及信賴，就必須擁有自己的獨特「核心能力」或「核心競爭力」。例如：台積電的最核心能力就是先進製程的晶片技術能力領先全球。

（三）永遠要把公司品牌及產品品牌，再上一層樓拉高；鞏固寶貴的品牌價值：

品牌是有永恆價值的，任何企業要如何把自己的「公司品牌」及「產品品牌」打響、打出高知名度、高印象度、高好感度及高信賴度，將是一門永遠要努力的工作，因為：品牌價值，是無價的，而且可以 100 年、200 年長存。

（四）訂定未來五年中期經營成長目標、計劃、與戰略重點（2025～2030 年）：

日本大型上市櫃公司，都經常要訂定未來 3～5 年或 5～10 年的中期、長期經營計劃及成長戰略指針及績效目標，都是企業保持每一個成長 3 年、5 年、10 年的必做功課及重要議題。

（五）對既有事業、既有品牌要再深耕、鞏固、強化、提升：

當企業在既有事業、既有品牌發光、發亮時，永遠都勿忘：

持續對它們：

1. 再深耕；2. 再鞏固；3. 再強化；4. 再提升。

使既有事業、既有品牌，能夠長存下去，而不要日漸衰敗走下坡。

四、重點圖示

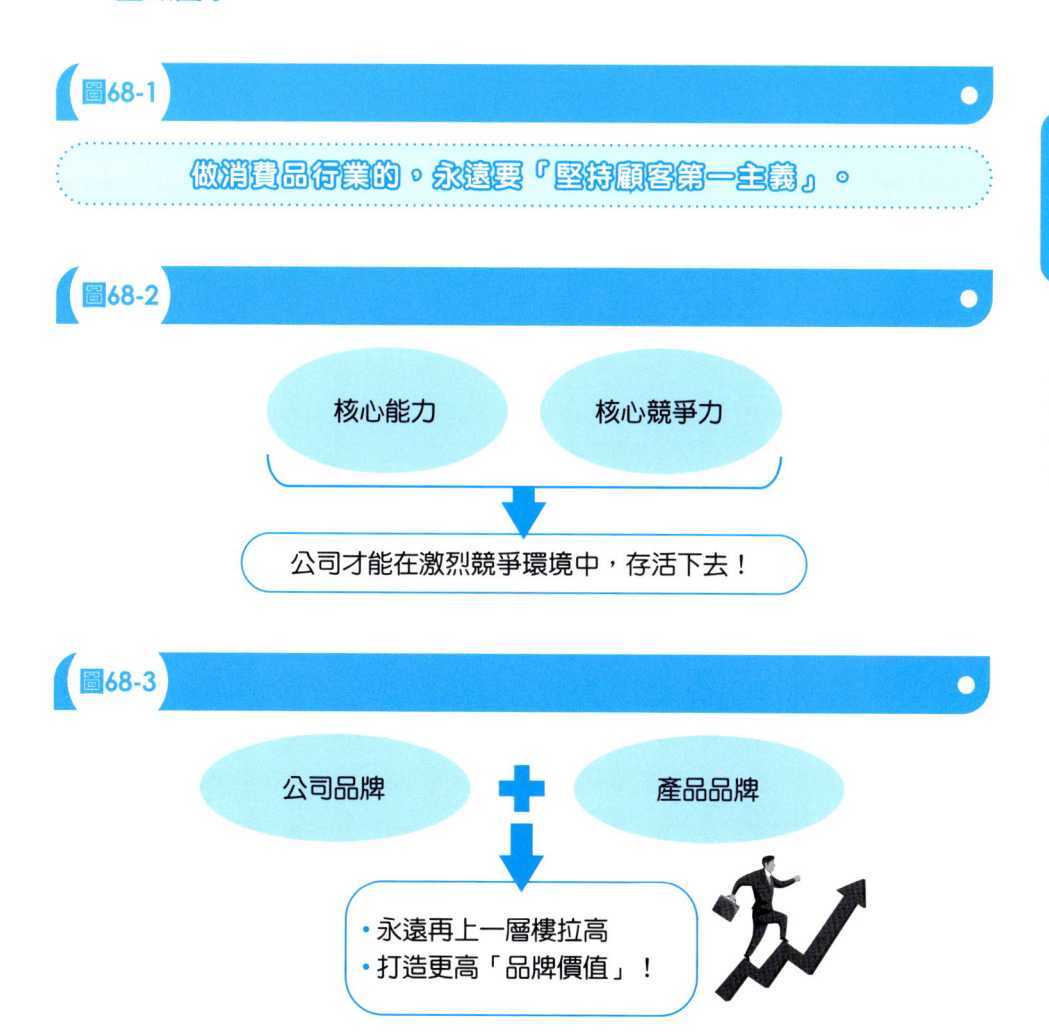

圖68-1

做消費品行業的，永遠要「堅持顧客第一主義」。

圖68-2

核心能力 ＋ 核心競爭力
↓
公司才能在激烈競爭環境中，存活下去！

圖68-3

公司品牌 ＋ 產品品牌
↓
・永遠再上一層樓拉高
・打造更高「品牌價值」！

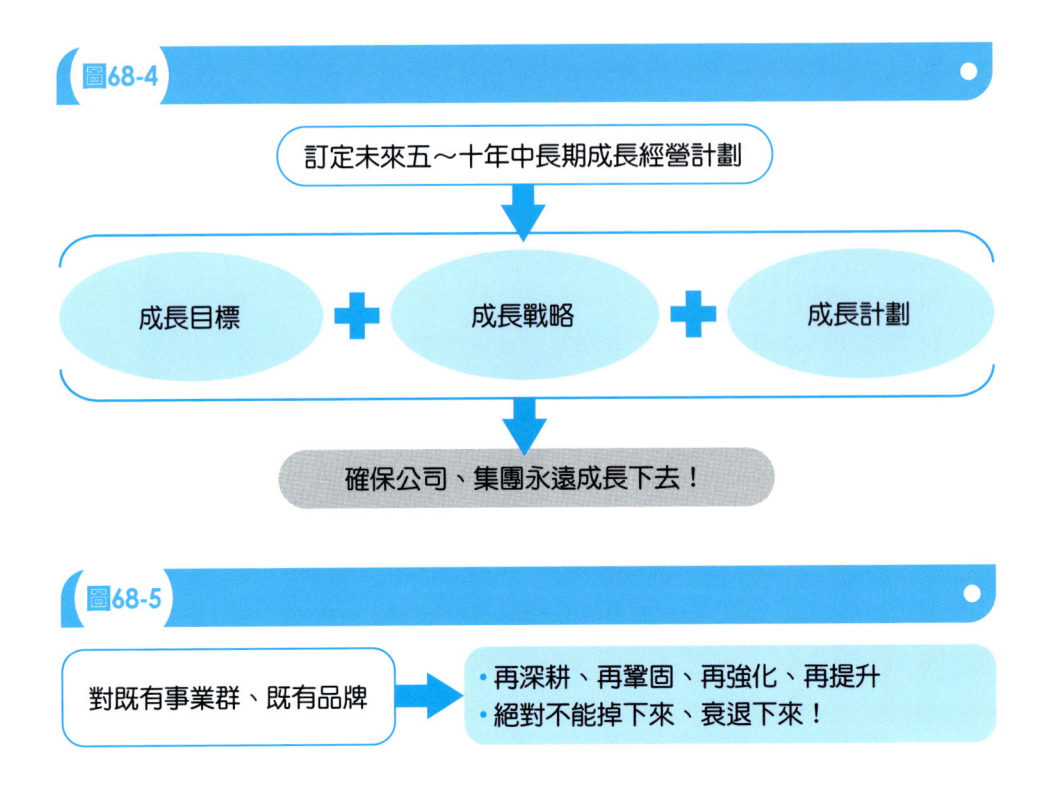

第 68 位　日本伊藤園食品公司社長（總經理）本庄大介

圖 68-4

訂定未來五～十年中長期成長經營計劃
↓
成長目標 ＋ 成長戰略 ＋ 成長計劃
↓
確保公司、集團永遠成長下去！

圖 68-5

對既有事業群、既有品牌 → ・再深耕、再鞏固、再強化、再提升
・絕對不能掉下來、衰退下來！

第 69 位　日本雪印乳業公司社長（總經理）佐藤雅俊

一、公司簡介
- 日本雪印乳業公司是日本鮮奶及奶粉的第一品牌公司；其在 2024 年合併營收額達 5,600 億日圓，合併獲利達 180 億日圓。
- 日本雪印主要有奶粉、鮮奶、蔬菜汁、果汁、起司等產品。

二、領導人成功經營心法

（一）雪印企業使命：
　　1. 對消費者重視經營的全力實踐；2. 對酪農生產的貢獻。

（二）未來五年（2025～2030 年）戰略的概念：
　　1. 要變革（transformation）；2. 要進化（renewal）。

（三）未來五年基本戰略（2025～2030 年）五大方針：
　　1. 對事業組合的變革，創造新成長機會。
　　2. 對獲利再強化。
　　3. 以研發為起點，創造新的價值。
　　4. 對人才多樣化運用，建構持續成長的組織體。
　　5. 對集團經營資源的有效運用，以提高集團綜合競爭力。

（四）集團長期（2030 年）經營指標：
　　1. 總營收：7,000 億日圓
　　2. 總獲利：300 億日圓
　　3. 獲利率：4.3%
　　4. ROE：8%

（五）雪印企業行動憲章：
　　1. 持續企業價值的提升。
　　2. 保持與消費者信賴關係。
　　3. 公正、正派經營。
　　4. 對地球環境的保護。

（六）雪印營運價值鏈（value chain）產生價值創造的 6 個環節：
　　1. 研發價值。
　　2. 採購價值。
　　3. 製造價值。
　　4. 物流價值。
　　5. 行銷價值。
　　6. 銷售（營業）價值。

（七）要不斷為消費者創造出更大的牛乳附加價值。

第69位　日本雪印乳業公司社長（總經理）佐藤雅俊

（八）雪印有五大經營資源：
1. 高品牌信任度資源。
2. 多樣化人才資源。
3. 穩定原物料來源資源。
4. 能創造價值的研發力資源。
5. 產品好喝又安全的資源。

（九）百分之一百（100%）對消費者安心與安全的確保。

三、作者重點詮釋

（一）**企業使命：對消費者高度重視經營學的實踐**，雪印乳業是對消費者高度重視的消費品公司，重視：
1. 消費者的需求、期待及想望。
2. 消費者更美好生活的向前再一步。
3. 消費者的100%滿足與滿意。

（二）**人才多樣化，打造持續成長組織體；人才多樣化，事業就多樣化**：

人才多樣化、多元化的發展，必可持續公司在不同領域的事業成長與拓展；人才不能太單一化、太老化、太固守原有領域化，要跳出人才原有框框，人才多樣化，事業就會有多樣化成長。

（三）**訂定中長期經營績效成長指標**：

營收、獲利、EPS、ROE、市占率凡是大型企業、大型集團，都應訂定未來3年、5年、10年的中長期經營成長指標，包括：營收額、獲利額、獲利率、EPS、ROE、市占率等重要指標，做為大家努力以赴的下一個目標。

（四）**創造更高附加價值的價值鏈的6個環節**：

研發、採購、製造、物流、行銷、銷售企業從價值鏈（value chain）來看，就有6個環節可以發揮或提升附加價值的產生，包括：研發價值、採購價值、製造價值、物流價值、行銷價值、銷售（營業）價值。

（五）**掌握五大經營資源，創造更大未來成長**：

企業經過幾十年的經營，必能累積出它的重要核心經營資源，這些對公司未來再成長，扮演要角，包括：
1. 品牌信任資源。
2. 人才多樣化資源。
3. 穩定原物料資源。
4. 研發技術資源。
5. 產品力資源。

四、重點圖示

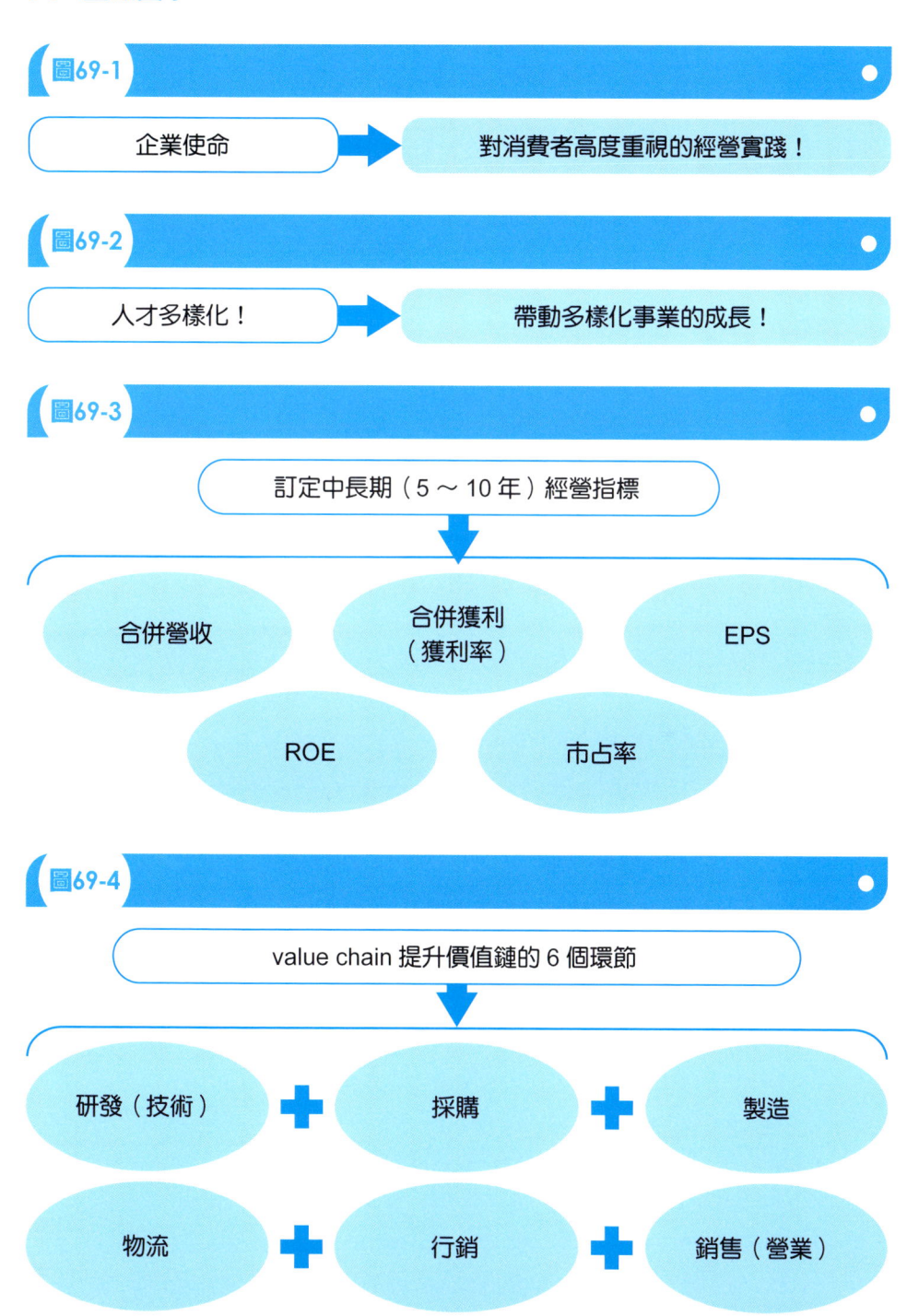

圖69-1

企業使命 ➡ 對消費者高度重視的經營實踐！

圖69-2

人才多樣化！ ➡ 帶動多樣化事業的成長！

圖69-3

訂定中長期（5～10年）經營指標

⬇

- 合併營收
- 合併獲利（獲利率）
- EPS
- ROE
- 市占率

圖69-4

value chain 提升價值鏈的6個環節

⬇

研發（技術）＋採購＋製造

物流＋行銷＋銷售（營業）

第 69 位　日本雪印乳業公司社長（總經理）佐藤雅俊

圖69-5　掌握企業五大經營資源

1. 品牌信任資源
2. 人才多樣化資源
3. 原物料穩定資源
4. 研發創新資源
5. 產品力（好產品）資源

第 70 位　日本 7-11 公司前董事長 鈴木敏文

一、公司簡介

- 日本 7-11 公司是全球最大的 7-11 公司，全日本總店數高達 2 萬家之多，是台灣 7-11 統一超商的 3 倍之多（台灣 7-11 為 7,200 店）。
- 早期，台灣的超商（便利商店）業者都是參考、借鏡日本 7-11 的經營模式而來的，但，現在台灣的統一超商及全家的經營狀況，已經進步很大，不輸日本 7-11。
- 鈴木敏文為日本 7-11 公司的前董事長，被稱為日本的流通教父，對日本 7-11 公司的經營成功，貢獻很大。

二、領導人成功智慧金句

1. 成功的銷售，是讓顧客買了不後悔。
2. 不斷推出新產品，就能擁有忠誠粉絲。
3. 如果不能「與時俱變」，就難以致勝。
4. 不要等待消費者厭煩之後，才開始研發新商品，而是隨時馬上可以推出新品。
5. 消費者終究是喜新厭舊的。
6. 只有能提供新價值的商品，才能賣得出去。
7. 不要模仿，才能創造流行。
8. 要努力創造與競爭對手的差別化。
9. 經常提供新產品，應該是維持人氣的秘訣。
10. 只要能對應變化，市場就不會飽和。
11. 不斷好奇，就能找到驚喜。
12. 不斷提供顧客「驚喜感」，就不會有厭膩及飽和的狀況發生。
13. 沒有附加價值，就沒有競爭力。
14. 不重視客人的需求，東西再好也沒用。
15. 幫消費者找到「消費的正當性」。
16. 一開始就被反對的想法，就是好想法。
17. 所謂的戰略，就是做跟別人不一樣的事。
18. 以前沒人做過？那更要做。

第 70 位　日本 7-11 公司前董事長鈴木敏文

19. 只要有七成的可能性,就應該衝衝看。
20. 不僅要「為顧客著想」,而更要「站在顧客立場」。
21. 所謂不變的基本,就是隨時「站在顧客的立場去思考一切」。
22. 雖然對我們來說不方便或會增加一些成本,但,只要對顧客有利,就必須去做。
23. 真正的對手,是變化無窮的顧客需求,而不是競爭對手。
24. 這是「異業」、「跨業」的競爭時代來臨了。
25. 在異業競爭時代,應該要超越既有活動範圍及本業,新事業才會產生。
26. 消費者其實不知道自己要什麼。
27. 必須注意:「未來,顧客需要什麼」。
28. 在消費飽和時代,把東西放在消費者面前,才會發現潛在的需求。
29. 需求潛藏在顧客心中,要知道顧客將追逐什麼,必須了解「顧客心理」。
30. POS 資訊系統呈現的是「昨天的顧客購買資料」,而不會出現「明天顧客購買資料」,所以,要活用 POS 系統,而非依賴。
31. 用心「待客」,是銷售的基本。
32. 新的一年,務必做好兩件事,一是「新商品開發」,二是「待客」。
33. 要真心誠意接待顧客,絕對是基本中的基本。
34. 要隨時發現、洞察、分析及發現顧客「新的需求」。
35. 不斷改變,才能提供不變的滿足。
36. 能否提供顧客「意想不到」的服務。
37. 雖然變化也是一種風險,但不改變的風險更大。
38. 要往前一步思索「未來」及「未來的可能性」。
39. 有些人,是看了變化,也不知道有變化,這些人都無法因應變化。
40. 「機會只留給隨時做好準備的人」。
41. 永遠懷抱著「挑戰不可能」的欲望。
42. 心中永遠抱持著「顧客未來會想要什麼?」的問題意識。
43. 想望遠,總得先堆起墊腳石。
44. 平常要非常努力,才有辦法在對的時機抓住好運氣。
45. 不斷挑戰及努力,幸運才會來臨。
46. 「銷售力」的鍛鍊,沒有終點。
47. 我每天都戰戰兢兢,督促自己要為下一步的挑戰,而打拼奮鬥。
48. 每天要抱持著無路可退的心態,以全心全的態度來面對每一天的工作。

三、作者重點詮釋

（一）與時俱進＋與時俱變：

企業經營及做行銷，必須掌握兩個原則：一是與時俱進，要隨時代而進步，不可留在原地。二是與時俱變，要隨時代而變化，不可一成不變。

（二）創造與競爭對手的差異化：

企業競爭，必須與對手有差異化；如果做一樣的東西，那就會陷入低價格紅海競爭。

（三）沒有附加價值，就沒有競爭力：

一個產品或服務，一定要努力增加附加價值，往高值化方向走去，才會有競爭力。

（四）「以顧客為念」＋「為顧客著想」＋「站在顧客立場」：

企業做行銷或研發新產品或做促銷活動，千萬要秉持 3 項理念：

1. 以顧客為念；2. 為顧客著想；3. 站在顧客立場。

如此，才是真正做到顧客導向的精神。

（五）真正的對手，是變化無窮的顧客需求與期待：

企業經營及做行銷，不要忘了，一定要盡力去滿足顧客的需求、期待及想望，這才是創造業績的最根本。

（六）每天都要戰戰兢兢，想著「下一步要怎麼做」＋「未來要怎麼走」？

企業經營，每一天都不能鬆懈或自我滿足，永遠要居安思危，永遠要想著「下一步要怎麼做？」以及「未來要怎麼走」，企業才能保持永遠的領先。

四、重點圖示

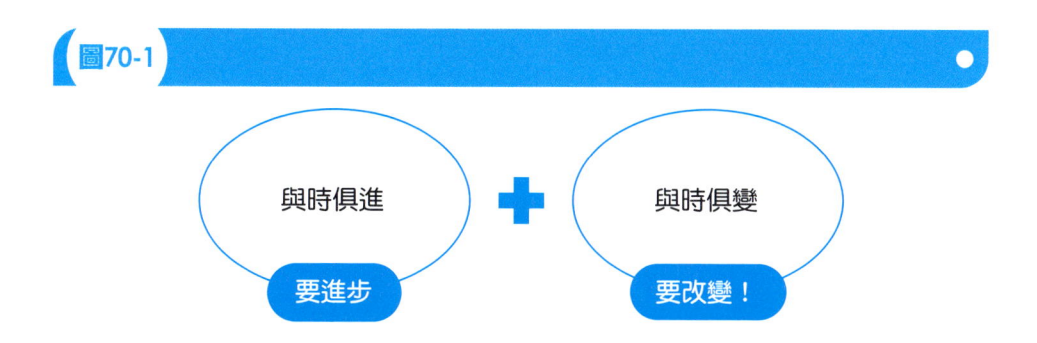

圖70-1

與時俱進（要進步） ＋ 與時俱變（要改變！）

第 70 位　日本 7-11 公司前董事長鈴木敏文

圖70-2

- 差異化
- 跟別人不一樣

→ 才能贏！

圖70-3

沒有附加價值 → 就沒有競爭力！

圖70-4

以顧客為念　　為顧客著想　　站在顧客立場　　融入顧客情境

↓

滿足顧客需求及期待！

圖70-5

沒有附加價值 → 就沒有競爭力！

圖70-6

每天都要戰戰兢兢，想著：

下一步要怎麼做？ ＋ 未來要怎麼走？

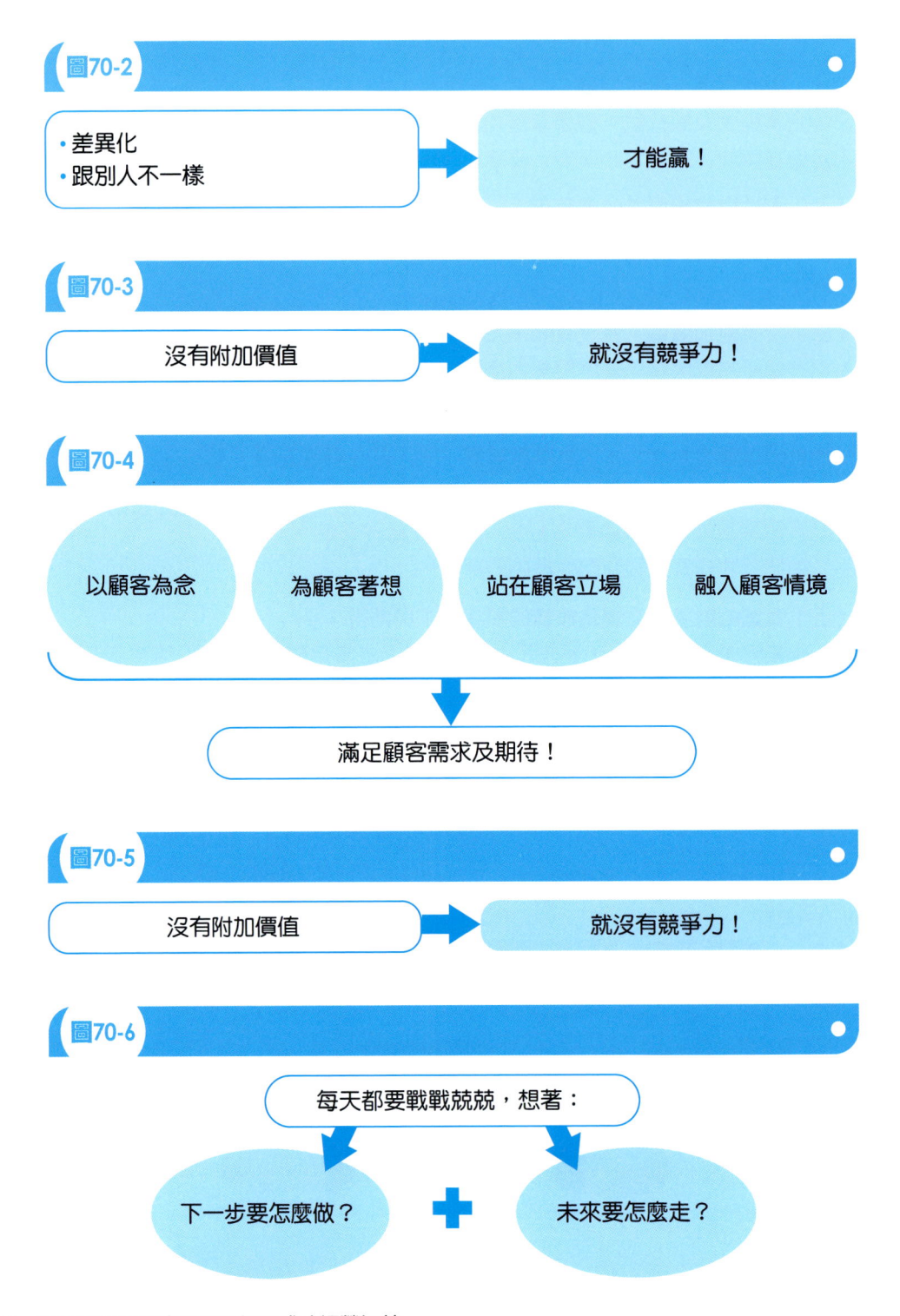

第 71 位　日本 SONY（索尼）集團資深顧問平井一夫

一、公司簡介
- 日本 SONY（索尼）公司是日本大型企業之一，也是全球性企業之一；它的事業領域，包括：電視機、遊戲機、音樂、金融、電影、手機、攝影機、半導體、數位照相機、音響……等十多種，非常多元且廣泛。
- 日本 SONY 公司在 2022 年度的全球合併營收額為 11.5 兆日圓。
- 日本 SONY 在 2011 年合併虧損達 4,500 億日圓，面臨史無前例的經營困境及危機，後來由平井一夫擔任社長（總經理）6 年及會長（董事長）3 年，終於把 SONY 拯救起來，他的功勞非常大。
- 日本 SONY，2024 年稅前淨利為 1.1 兆日圓（約 3,000 億台幣），全球員工人數約 11 萬人之多。
- 日本 SONY，企業總市值約 1,370 億美金（約 4 兆台幣）。
- 日本 SONY 總公司現任執行長為吉田憲一郎，係由前任會長平井一夫所交棒的，目前表現良好，持續帶領全球 SONY 往前邁進。

二、領導人成功智慧金句
1. 激發員工熱忱，是身為一個領導者最基本的作為；員工有了很大熱忱，才能徹底發揮整個團隊的實力。
2. 我們不做出變革，是不行了（指在 2011 年時的公司大虧損）。
3. 競爭對手及整個大環境，不會停下來等我們復甦，更不會給我們喘息的空間。必須對嚴厲的現狀有所自覺，抱著堅定決心，完成必要改革。
4. 當我宣布裁徹一萬名員工時，感到這是組織改革沉痛的一環，也是必須做出沉痛的抉擇。
5. 我決定親自去第一線，了解基層員工的心聲。
6. 現在（2019～2011 年）的 SONY，迷失方向了。
7. SONY 應該是給予眾人「感動」的企業，也是一家充滿感動的企業，並以此，做為精神口號。SONY 一定要創造出能夠真正感動消費者的優質好商品及好服務。
8. 我是走下神壇的經營者，我必須身體力行，並與全體員工融合在一起，累積員工的信賴，員工才會支持你，也才會有幹勁。

第 71 位　日本 SONY（索尼）集團資深顧問平井一夫

9. 我不要做高高在上的人物，我工作時，也不要把頭銜看得太重。
10. 能讓員工及產品發光、發熱，才是我的工作。
11. 我上任社長當週，就公布了大規模的改革方針。
12. SONY 這個品牌，不能做永無止境的削價競爭。而且，不要一味追求擴大銷量，而是要追求獲利。這就是擺脫「以量取勝」的經營模式。
13. 我們一定要做出與韓國及中國削價競爭的不同區隔者；我們要用高品質、高功能且中高價位的優質好產品，來感動消費者。
14. 只要有心、用心，就能重拾往日榮耀。
15. 致力追求令消費者感動的優質好產品及好服務。
16. 「不要不懂裝懂」，這是我的領導哲學；而且一定要徵求不一樣的意見，要有雅量傾聽不同的意見。
17. 我必須打造出一個值得信賴的經營團隊。
18. 團隊中，每個人都有不一樣的背景，以及不同的強項來互補不足。
19. 一定要找出不會逢迎拍馬的幹部來為自己效力，這是領導者必備素養。
20. 身為最高領導者，要有自己負起全責的決心及擔當。
21. 「徵求歧見、為我所用」，就是我的經營哲學。
22. 人才，是企業最重要的資產。
23. 絕不當阿諛奉承的部下。
24. 主張不同，才最好；也才能找出最恰當的答案。
25. 時時刻刻，要傾聽歧見（不同意見）。
26. 領導者的責任，就是決定方向，並對自己的決定負責。
27. 責任，是領導者要扛的；決定的事情，不要出爾反爾。
28. 千萬不要事後諸葛。
29. 裁員是很沉痛的決定，沒有人願意這樣做，但我不做的話，只是在拖延問題罷了，索尼的領導者不允許因循怠惰。
30. 領導人該做的決定，決不能拖延。
31. 正確的決定之後，無論如何都要幹到底。
32. 不要抱怨或找藉口，領導人必須拿出成果才行。
33. 時代已經變了，一直用舊時代的榮耀來面對新時代是不管用的。
34. 要勇敢與「懷舊」訣別。
35. 要順應時代改變，該做的改革，必須趕快去做。
36. 自 2014 年起，SONY 集團就朝「重質不重量」方向走。
37. 我們每三年公布一次「中期經營計劃」。

38. 我們集團放棄規模，而改走「品質路線」。
39. 我們重視 ROE（股東權益報酬率），要對幾十萬大眾股東交待。
40. 我們的經營目標是創造感動；那麼，股東權益報酬率，就是經營紀律。
41. 不要一味追求規模，而殺價競爭。
42. 分拆所有事業出去，讓他們成為獨立短小精悍的子公司。總部只留下經營企劃部、研發中心、財務部……等總公司的幕僚部門。
43. 經營團隊要長長久久做好的工作是：
    (1) 打造優良組織文化。
    (2) 持續培育人才。
    (3) 保持技術領先。
    (4) 鞏固全球性品牌資產價值。
    (5) 深耕顧客忠誠度。
    (6) 做好能感動消費者的好企業。
44. 員工有好創意、好點子，要廣納它們，轉換成新事業。
45. 社長（總經理），要永遠站在第一線。
46. 永遠保有：全力衝刺的勇氣。
47. 經營改革，永遠沒有終點。
48. 交棒給下一代，是領導人的重責大任。絕不能一個人自私自利，做到太老或老死。
49. 我拯救日本 SONY 集團的成功，不是我一個人的成就，而是整個經營團隊及全體員工的全力相助，才能做出成果的。
50. 每個公司都需要未來的「新成長戰略」，日本 SONY 也是如此，希望邁向「新時代 SONY」。

三、作者重點詮釋

（一）激發員工熱忱：

領導人必須激發員工熱忱，員工有熱忱，就會有戰鬥力及戰鬥意志，就能徹底發揮整個團隊的實力，績效就會提高。

（二）做一家能使顧客「感動」的企業：

任何企業必須要創造出令顧客感動的優質好商品、好服務、好裝潢，成為一家人人稱讚的令人感動的好企業。

（三）「重質不重量」的經營思路：

企業經營不一定要追求營收額的極大化，反而要追求質的提升，也就是「獲利」的提升，能獲利，就是經營的根本。量大，但不賺錢，即是虛胖。

第 71 位　日本 SONY（索尼）集團資深顧問平井一夫

（四）人才，才是企業最重要的資產；得人才者，得天下也：

企業的所有一切，都是人才做出來、成就出來的，沒有了人才，企業就是空的。

（五）領導人，時時刻刻要傾聽員工的不同意見，不能一言堂：

做為最高領導人或各級領導幹部，不能一言堂，不能官大學問大；要時刻、用心傾聽員工的不同意見，並納入決策思考的一環。

（六）領導人該做的決定，決不能拖延：

領導人做決定，絕不能拖延不決，絕不能優柔寡斷，必須快速決定，以免誤了企業好時機。

（七）正確決定之後，無論如何都要幹到底：

各級領導主管在做出各種正確決定之後，無論如何必須堅持到底、必須幹到底、展現強大執行力。

（八）日本大企業，每 3 年公布一次「3 年中期經營計劃」：

日本上市櫃公司，大部採取每 3 年公布一次公司「未來 3 年中期經營計劃」，列出未來 3 年要達成的經營績效目標（營收、獲利、EPS、ROE、成長率）、重要策略、主要計劃作法及組織調整。

（九）持續不斷的培育人才：

人才，是必須有計劃、有作法、逐步的培育出來，包括：各功能部門人才、尖端技術人才、高階領導團隊人才、接班團隊人才、基層／中階幹部人才，都要納入計劃，好好培育出來。

（十）未來「新成長戰略」：

每家公司都要有未來 3～10 年的「新成長戰略」，才能邁向新時代的公司發展及永續經營。所以，每家公司都必須積極思考策訂公司未來的「新成長戰略」。

四、重點圖示

圖71-1

激發員工熱忱！

圖71-2

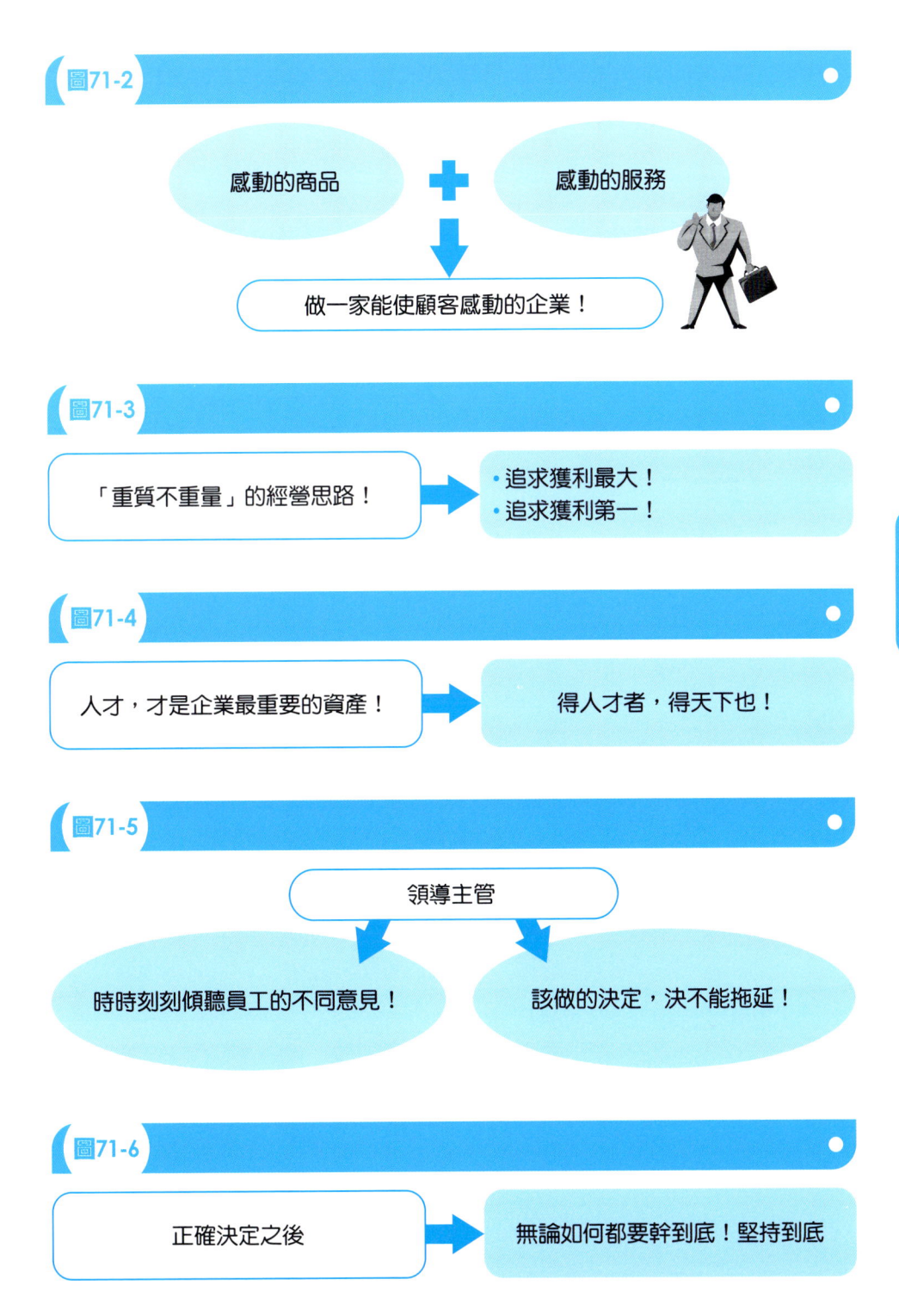

感動的商品 ＋ 感動的服務

↓

做一家能使顧客感動的企業！

圖71-3

「重質不重量」的經營思路！ → ・追求獲利最大！
・追求獲利第一！

圖71-4

人才，才是企業最重要的資產！ → 得人才者，得天下也！

圖71-5

領導主管

時時刻刻傾聽員工的不同意見！　　該做的決定，決不能拖延！

圖71-6

正確決定之後 → 無論如何都要幹到底！堅持到底

第3篇　國外（日本、美國）大型上市櫃公司 27 位企業領導人的成功經營智慧

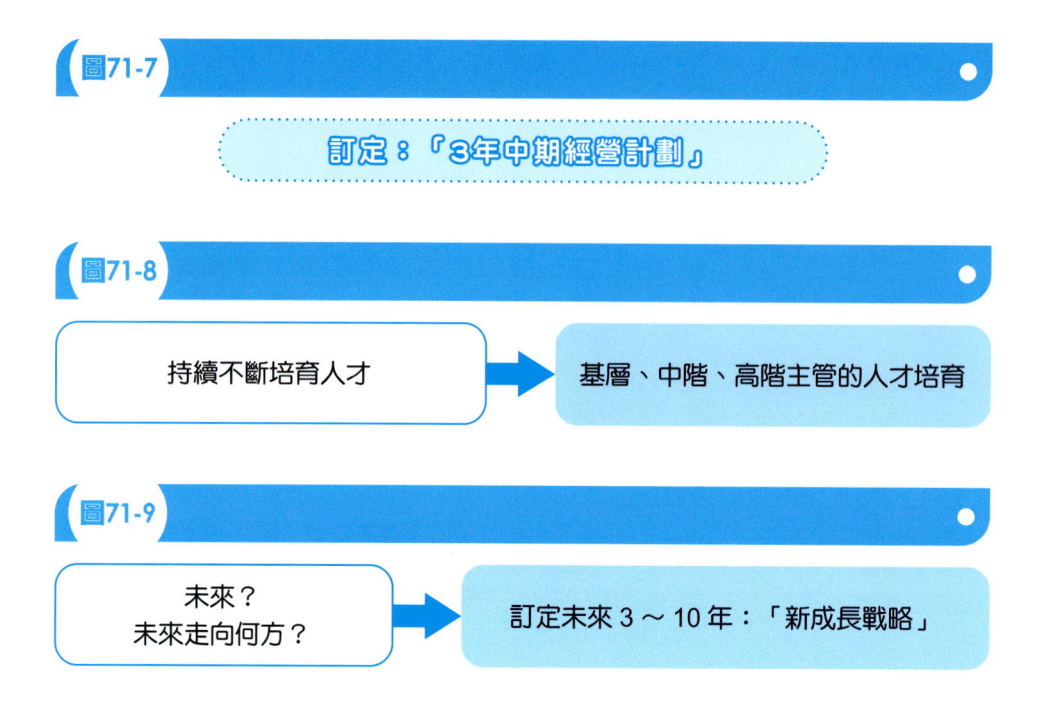

第 71 位　日本 SONY（索尼）集團資深顧問平井一夫

圖71-7

訂定：「3年中期經營計劃」

圖71-8

持續不斷培育人才 ➡ 基層、中階、高階主管的人才培育

圖71-9

未來？
未來走向何方？ ➡ 訂定未來 3～10 年：「新成長戰略」

第 72 位　日本京瓷集團創辦人暨前董事長稻盛和夫

一、公司簡介
- 日本京瓷集團為日本知名且重要的公司之一，該公司創辦人為稻盛和夫。
- 稻盛和夫是日本形象優良且經營企業成功的知名領導；他也是使日本航空轉虧為盈度過危機的成功領導人。
- 稻盛和夫也是日本知名的企業經營管理作家之一，曾著述多本他的經營理念，台灣也有很多本翻譯書。
- 稻盛和夫於兩年前，以 90 歲高壽病逝於日本京都故鄉。

二、領導人成功智慧金句
1. 要把企業組織，切割為好幾個獨立利潤中心單位（即 BU 單位，Business Unit），才有更有效能的經營並獲利。
2. 企業領導人必須經常檢視，目前事業所處環境或企業方針，是否與目前的組織相契合。
3. 對待員工，要給予合理、公正且具激勵性的月薪、獎金、紅利、升遷。
4. 要打造出能夠因應市場變化的靈活組織及此刻能作戰的動態體制。
5. 每個月要認真檢討每個 BU 單位的損益表，進行損益表管理。
6. 每個 BU 單位的所有成員，必須掌握每天各種接單、生產、銷貨、成本、損益等進展數據狀況。
7. 領導人必要必須要有「擬定的預定目標，說什麼都要達成」的強烈意志。
8. 如果面臨什麼問題，要立刻採取對策。
9. 每個人要一直努力到月底最後一天的結帳時間為止。
10. 每個月結束時，領導者應該好好反省：
    (1) 為求達成預定目標，我們採取了什麼方法？
    (2) 這方法有效嗎？
    (3) 如何再調整？
    直到下個月能改善經營為止。
11. 要不斷尋求更好的做事方法，要持續改善與改良，今天要比昨天好，明天要比今天好，這是經營事業的基本功。

第 72 位　日本京瓷集團創辦人暨前董事長稻盛和夫

12. 永遠不要滿足於現狀。
13. 永遠要投注創新於新產品開發及新市場開拓，果敢去挑戰，才能塑造出成功的京瓷。
14. 要經常性從事「創造性」工作。
15. 要讓組織內的每一個 BU，都變得更強大，公司獲利就會更多。
16. 領導者要站在最前線，不要把一切都全部交給第一線。
17. 我經常思考：未來要如何拓展公司，以及應發展方向，或做出重大決斷等。
18. 我經常到第一線去，是去了解問題、協助解決，並給予大家鼓勵。
19. 領導者應站在最前面，而且比別人多努力一倍。
20. 最高領導者，要不斷培育出更多的優秀 BU 領導主管，做為未來接班小組的團隊成員。

三、作者重點詮釋

（一）利潤中心（BU）運作，是最佳組織體：

　　很多公司把公司，拆分為好幾個品牌別、產品別、事業部別、事業群別、子公司別、分公司別、分店別、分館別等，並賦予他們利潤中心制度，也就是 BU 制度（Business Unit）（營運單位），如此，可以提高組織績效及最終經營績效，是到目前最佳的組織設計。

（二）環境→公司策略／公司方針→組織結構的相契合：

　　企業高階領導人，必須檢視面對大環境的變化，公司在策略、方針、及組織結構是否能相契合、相配合、相一致性。例如：現在在中美兩大國競爭與對抗下，台商在全球供應鏈「去中化」之下的移轉到東南亞、印度及墨西哥去之後，在全球布局、製造據點策略、組織人力搭配下，應有一致性的配套措施。

（三）激勵員工、肯定員工、給予更多、更好的月薪、獎金、紅利：

　　現在各行各業，特別是高科技業為爭取更優質員工，大多給予更好的月薪、獎金、紅利及各種福利措施；大概 23～45 歲的年輕員工及壯年員工，都有經濟上的壓力，包括：要結婚、要買房、要買車、要養小孩、要養父母，都有賺錢的期待與重要性，因此，為有效激勵員工，經濟、物質的報酬，就是最佳工具。例如：台積電、鴻海、聯發科、大立光……等高科技公司每年的盈餘紅利分配，平均每個人都可以拿到 100～200 萬元之多，令很多傳統行業很羨慕。誰會離開這種好福利公司呢？

（四）打造一支隨時能作戰、且彈性、靈活、機動的作戰組織體：

面對外在大環境的巨變、競爭對手增加及景氣不穩定之下，企業更必須有一支會打戰的組織體才行，這個組織體必須：

1. 隨時能作戰；2. 彈性、靈活、機動的作戰。

（五）擬定目標，使命必達的強烈意志：

公司全員，必須有一種針對每個月、每季、每年設定的目標，都要使命必達的強烈意志才行。

（六）每一件事、每一個產品，都要持續改良、升級、加值，做到今天比昨天更好：

企業面對每一件事、每一個產品，都要秉持著不斷的改良、改善、升級、加值、提升，做到今天比昨天好，明天比今天更好的狀態，這是經營事業的必備基本功。

（七）勇敢往：新產品開發、新品牌開發、新市場開發、新技術開發、新事業開發，企業就能一直成長：

企業經營，要永遠思考及執行下列 5 個開發，才能永保成長下去：

1. 新產品開發
2. 新市場開發
3. 新技術開發
4. 新事業開發
5. 新品牌開發

（八）領導人要 4 個思考：未來公司要往哪裡去？方向在哪裡？機會點在哪裡？成長點在哪裡？做為一個高階領導人，永遠要思考下列 4 點：

1. 未來公司要往哪裡去？
2. 方向在哪裡？
3. 機會點在哪裡？
4. 成長點在哪裡？

（九）讓組織內每個員工，變得更強大，公司獲利就更多：

企業經營，每一天、每一週、每個月、每一年，都要努力培育、激勵、使每個員工都變得更強大，公司最終獲利就會更好。

（十）永遠不要、不能滿足於現狀：

企業每個人，切記：永遠不要也不能滿足於現狀，只要一滿足現狀，就失去了再前進的動力。記住：永遠保持向前進，永遠向新目標而努力！

（十一）領導主管要經常到第一線去，要經常站在員工最前面：

各級領導主管不能只是出嘴巴，更應該拿掉頭銜，經常到第一線的工廠、門市店、賣場、專櫃、活動現場去看、去觀察，協助解決問題，才是好領導人。

第 72 位　日本京瓷集團創辦人暨前董事長稻盛和夫

四、重點圖示

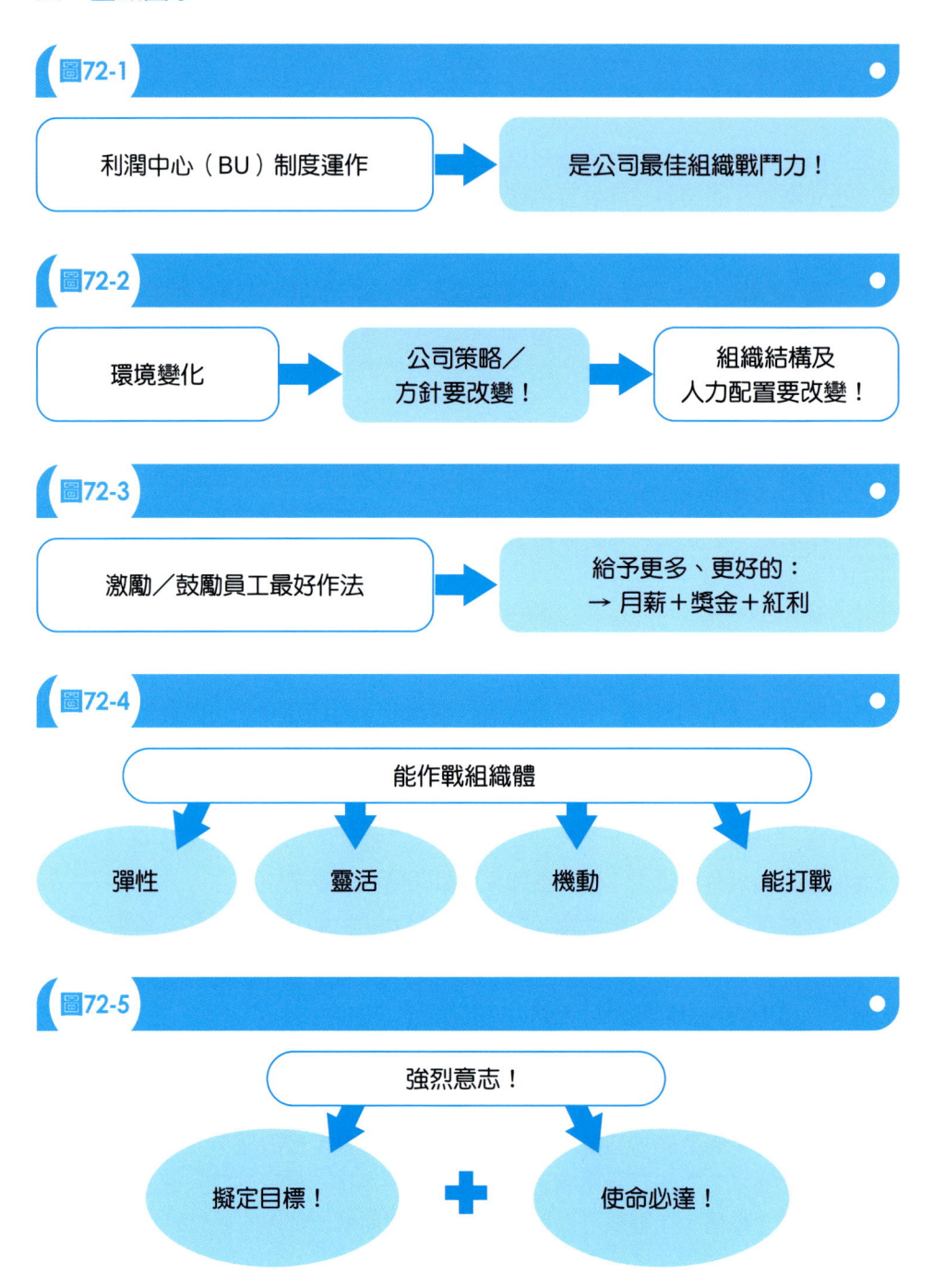

圖72-1

利潤中心（BU）制度運作 → 是公司最佳組織戰鬥力！

圖72-2

環境變化 → 公司策略／方針要改變！ → 組織結構及人力配置要改變！

圖72-3

激勵／鼓勵員工最好作法 → 給予更多、更好的：→ 月薪＋獎金＋紅利

圖72-4

能作戰組織體
- 彈性
- 靈活
- 機動
- 能打戰

圖72-5

強烈意志！
- 擬定目標！ ＋ 使命必達！

272　超圖解81位董事長及總經理成功經營智慧

圖72-6

每一件事，每一個產品，
都要持續改良、改善、升級、加值，做到今天比昨天更好！

圖72-7

企業成長

- 新產品開發
- 新市場開發
- 新技術開發
- 新事業開發
- 新品牌開發

圖72-8 領導人 4 個思考

1	2	3	4
未來公司要往哪裡去？	方向在哪？	機會點在哪裡？	成長點在哪裡？

圖72-9

讓組織內，每個員工變得更強大！ → 公司獲利就更多！

第 72 位　日本京瓷集團創辦人暨前董事長稻盛和夫

圖 72-10

永遠不要滿足於現狀！ ＋ 永遠要有新目標去努力！

圖 72-11

領導主管要經常到第一線去！

- 工廠
- 大賣場
- 專櫃
- 門市店
- 加盟店
- 活動現場
- 服務中心
- 物流中心
- 子公司（分公司）
- 經銷商

第 73 位　日本伊藤忠綜合商社會長（董事長）岡藤正廣、社長（總經理）石井敬太

一、公司簡介

- 日本伊藤忠綜合商社是日本五大商社之一，也是最大的商社。
- 日本伊藤忠在 2024 年合併營收高達 14 兆日圓，合併淨利達 8,000 億日圓之高，EPS 為 160 日圓，股價 5,500 日圓之高。
- 日本伊藤忠旗下有 8 大公司，分別是：機械、金屬、能源／化學、纖維、食品原料、金融、住宅生活、流通零售等。
- 伊藤忠也是日本人氣企業的第一名公司，大家都想進去工作。

二、領導人成功經營心法

1. 向未來不斷開拓前進。
2. 企業價值要不斷向上提升及擴大。
3. 要成為「承諾經營」的典範，爭取資本市場投資人的好評。
4. 面對不確定性的外部大環境，必須堅持及發揮：
   (1) 自身的變革力；(2) 自身的總合力；(3) 自身的對應力。
5. 公司、集團生產力的再提升，有賴做好人才戰略。
6. 好的人才戰略有 4 要點：
   (1) 優秀人才確保。
   (2) 工作方法再進化。
   (3) 員工績效評核及報酬激勵化。
   (4) 員工能力發揮最大化。
7. 綜合商社就是運用最少人力，創造最大成果實現。
8. 朝向 ESG 全球最新趨勢實踐。
9. 商社的意思，就是買得好、賣得也好。
10. 要不斷朝向市場發想及業態變革推進。
11. 企業價值如何提升：
    (1) 每年營收、獲利、EPS、ROE 目標的順利達成。
    (2) 每年保持一定的成長率上升。
    (3) 資金成本下降。
    (4) 每年股息發放，大眾股東都很滿意。
    (5) 能策訂五〜十年未來成長戰略計劃，看見十年後的自己在哪裡。

第 73 位　日本伊藤忠綜合商社會長（董事長）岡藤正廣、社長
　　　　　（總經理）石井敬太

三、作者重點詮釋：

（一）面對不確定大環境變化，企業必須做好三力：變革力、對應力、總和力

日本最大伊藤忠綜合商社認為，面對現在外部大環境的不確定性，最重要的要做好三力：

1. 變革力（再革新力）。
2. 對應力（快速應變）。
3. 集團總和力（集團資源總和力量）。

（二）公司、集團的生產力、績效力要再提升，根本上要靠人才戰略的再強化：

伊藤忠認為整個集團績效、成果的再提升，根本在於：做好、做強人才戰略，不斷培育出強大人才，伊藤忠就會不斷強大、成長下去。

（三）要成為「承諾經營」的典範，才能獲得大眾投資：

日本伊藤忠總合商社已經成為「承諾經營」的典範集團，凡是它所承諾的營收、獲利、EPS、發放股利、ROE 等，它都如期做到，信守承諾，深獲國內外投資機構及大眾股東的信賴。

（四）要重視企業價值的再提升：

企業經營到最後，就是企業價值或企業總市值的呈現，企業價值愈高愈好，只要每天、每年、每五年、每十年，公司績效都很好的，公司的企業價值就會不斷上升，成為優良好公司。

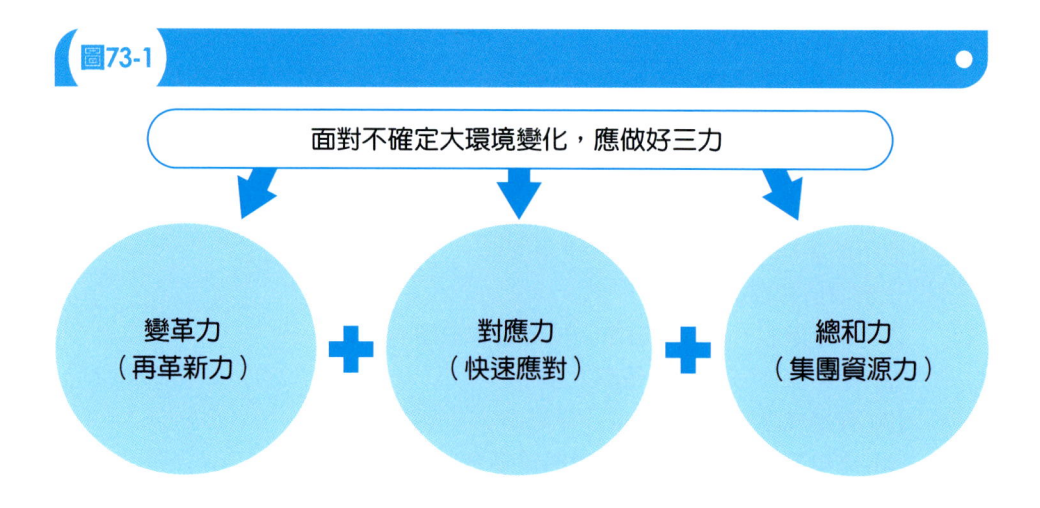

四、重點圖示

圖73-1

面對不確定大環境變化，應做好三力

變革力（再革新力） ＋ 對應力（快速應對） ＋ 總和力（集團資源力）

圖73-2

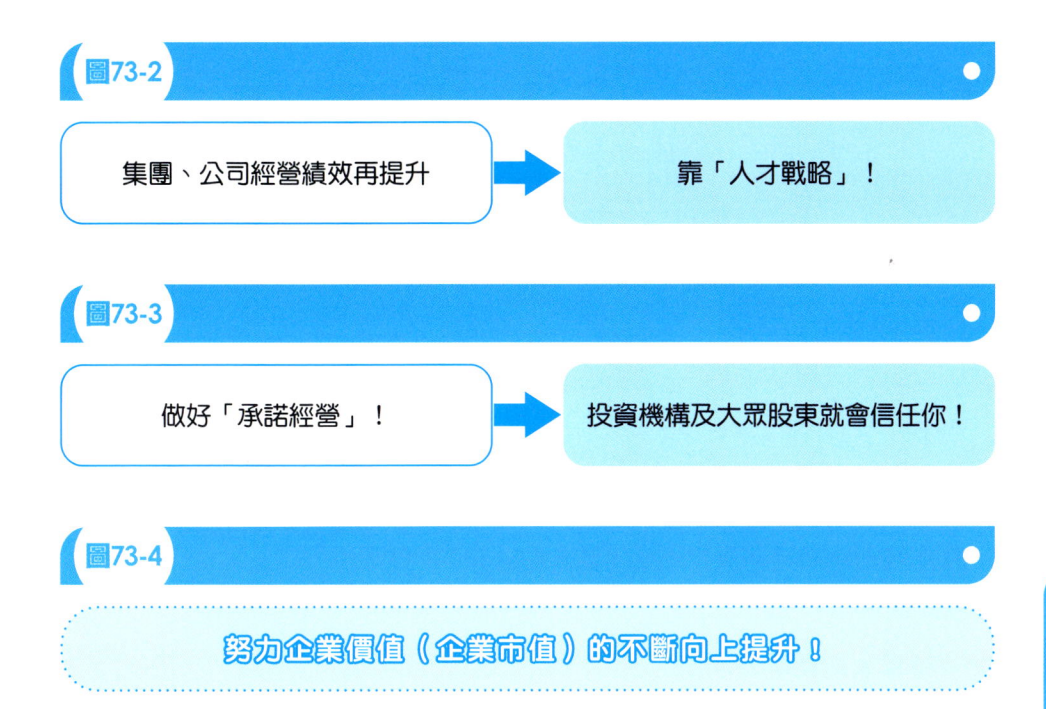

集團、公司經營績效再提升 ➡ 靠「人才戰略」！

圖73-3

做好「承諾經營」！ ➡ 投資機構及大眾股東就會信任你！

圖73-4

努力企業價值（企業市值）的不斷向上提升！

第 74 位　日本資生堂公司會長（董事長）魚谷雅彥、社長（總經理）藤原憲太郎

一、公司簡介
- 日本資生堂是日本第一，世界第五大化妝保養品公司。
- 資生堂成立於 1872 年，至今已有 151 年歷史了，目前在全球 120 個國家有銷售產品，全球員工總數 1.2 萬人。
- 資生堂 2024 年全球合併營收達 1 兆日圓，淨利達 510 億日圓，獲利率 5%，其中，線上商城收入占 33%之高，ROE 為 6%，全球研發點有 6 個，生產據點有 12 個，每年研發費＋品牌廣告費達 530 億日圓。
- 海外營收占比為 60%，日本國內營收占比為 40%。

二、領導人成功經營心法
1. 資生堂的使命（mission）：
   「為更好的世界而美麗創新（Beauty Innovation for Better world）」。
2. 今年是轉守為攻的第一年開始，要創造企業成長。
3. 全球化的原則，就是：「Think Global, Act Local.」（思維全球化，行動在地化）。
4. 要成為社會最信賴、最會創造新價值的美麗企業。
5. 行銷＋研發，是資生堂再成長的兩條最重要生命線。
6. 公司未來要持續加強及重視工作：
   (1) R&D 創新。
   (2) 數位化轉型。
   (3) 生產效率提升。
   (4) 人才培育。
   (5) 成本再控制。
7. 訂定中長期成長戰略計劃（vision 2030 年）。
8. 2030 年營收目標：從現在的 1 兆日圓，成長到 1.2 兆日圓。

三、作者重點詮釋

(一)「Think Global, Act Local.」(思維全球化、行動在地化):

資生堂也算是一個全球化公司,它喊出「思維全球化,行動在地化」,顯示出,對化妝保養品這類產品,在執行上,仍仰賴在地上行銷及在地化業務,才可以成功打入當地市場。

(二)「行銷」+「研發」,是公司再成長兩條生命線:

資生堂社長認為未來公司要再成長,必須仰賴的兩條生命線是:

1. 行銷
2. 研發

研發,是指做出好的美妝品;而行銷是指要把此好產品能賣得出去。

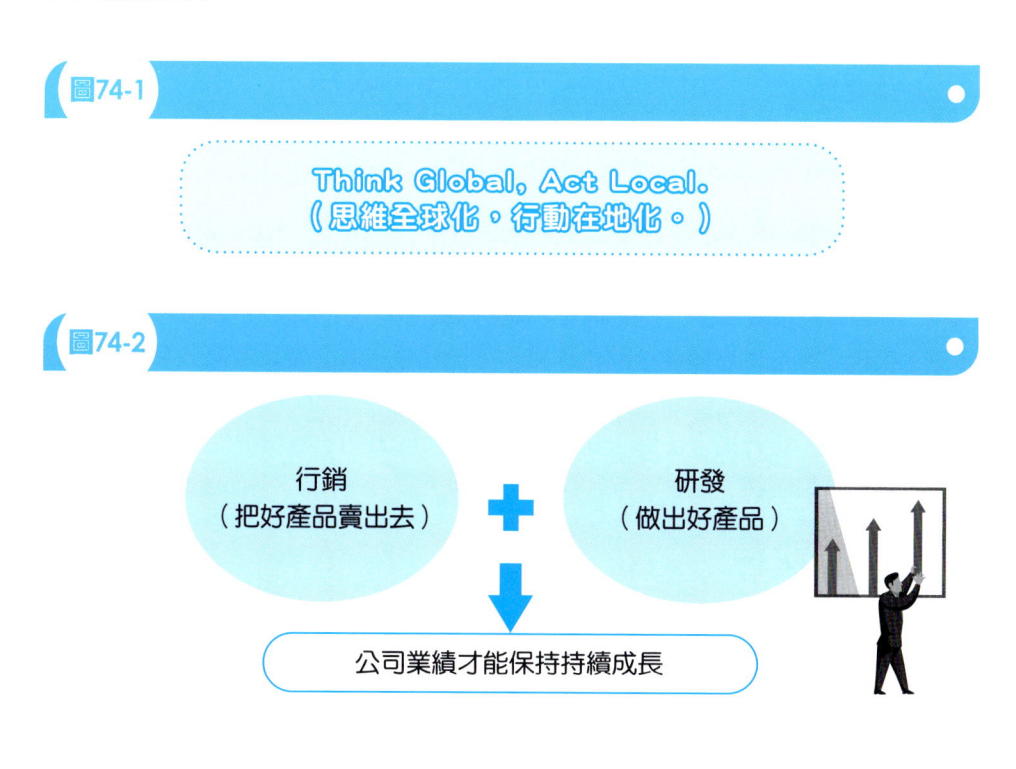

四、重點圖示

圖74-1

Think Global, Act Local.
(思維全球化,行動在地化。)

圖74-2

行銷(把好產品賣出去) ＋ 研發(做出好產品)
↓
公司業績才能保持持續成長

第 75 位　日本麒麟控股公司社長（總經理）磯崎功典

一、公司簡介
- 日本麒麟（Kirin）公司是日本知名且大型的啤酒、飲料、健康食品及藥品的綜合性公司。
- 該公司成立於 1907 年，至今已有 116 年歷史，在 2024 年全球合併總營收額達 1.99 兆日圓，全球合併營業淨利額為 1,912 億，獲利率達 10%。
- 該公司員工總人數達 3 萬人之多，該公司市場遍及亞洲、歐洲及美洲市場。

二、領導人成功經營心法
（一）企業價值創造的 6 個基柱與組織能力（core competence）：
　　1. 技術力
　　2. SCM（供應鏈力）
　　3. 製造力
　　4. 財務資金力
　　5. 行銷力
　　6. 人才力
（二）我們始終以成為「CSV 企業」為追逐目標（CSV；Create Share Value，創造共有價值），即要兼顧創造企業經濟利益，也要創造社會利益。兩者利益及價值要平衡，都要顧及；不要只顧企業賺錢而已。
（三）從現場製造供應鏈管理到業務銷售等流程中，有必要再提高效率化及效能化。
（四）我們是「實行力」（即：執行力）很強大的公司，持續要保持下去。
（五）我們長期堅持「顧客導向」的 4 點宣言：
　　1. 帶給顧客「食及健康」的社會貢獻。
　　2. 提供顧客安心、安全的高品質產品。
　　3. 傾聽顧客聲音及建議，非常重要。
　　4. 不斷提升顧客滿意度為最大努力。
（六）事業成長的兩大方針：
　　1. 既有事業的價值，再向上提升。
　　2. 新事業的加速開展。
（七）我們已訂定「KV2030 年」（KV，代表 Kirin Vision，麒麟願景 2030 年）事業成長戰略經營計劃。

（八）即使面對外部大環境的變化，以及競爭對手激烈的競爭，我們仍要盡力維持永續、長期的經營下去。

（九）我們未來十年的 3 個成長事業領域是：
　　1. 食領域成長
　　2. 醫藥領域成長
　　3. 保健食品領域成長

三、作者重點詮釋：

（一）企業價值創造的 6 個基柱能力：

　　1. 技術力 2. 製造力 3.SCM 力 4. 財務資金力 5. 行銷力 6. 人才力。日本麒麟公司認為企業價值的創造，必須根植在 6 個基柱能力上，這 6 個能力做好，企業價值就可以再提升：

　　1. 技術力（新產品開發技術力）。
　　2. 製造力（高品質製造生產）。
　　3. SCM 力（原物料採購）。
　　4. 財務資金力（資金準備好）。
　　5. 行銷力（品牌宣傳、廣告做好）。
　　6. 人才力（人才團隊、多樣化人才）。

（二）從製造到銷售完成流程中，有必要再提升效率化及效能化：

　　日本麒麟公司認為：從原物料採購、原料進廠、生產線製造、品質檢驗控管、物流運輸、行銷宣傳、業務銷售、通路上架、銷售完成、售後服務、經銷商配合等，整個流程都可以再提升它們的效率、降低成本、提高效能等價值出來。

（三）堅持「顧客導向」為第一位置的 4 點宣言：

　　日本麒麟公司堅持「顧客導向」放在第一位置的 4 點宣言：
　　1. 帶給顧客「食及健康」的社會貢獻。
　　2. 確保顧客安心、安全的高品質產品。
　　3. 傾聽顧客心聲及意見，要高度重視。
　　4. 不斷提升顧客滿意度的最大努力。

（四）已訂定「KV2030 年：中長期成長戰略經營計劃」

　　「KV2030 年」，係表示：「Kirin Vision 麒麟願景 2030 年」，從 2025 年到 2030 年的五年中長期成長戰略經營計劃的訂定及實踐。日本大公司通常都會制訂「3～5 年中期經營計劃」或「5～10 年中長期成長戰略經營計劃」，以做為他們的中長期經營指針方向與目標追求。

（五）「實行力」（執行力）強大的公司：

　　日本麒麟自詡他們是一家高度重視「實行力」（即：執行力）的強大公司，透過強大實行力，就可以提高更大效率及效能，最終可以為公司創造更大價值出來。

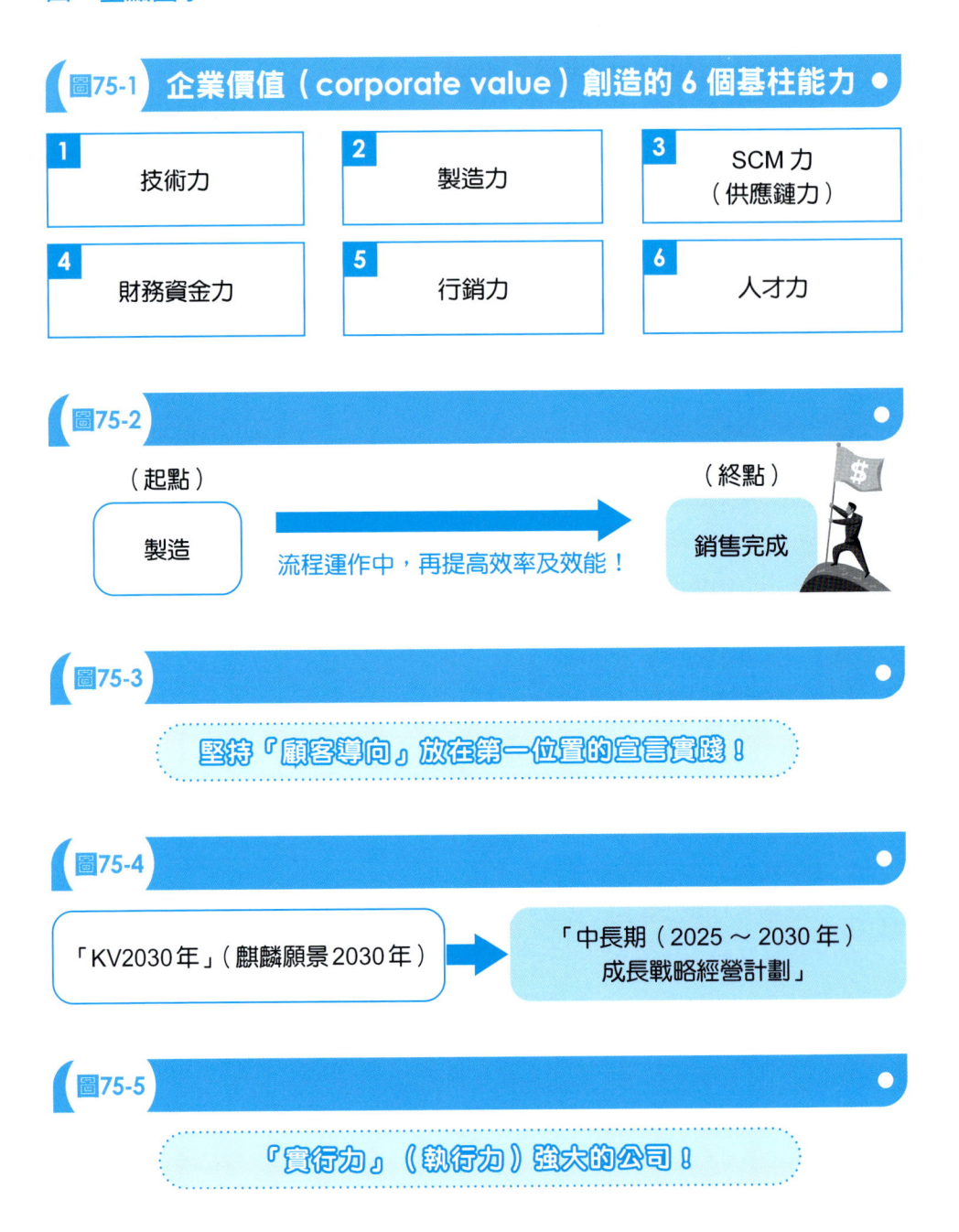

第 75 位　日本麒麟控股公司社長（總經理）磯崎功典

四、重點圖示：

圖75-1　企業價值（corporate value）創造的 6 個基柱能力

1 技術力	2 製造力	3 SCM力（供應鏈力）
4 財務資金力	5 行銷力	6 人才力

圖75-2

（起點）製造 → 流程運作中，再提高效率及效能！ → （終點）銷售完成

圖75-3

堅持「顧客導向」放在第一位置的宣言實踐！

圖75-4

「KV2030年」（麒麟願景2030年） → 「中長期（2025～2030年）成長戰略經營計劃」

圖75-5

「實行力」（執行力）強大的公司！

第 76 位　日本象印公司社長（總經理）市川典男

一、公司簡介
- 日本象印公司是日本專做電子鍋出名的家電公司，其產品系列有調理家電及生活小家電兩大類。
- 日本象印公司 2024 年營收額為 830 億日圓，年獲利 16 億日圓，獲利率僅 2%，顯示小家電不易經營。

二、領導人成功經營心法

（一）本公司總體經營方針：
「品牌革新」（brand innovation）。

（二）未來擴大象印品牌價值，有 3 大方向：
1. 水平領域擴大。
2. 垂直領域擴大。
3. 經營基盤強化。

（三）水平領域擴大，係指：
1. 既有商品：對新市場開拓及對新通路開拓。
2. 既有市場：對既有市場再深掘。

（四）垂直領域擴大，係指：對新品類的開展。

（五）經營基盤強化是指：
1. 業務更效率化。
2. 生產製造力更提升。
3. 供應鏈強化。

（六）未來 3 年（2025～2027 年）中期經營計劃推動，稱為「Shift 計劃」，如下 4 大重點方向：
1. 既有領域事業深掘及新領域事業開展。
2. 全球化市場加速成長，尤以亞洲市場為重。
3. 往數位化推進。
4. 落實 ESG 永續經營。

（七）總結兩大核心：
1. 擴大象印品牌價值。
2. 提升企業價值。

三、作者重點詮釋

（一）總體經營方針：「品牌再革新」與「品牌價值再提升」：

日本象印公司對象印的「公司品牌」是非常重視的，一再強調要：
1. 品牌再革新；2. 品牌價值再提升。

因為，象印認為：公司品牌就是代表象印的根本生命線。

（二）擴大營收成長的兩大方向：水平＋垂直領域再擴張

日本象印公司對未來的營收再成長，主要有兩個領域：
1. 水平擴張：對既有產品及市場的再深耕。
2. 垂直擴張：對新品類再探索及開拓。

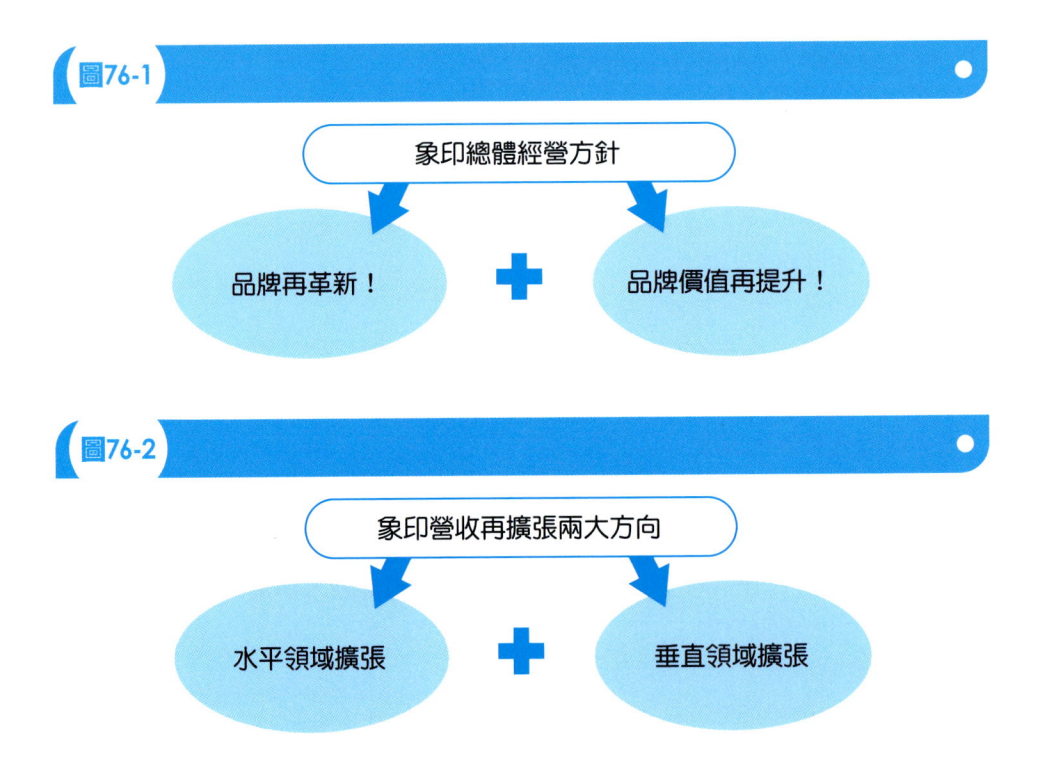

四、重點圖示

圖76-1

象印總體經營方針
→ 品牌再革新！ ＋ 品牌價值再提升！

圖76-2

象印營收再擴張兩大方向
→ 水平領域擴張 ＋ 垂直領域擴張

第 77 位　日本任天堂公司執行長 古川俊太郎

一、公司簡介
- 日本任天堂是知名遊戲機的研發與製造者，總公司在日本京都市。
- Nintendo Switch 是任天堂的核心遊戲機產品，希望帶給喜好者最大的娛樂價值。

二、領導人成功經營心法
1. 持續成長是我們的核心戰略。
2. 秉持獨創的精神，帶給消費者更大的娛樂創造價值。
3. 好景不會長久持續，故要常存危機意識。
4. 每年都是關鍵時刻，每年都要有新提案、新產品。
5. 產品一定要與眾不同，故要鑽研技術，好玩及有趣內容，仍是最重要。
6. 經營的根本，就是要思考如何永續經營。

三、作者重點詮釋

（一）好景不會長久，故要常存危機意識：

任何企業、任何行業，沒有 100 年永遠的好景的，例如：台灣出口行業及電子行業過去幾十年來都很好，但在 2022～2023 年連續 12 個月負成長，沒有外銷訂單，因為全球終端需求不振，都在慢慢去化庫存中。所以，任何企業必須切記，要每天、每月、每年，常存危機意識，而有所準備才行。

（二）每年都是關鍵時刻，每年都要有新產品及新行銷提案：

日本任天堂領導人認為：每一年都是關鍵時刻，因此，每一年都必須要有既有產品改良及新產品推出上市，而且要搭配新的行銷提案，才能把業績做起來。所以，每一年都不能鬆懈、懈怠。

（三）產品一定要與眾不同、獨一無二、有差異化特色：

日本任天堂領導人認為，任何行業的產品要突出致勝，一定要想方設法，努力達到 3 要件：

1. 要與眾不同。
2. 要獨一無二。
3. 要有差異化特色。

如此，行銷才能成功，賣得好。

第 77 位　日本任天堂公司執行長古川俊太郎

（四）經營的根本，就是要思考如何可以 30 年、50 年、100 年永續經營下去：

經營者最大的根本，就是要去思考：

「如何讓公司可以 30 年、50 年、100 年，長期永續經營下去」，這是一份崇高的責任，必須勇敢擔責，不可放棄。

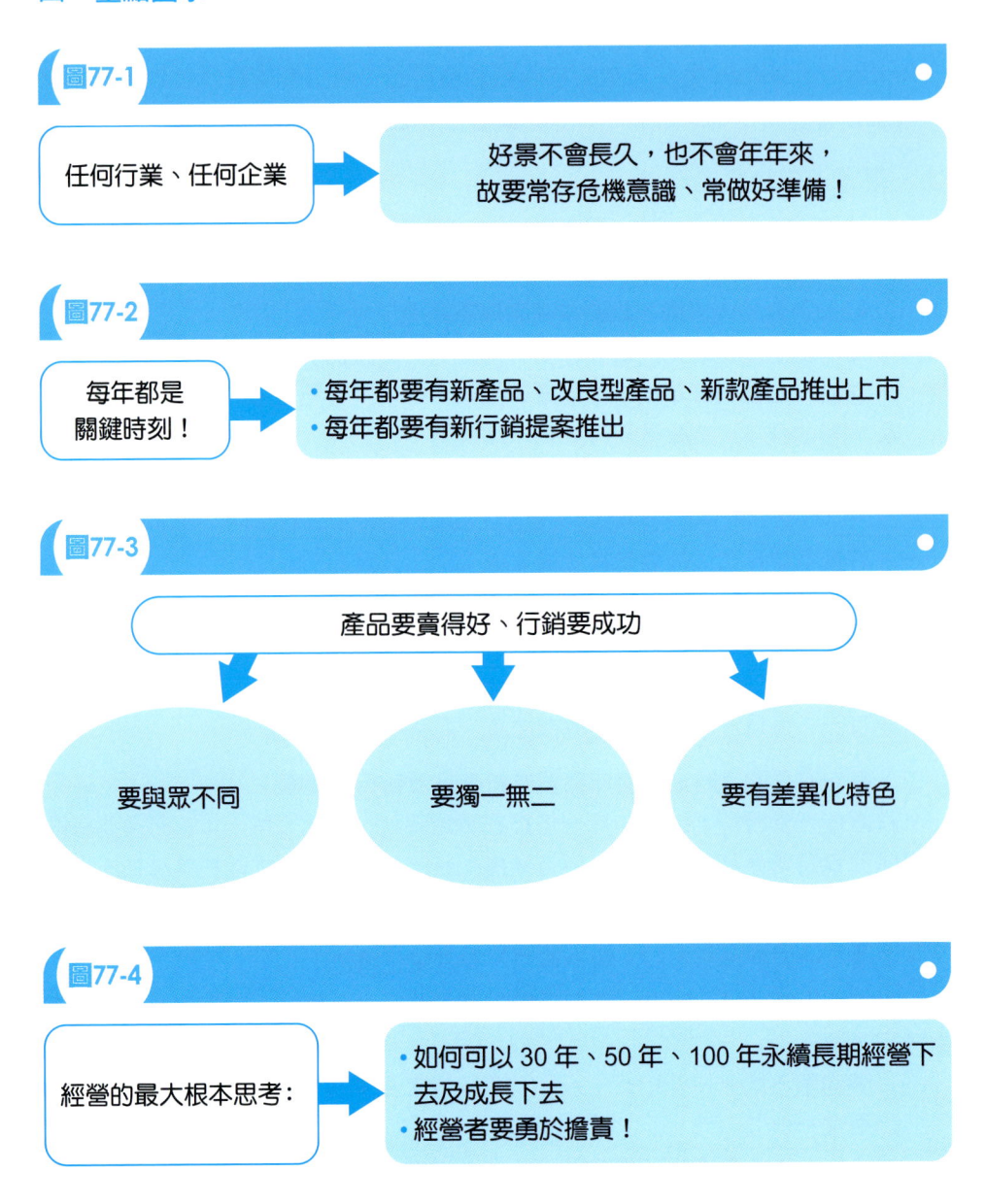

四、重點圖示

圖77-1

任何行業、任何企業 ➡ 好景不會長久，也不會年年來，故要常存危機意識、常做好準備！

圖77-2

每年都是關鍵時刻！ ➡
- 每年都要有新產品、改良型產品、新款產品推出上市
- 每年都要有新行銷提案推出

圖77-3

產品要賣得好、行銷要成功
- 要與眾不同
- 要獨一無二
- 要有差異化特色

圖77-4

經營的最大根本思考： ➡
- 如何可以 30 年、50 年、100 年永續長期經營下去及成長下去
- 經營者要勇於擔責！

第 78 位　日本小林製藥公司社長（總經理）小林章浩

一、公司簡介

- 小林製藥是日本知名藥廠之一，2024 年營收為 1,200 億日圓，營業淨利額為 240 億，淨利率達 2%。
- 小林製藥的品類占比如下：芳香除臭劑（占 28%）、保健食品（占 13%）、營養補助品（占 6.8%）、皮膚藥品（占 6.5%）、衛生雜貨（9.2%）等。
- 小林公司每年員工創意提案高達 5.7 萬件。
- 小林公司海外營收占比約 25%。

二、領導人成功經營心法

（一）以需求為喚起力，創造新市場。
（二）新商品開發速度要再加快速度。
（三）要不斷提高企業價值。
（四）小林的經營理念兩大核心所在，即：「創造」與「革新」。
（五）任何新產品開發，都要問：
　　1. Something new ?（有沒有新創意）
　　2. Something different ?（有沒有不同點）
（六）要站在顧客立場及顧客期待性，去努力開發顧客有需求性的好產品。
（七）使命：幫助消費者快樂與健康生活的實現。
（八）我們是小魚池塘中的大魚戰略，而不是在大魚池塘中，跟很多大魚去競爭，那會很辛苦。
（九）新產品開發要有好創意，而且令人看到第一次，就有令人驚喜的好感覺。
（十）行銷工作 4 要點：
　　1. 好的品牌命名。
　　2. 好的包裝。
　　3. 好的廣告宣傳。
　　4. 好的賣場行銷布置。
（十一）逆境可以驅使全體員工自我變革，尋求解決方案出來。
（十二）面對環境巨變，企業應調整策略布局；並把握每次轉機，強化公司體質與韌性，以開創新未來。

第78位　日本小林製藥公司社長（總經理）小林章浩

（十三）小林製藥未來五年（2023～2028 年）成長 6 大核心：
1. 既有品牌競爭力強化。
2. 新事業積極創造。
3. 對基本功的鞏固。
4. 海外市場再擴大。
5. 擴大電商（線上商城）的銷售占比。
6. 人才育成的挑戰。

三、作者重點詮釋

（一）「創造」+「革新」：任何企業經營，勿忘兩個核心點，即：
1. 創造：要創造出新需求、新市場出來，就是很大成功。例如：美國 Apple 公司在 17 年前，創造出 iPhone 智慧型手機，就是成功創造出巨大的消費者需求及市場出來。
2. 革新：凡事都必須朝向新的方向、勿走舊路，走舊路到不了新地方。

（二）新產品開發：Something new？Something different？
　　任何新產品開發，都要問：有沒有新意？有沒有不同？才能放手去研發及上市。

（三）調整布局策略：
　　當企業面對大環境快速變化時，必須加快調整策略、調整布局方向，不要陷在困境裡面，要快速突圍。

（四）基本功要做好：
　　企業基本功要做好的意涵有五項：
1. 人才要準備。
2. 製造設備要升級準備好。
3. 技術能力要升級準備好。
4. 財務資金供應要準備好。
5. 快速執行力要準備。

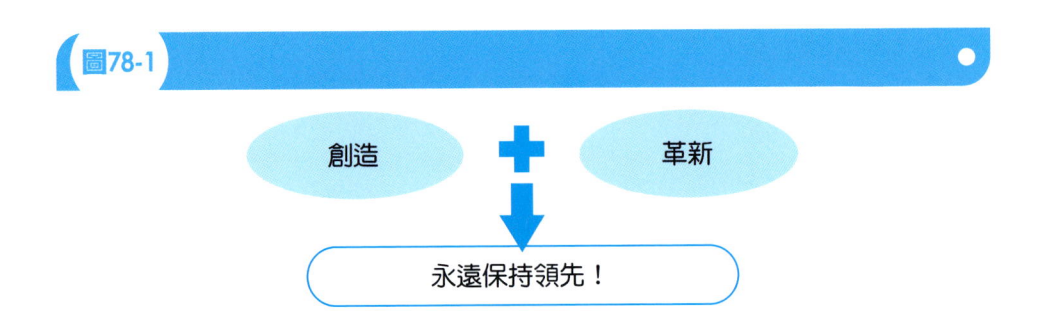

四、重點圖示

圖78-1

創造 ＋ 革新 → 永遠保持領先！

圖78-2

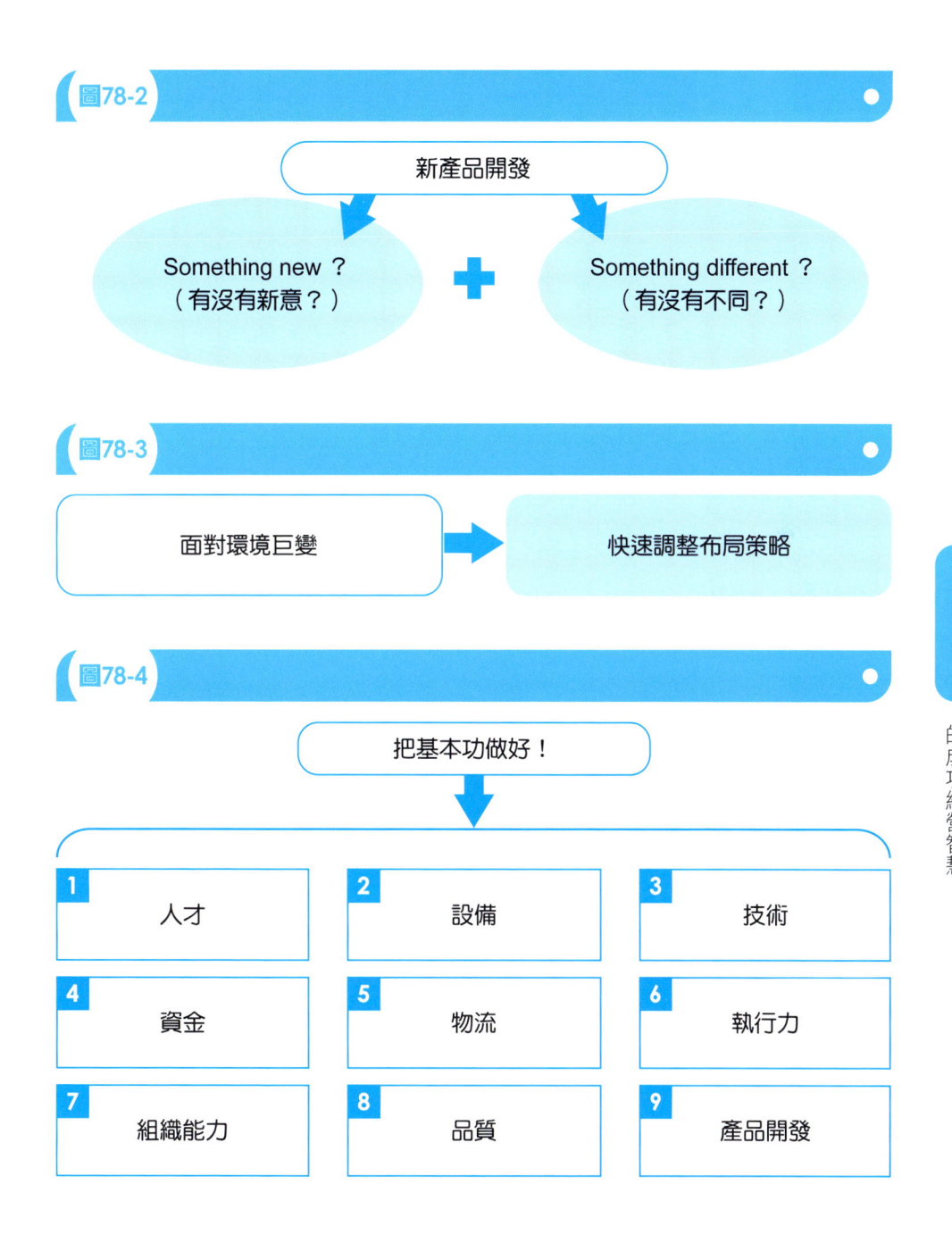

新產品開發

Something new？
（有沒有新意？）

＋

Something different？
（有沒有不同？）

圖78-3

面對環境巨變 ➡ 快速調整布局策略

圖78-4

把基本功做好！

1 人才	2 設備	3 技術
4 資金	5 物流	6 執行力
7 組織能力	8 品質	9 產品開發

289

第 79 位　美國 AMD（超微）董事長兼執行長蘇姿丰（華裔人士）

一、公司簡介

- 美國 AMD（超微）公司是一家以製造 CPU 處理器及 GPU（顯卡）的高科技公司。它主攻 PC、NB、伺服器的處理器及繪圖晶片。在 2023 年起的 AI 新世代中，AMD 公司將走向更高峰；AMD 正與美國 NVIDIA（輝達）公司競爭幾千億美金的 AI 新商機。
- 2014 年時，AMD 股價只剩 1.6 美元，面臨破產，是蘇姿丰女士到該公司把它救起來，如今，2023 年股價已破 100 美元，市值破 1,800 億美元。
- 蘇姿丰為一華裔女士，出生地在台灣，她在 24 歲時，即讀到美國麻省理工學院（MIT）電機博士，現年 54 歲，是美國科技界女性領導人典範，也是美國半導體界的女王。
- 蘇姿丰董事長目前年薪為 5,800 萬美元（約 18 億台幣）。

二、領導人成功經營心法

（一）蘇姿丰董事長曾對母校麻省理工學院（MIT）畢業生有 5 點建議：

1. 勇於夢想：要勇於做夢，相信你能改變世界。
2. 能解決問題的人：不必是最聰明的人，但必須成為「能為公司解決問題的人」。
3. 勇於冒險：有時要冒很大風險，但也要確保從錯誤中成長。犯錯是必然的，成功沒有捷徑，但那些從錯誤中學習的人，最終會成為最好的領導人。
4. 創造運氣：找到世界上最困難的問題並解決它，這是創造自己的運氣。
5. 永遠不要停止學習：學習是一輩子的事。

（二）2014 年，接任 AMD 執行長時，對公司內部發表談話時，強調：「我有非常高的標準，我有不服輸的個性，我只喜歡贏（I love to win）。」

（三）AI（人工智慧）正在形塑下一代運算的決定性技術，這也是 AMD 最大及最具戰略性的長期成長機會。

（四）我們 AMD 公司每年都有一天，稱為「AMD Innovation Day」（AMD 創新日）的活動，以持續提醒全體員工對「創新」的重視及行動的再提升。

（五）「向困難挑戰」，是我們 AMD 全體員工的基本信念，我們絕不做太輕易的工作，因為這沒有門檻，大家都會做！

三、作者重點詮釋

（一）「AMD 創新日」：

美國 AMD（超微）在全球各子公司都訂有同一天的「創新日」（Innovation day）；旨在提醒全球超微公司的員工，都不要忘記身在高科技公司裡面，其最重要的工作，就是不斷創新的使命與任務，唯有創新，才能成長及領先。

（二）勇於向困難挑戰：

美國 AMD 公司執行長蘇姿丰特別提出「勇於向困難挑戰」的方針，唯要突破最困難的工作後，就是海闊天空任我行。此句話，也成為今天 AMD 公司的重要企業文化及工作信仰。

（三）能解決問題的人：

不管任何行業，在經營過程中，一定會遇到問題點，如何解決各種大大小小問題，就考驗著全體員工。不管身在那個部門的員工，如果都能成為「能夠解決問題的人」，那麼公司必能加快速度、排除障礙、勇往向前跑去。

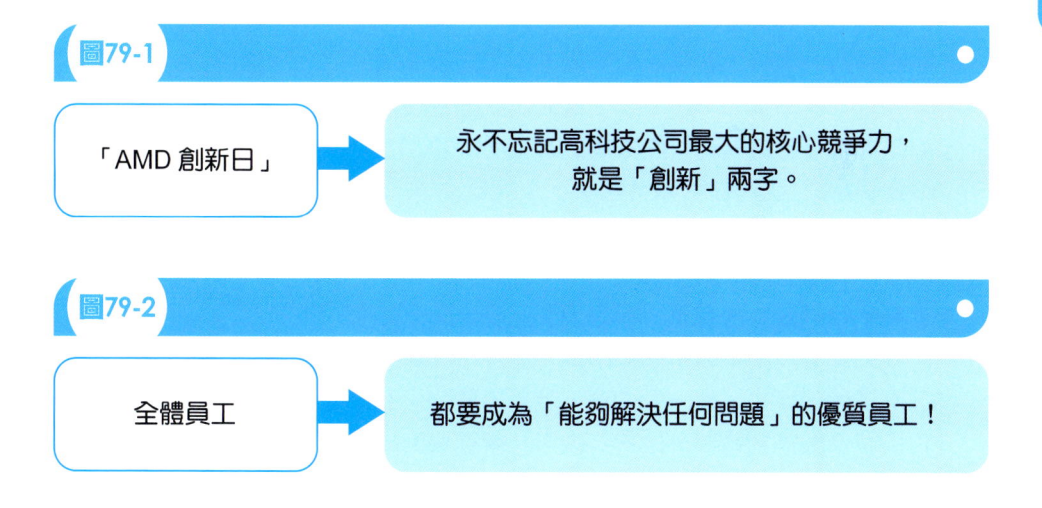

四、重點圖示

圖79-1

「AMD 創新日」 ➡ 永不忘記高科技公司最大的核心競爭力，就是「創新」兩字。

圖79-2

全體員工 ➡ 都要成為「能夠解決任何問題」的優質員工！

第 80 位　美國 NVIDIA（輝達）公司執行長黃仁勳（華裔人士）

一、公司簡介

- 1995 年起是 Wintel 時代，產物是 PC 及網路；2005 年起，是 Apple 蘋果時代，產物是手機；2020 年起，是 NVIDIA 時代，產物是 AI、雲端、高速運算；又稱黃金 AI 時代來臨。
- 任何 AI、自駕車、資料中心等需要高速運算的科技，背後都不能少了輝達，Google、亞馬遜、Meta，都得跟它合作。
- NVIDIA 在 2023 年 5 月，企業總市值已突破 1 兆美元之多。
- 生成式 AI 的大規模需求來了。
- 台廠做 AI 伺服器的生意大好，包括：廣達、緯創、英業達、技嘉、鴻伯、神達等。

二、領導人成功智慧金句

1. 堅持對的方向、義無反顧、深信不疑的往前走，這就是輝達能夠成為一兆美元帝國的秘密。
2. 在堅信的同時，若發現局勢變了，也必須果敢撤退、捨棄。
3. 如果你真的相信某件事，你就可以說服其他人。
4. 只要相信，這就是我們做事的方式。
5. 永遠別滿足於現狀。
6. 每兩年，我們會挑戰自己，是否比以往傳遞多十倍的價值。
7. 但，我們堅持下來了。
8. 幾乎我們做的所有事，都必須要至少十年來醞釀。
9. 我們確信技術會朝這個方向走。
10. 為了達到目的，唯一的方法，就是不停的投資研究，找出新的道路。
11. 只做你做得到的事，做不到的事，就要果斷撤退。
12. 不要浪費時間在別人已經做得夠好的事，要做只有你做得到的事，那才是我們存在的意義。
13. 策略性的撤退、捨棄，是未來成功，非常重要的核心。
14. 當面對犯下的錯，要用謙遜的態度向他人求助。
15. 要實現願景，一定要經歷長時間的苦痛。
16. 要做只有你做得到，而別人做不來的事。

17. 要成功，你得擁有高度好奇心。
18. 要用奔跑的，不要用慢走的；要向前面覓食而奔跑，一旦跑慢了，就會被後面追來的人，吃掉了。
19. 眼光要精準，而且企圖心要超強，只要看到未來有需求，肯定要跳下來。
20. 慧眼獨具，能無畏外界風雨，深蹲多年。
21. 領導風格要「親力親為」，要經常走到第一線，去看工程師及檢查進度，要求有任何阻礙要第一時間回報。
22. 公司還小的時候，最高領導人一定要親力親為，掌握所有狀況及細節；公司大起來，就要慢慢放手：

三、作者重點詮釋

（一）只要是對的方向，就要義無反顧、深信不疑的往前走下去：

輝達公司黃仁勳執行長認為：只要是對的方向，就要義無反顧、深信不疑的往前走下去及奮戰下去，最終必會有收穫的，絕不可半途而廢。

（二）若真的做錯了，也要果敢捨棄、撤退、不必有挫折感：

黃仁勳執行長也認為，萬一某件事情真的做錯了，沒有未來、也沒有競爭力，就要果敢捨棄、撤退，不必在此事上浪費時間及浪費成本。

（三）每兩年，我們會挑戰自己，是否比以往創造出 10 倍的價值出來：

輝達公司每兩年，也會檢視及挑戰自己，看看自己是否比二年前，更會、更能創造更多價值出來，而不是站在原地，無法向前再創造出自己的更多價值出來。

（四）幾乎我們做的重大戰略事業主題，都必須至少十年來醞釀，才能看到成果：

輝達公司對於重大戰略事業主題，都是懷著長遠十年以上的前瞻眼光及思維，去努力達成的，不是二、三年就要求看到成果的，若能從長期十年觀點去執行，那麼就很少有人會跟上來的。

（五）為了達到戰略目標，唯一的方法，就是不停投資及研究，找到新的道路：

輝達公司每次為達戰略目標，就是不停投入高額研發經費，最終必會找到新的道路出來。若只投入小額研發費用，那將找不到新道路。

（六）不要浪費時間在別人已做得夠好的事，而要做你會做得比別人更好的事：

當別人、別家公司在某些領域都已做得很成功、很好時，絕不能自己再投入此領域，因為已贏不了，他們都太強大了；反而，應該做你必會做得比別人更好的事，更擅長、更有優勢的事。

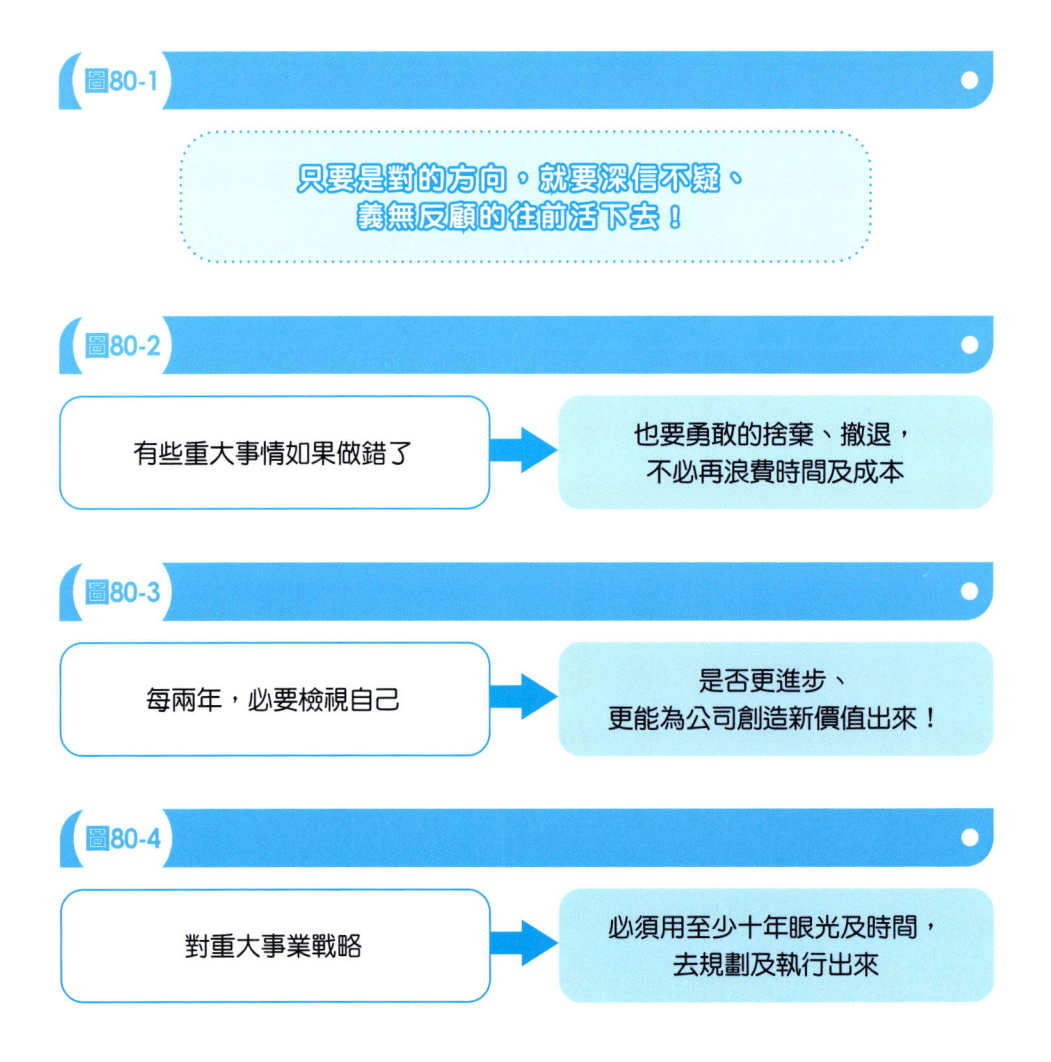

第 80 位　美國 NVIDIA（輝達）公司執行長黃仁勳（華裔人士）

（七）要用奔跑的，不要用慢走的（Run, don't walk）：

要大環境巨變的時刻，企業經營已不能再慢跑了，反而應該用奔跑的方式，才能快速達成遠處目標；如用走的，必會被後面的人追趕過去，甚至你會被人家吃掉。所以，企業必須 Run，而不要 Walk。

（八）眼光精準＋企圖心超強＋執行力強大＋有優勢 企業就會成功

黃仁勳執行長認為，企業要成功，必須四項組合：

1. 眼光精準。
2. 企圖心超強。
3. 執行力強大。
4. 有優勢的地方。

四、重點圖示

圖80-1

只要是對的方向，就要深信不疑、義無反顧的往前活下去！

圖80-2

有些重大事情如果做錯了 ➔ 也要勇敢的捨棄、撤退，不必再浪費時間及成本

圖80-3

每兩年，必要檢視自己 ➔ 是否更進步、更能為公司創造新價值出來！

圖80-4

對重大事業戰略 ➔ 必須用至少十年眼光及時間，去規劃及執行出來

圖80-5

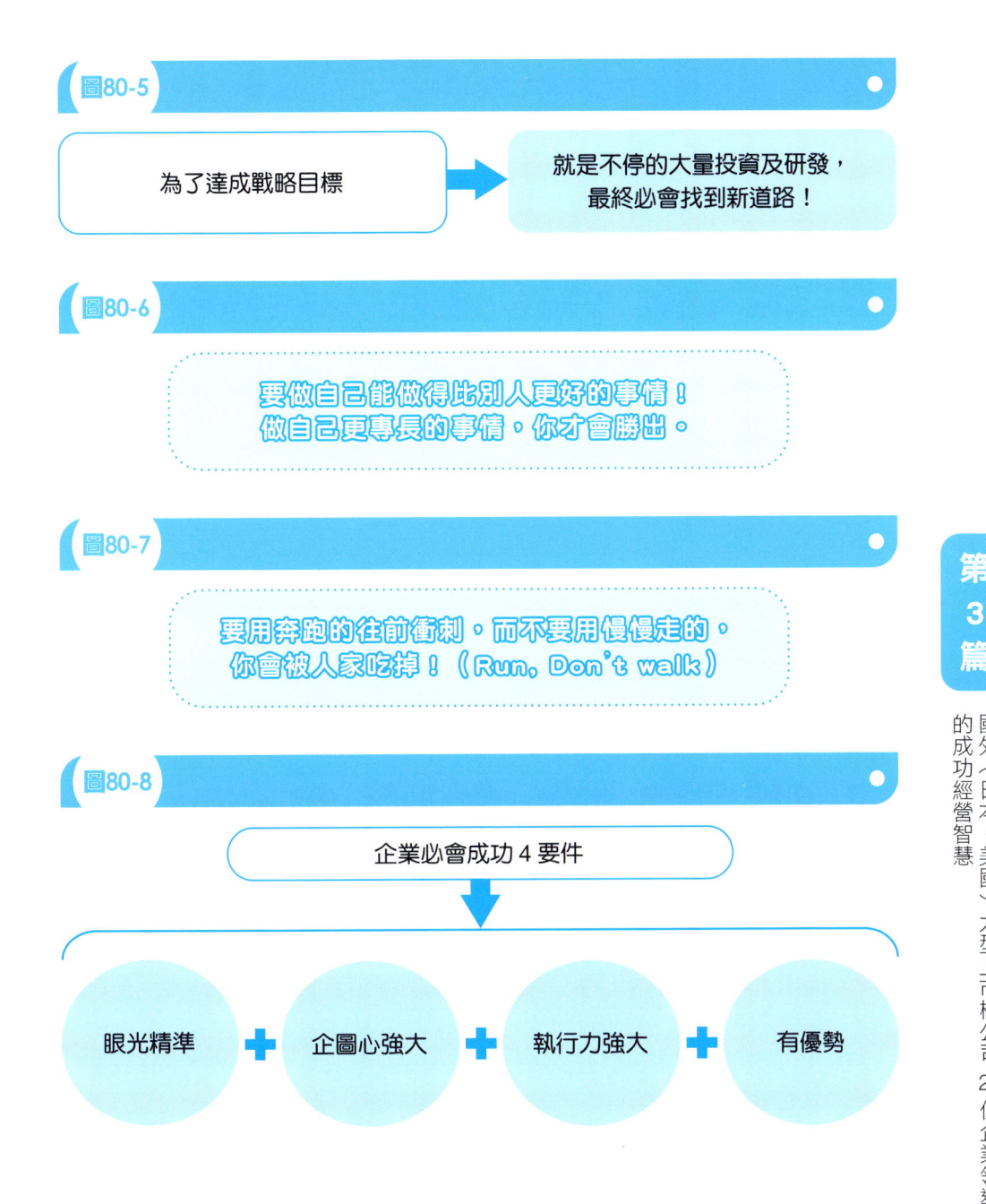

為了達成戰略目標 ➡ 就是不停的大量投資及研發，最終必會找到新道路！

圖80-6

要做自己能做得比別人更好的事情！
做自己更專長的事情，你才會勝出。

圖80-7

要用奔跑的往前衝刺，而不要用慢慢走的，
你會被人家吃掉！（Run, Don't walk）

圖80-8

企業必會成功 4 要件

眼光精準 ＋ 企圖心強大 ＋ 執行力強大 ＋ 有優勢

第 81 位　美國 Amazon（亞馬遜）公司董事長貝佐斯

一、公司簡介

- Amazon（亞馬遜）是美國及全球最大電商公司及雲端儲存服務公司。Amazon 也在全球各地設有子公司，成為全球化最大的電商公司。
- Amazon 是由貝佐斯（Bezos）在 30 多年前所創立。

二、領導人成功智慧金句

1. 要堅持以顧客為念，成為一個以顧客為念的企業。
2. 每天早上醒來後，就要兢兢業業，不是為了我們的競爭對手，而是為了我們的顧客。
3. 亞馬遜總是思考：
   (1) 顧客是誰？
   (2) 顧客真正想要什麼？
   (3) 顧客的問題或機會是什麼？
   (4) 最重要的顧客利益點（benefit）是什麼？
   (5) 你如何知道顧客的需求？
   (6) 顧客的體驗感受如何？
4. 要不斷思考：顧客為何不跟你做生意？
5. 要引起顧客的讚嘆，就必須加速我們的創新步調。
6. 公司的經營策略及投資原則，都必須採取 5～7 年的長期／長線思維，才可以領先競爭對手，絕不能短線操作；一定要堅持思考長期。
7. 短期內可能虧損，但長期必會賺錢，打好長期根基，才是關鍵點，所以要大膽「投資未來、投資長期」。
8. 我們將根據長期市場領先地位考量，來做投資決策，而不是考量短期獲利或短期華爾街的反應。
9. 亞馬遜的高階團隊決心讓公司保持「快速決策」，在商界，速度很重要。當決策做出以後，大家必須全力以赴。
10. 我們崇尚「行動力」及「執行力」，不要太多的研究及討論，當決策下定之後，就趕快去做，展現出快速、有效率、快／狠／準的執行力吧。

11. 每個員工，必須永遠保持創業第一天（day 1）的心態、熱情、及投入精神。
12. 領導人從不停止學習，總是尋求不斷改進自己。
13. 對於新的事物，要保持好奇心及探索。
14. 我們雇用並培育最佳人才，並對傑出人才，快速升遷他們。
15. 我們對產品及服務，一定要堅持高標準，切勿隨便推出不夠好的產品及服務，那會砸掉自己的招牌。
16. 領導人在擘畫一個激勵員工的宏大願景及方向，並胸懷大志。
17. 領導人必須仔細傾聽、尊重待人。
18. 沒有工作是領導人不能放下身段去做的。
19. 對任何事，要敢於質疑，切勿長官一言堂。
20. 不要討論太久，以交出成果為要。

三、作者重點詮釋

（一）永遠「以顧客為念」，念茲在茲的，都是顧客：

「以顧客為念」的精神，就是思考：

1. 顧客是誰？
2. 顧客真正想要什麼？
3. 顧客的問題或機會是什麼？
4. 顧客所在意的利益點是什麼？
5. 如何知道顧客的需求？
6. 顧客的體驗感受如何？

（二）經營策略及投資，原則都是採 5～7 年的長線思維：

亞馬遜的任何重大投資及戰略發展，都是採取 5～7 年的長線思維，才能勝過競爭對手，而不是短線思維。

（三）下決策之後，就是要重視「行動力」＋「執行力」：

公司下各種決策、決定之後，一定要展現出強大的「行動力」＋「執行力」，一定要把事情做成功、做到好的意志與要求。

（四）永遠保持創業第一天（day one）的心態及熱忱：

企業上班久了，總會有倦怠時候，此時，要喚起員工，永遠保持「創業第一天」的心態及熱忱，永不懈怠、永不鬆懈。

（五）對於產品及服務，一定要堅持高標準：

要求全體員工，對產品的品質、功能、效用及服務，一定要求用高標準來看待及做到，不可以自降標準，馬馬虎虎。

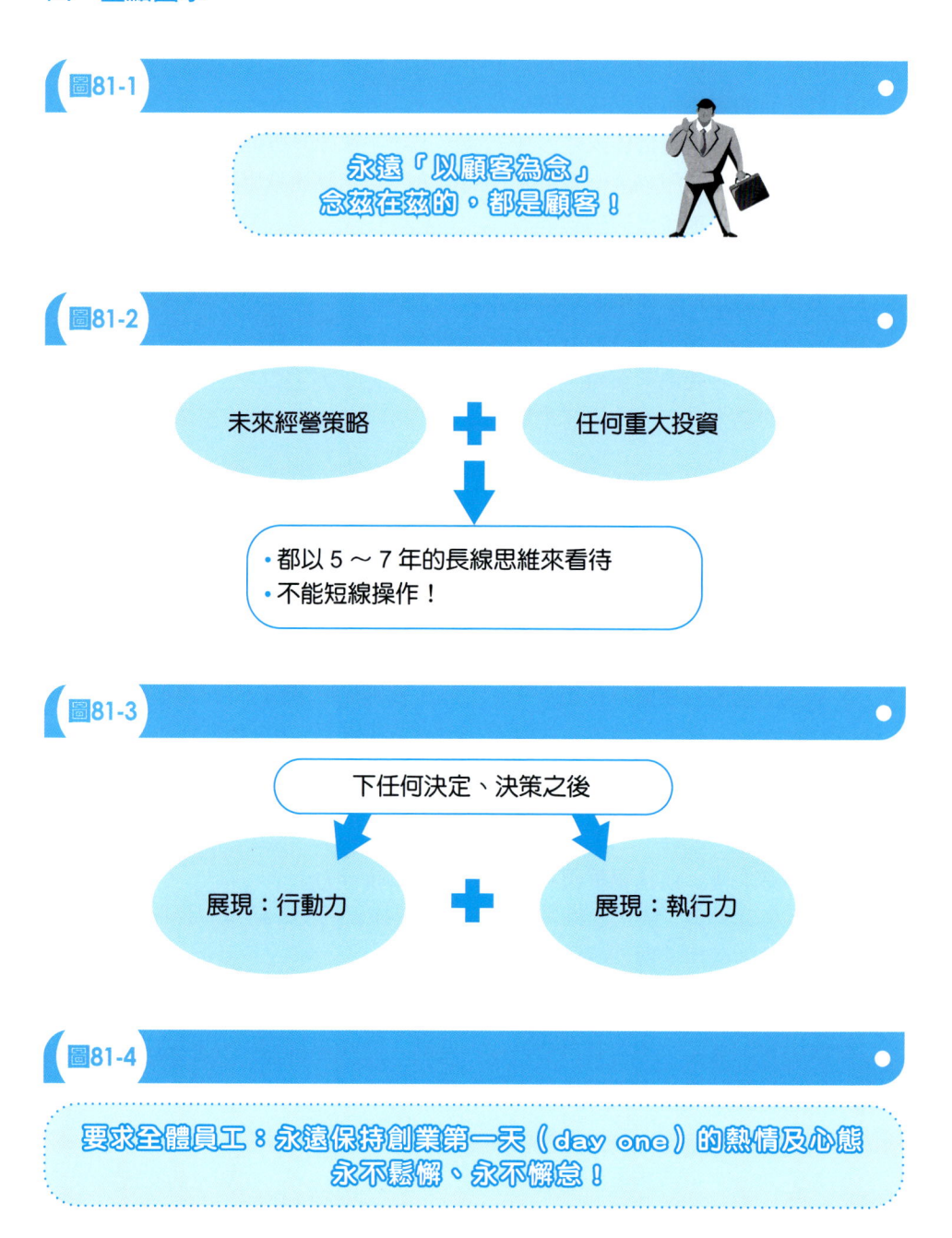

第 81 位　美國 Amazon（亞馬遜）公司董事長貝佐斯

四、重點圖示

圖81-1

永遠「以顧客為念」
念茲在茲的，都是顧客！

圖81-2

未來經營策略 ＋ 任何重大投資
↓
・都以 5～7 年的長線思維來看待
・不能短線操作！

圖81-3

下任何決定、決策之後
↙　　　　↘
展現：行動力　＋　展現：執行力

圖81-4

要求全體員工：永遠保持創業第一天（day one）的熱情及心態
永不鬆懈、永不懈怠！

298　超圖解81位董事長及總經理成功經營智慧

圖81-5

```
  對產品    +    對服務
              ↓
  ・永遠堅持高標準、高檔次
  ・不可降級
  ・不可馬馬虎虎！
```

總歸納／總整理

國外（日本、美國）大型上市櫃公司 27 位企業領導人的成功經營智慧 124 則總整理。

1	商品力就是：要超越顧客期待並滿足新需求	2	要持續保有高遠且具挑戰性經營目標
3	堅持不斷「改善」精神，把車子做到最好	4	要不斷向上提高「顧客滿意度」及獲得顧客「長期信任感」
5	人才，永遠是公司最重要、最寶貴的資產價值	6	要持續不懈的打造、強化及提升「技術力」
7	企業競爭力的強化，永遠是重點	8	要把「事業經營戰略組合」再優化、再強大
9	綠色經營＋CSR 經營＋ESG 經營，是大企業經營趨勢	10	要加速變革、持續性變革、往更好方向變革
11	要落實「BU 利潤中心」自主經營、自主負責、自主存活	12	最高經營學：集結全體員工向心力／智慧力／經驗力／團隊力，4 力齊發，公司必勝
13	兩利經營學：既有事業深化＋新事業開拓探索	14	要持續壯大品牌影響力，提升顧客忠誠度及回購率
15	成長一路，沒有頂點	16	對外在大環境變化的應對 3 招：適應、應變、解決它們
17	「人才戰略」，是支援全公司中長期十年戰略達成的根基	18	成立「企業內部大學」或「人才培訓中心」
19	訂出 2030 年願景目標與經營計劃	20	全球化布局與在地化深耕，並進經營

21	個店化、特色店、複合店、在地店化、多元化店型營運	22	日本花王創新的5大源泉： ・創造力　・品牌力 ・技術力　・企業文化力 ・人才力
23	要勇於斬斷退路，永遠繼續往前快走	24	日本花王創造價值的4個資本來源： ・個人資本　・智產權資本 ・財務資本　・製造設備資本
25	要持續不懈的打造、強化及提升「技術力」	26	要不斷深化對顧客需求及生活方式的了解及洞悉
27	要對優秀人才給予足夠的獎勵及激勵	28	要打造「組織能力」的最大化
29	持續成功推出「零售自有品牌」（PB）	30	會員紅利點數經濟與生態圈
31	加速推動OMO（線上＋線下全通路行銷邁進	32	從VOC中，搜集對新產品推出的好創意
33	為追求多樣化的事業成長，就必須有多樣化的人才	34	企業一定要用長期觀點來經營，並不斷向上提升企業價值
35	企業一定要做自己擅長、自己有核心競爭力的事業	36	要隨時面對外在環境的變化及如何應對變化
37	面對大環境巨變，我們必須做出大變革，成立各種「變革委員會」	38	我們已訂好：「願景2030年的中長期成長戰略經營計劃」
39	要持續把品牌的價值給向上提升，成為最值得信賴的品牌	40	仍要持續努力提升顧客滿意度達95％以上
41	不要只去呼應顧客需求，更要主動去挖掘及設想顧客未來的需求	42	要持續努力提升企業的長期價值
43	提供顧客最實用且最誠實品質的好東西	44	對「人才資本」的高度重視及成立企業內部「研修中心」

總歸納／總整理

45	追求「差異化」、「差別化」經營，才能在激烈競爭中勝出	46	「經營型人才」養成，才能讓企業更賺錢
47	要把「企業新價值」，不斷打造及向上提升	48	每年持續展店戰略，以搶占市占率及門市空間
49	面對大環境巨變，企業必須展開「新的變革」及「有效變革」，才能存活下去	50	兼顧「高度感動」＋「高品質」並進的最優質百貨公司
51	以個客為主軸的CRM（熟客經營）戰略推動	52	經營3使命：安心、便利、信賴
53	準備經營學：隨時都要做好各項準備，有備無患	54	朝「複合店」、「業態融合化」發展，以爭取顧客擴大化
55	要儘量發揮自己的強項及優勢	56	人才育成，是企業再成長的重要根基
57	「人才戰略」，是支援全公司中長期十年戰略達成的根基	58	「核心能力」與「核心競爭力」，必須不斷強化及壯大
59	永遠要把公司品牌及產品品牌，再上一層樓拉高價值	60	訂定未來5年中期經營成長目標、戰略重點及計劃
61	對既有事業、既有品牌，要再深耕、鞏固及提升	62	對「消費者高度重視」的經營實踐
63	人才多樣化，事業就能多樣化	64	要訂定中長期經營績效的成長指標
65	要創造更高附加價值的價值鏈出來	66	與時俱進＋與時俱變
67	要創造與競爭對手的明顯差異化	68	沒有附加價值，就沒有競爭力

69	永遠：「以顧客為念」+「為顧客著想」+「站在顧客立場」	70	真正的對手，是變化無窮的顧客需求與期待
71	每天都要戰戰兢兢，想著：「下一步要怎麼做」+「未來要怎麼走」	72	要大力激發員工對工作的熱忱
73	要做一家能使顧客「感動」的企業	74	重質不重量的經營思路
75	得人才者，得天下也！	76	領導人，時時刻刻要傾聽員工的不同意見，不能一言堂
77	領導人該做的決策，絕對不能拖延	78	正確決定之後，無論如何都不要幹到底
79	要持續不斷的培育人才！	80	要做好未來「新成長戰略」的完善規劃！
81	利潤中心（BU制）運作，是最佳組織體！	82	大環境改變→公司策略也要跟著變
83	肯定員工，給予更多、更好的月薪、獎金、紅利及福利	84	要打造一支隨時能作戰，而且機動與靈活的作戰組織體
85	擬定目標，使命必達的強烈意志	86	每一個產品、每一件事都要做到今天比昨天更好
87	勇敢往新產品／新事業／新品牌／新技術／新市場開拓，企業就能一直成長	88	領導人4個思考： ・未來公司往哪裡去？　・機會點在哪裡？ ・方向在哪裡？　・成長點在哪裡？
89	要讓組織內每個員工，變得更強大	90	永遠不要、不能滿足於現狀
91	領導主管要經常到第一線去，要經常站在員工最前面	92	面對不確定大環境變化，企業必須做好3力：一是變革力！二是對應力！三是總合力！

第3篇　國外（日本、美國）大型上市櫃公司 27位企業領導人的成功經營智慧

總歸納／總整理

93	要重視企業價值再提升	94	企業績效要再提升,根本上要靠人才戰略再強化
95	要成為「承諾典範」,才能獲得大眾投資	96	思維全球化、行動在地化
97	「行銷」+「研發」,是公司再成長的兩條生命線	98	企業價值創造6個基柱能力: ・技術力　・財務力 ・製造力　・行銷力 ・供應鏈力　・人才力
99	從製造到銷售完成流程中,有必要再提升效率化及效能化	100	堅持「顧客導向」放在第一個位置上
101	已訂定中長期(5～10年)成長戰略經營計劃	102	要做「執行力」強大的公司
103	好景不會長久,故要常存危機意識	104	每年都是關鍵時刻,每年都要有新產品及新行銷提案
105	產品一定要與眾不同、獨一無二、有差異化特色	106	經營的根本:就要思考如何可以30年、50年、100年永續經營下去
107	「創造」+「革新」:任何企業經營,勿忘兩個核心點	108	企業經營,首要之務,先把基本功做好
109	勇於向困難挑戰	110	我們必須找要能解決問題的人,而不是提出問題的人
111	永不忘記高科技公司最大的核心競爭力,就是「創新」兩個字	112	只要是對的方向,就要義無反顧、深信不疑的往前走下去
113	若真的做錯了,也要果敢捨棄、撤退、不必有挫折感	114	企業要集中人力及財力資源,做你會比別人做更好的事

115	幾乎我們做的重大戰略事業主題，都必須至少十年來醞釀，才能看到成果	116	為了達到戰略目標，唯一的方法，就是不停投資及研究，找到新的道路
117	要持續不斷的培育人才！	118	經營企業，要用奔跑的，不能用走路的
119	眼光精準＋企圖心強大＋執行力強大＋有優勢，企業就會成功	120	永遠以「顧客為念」，念茲在茲的，都是顧客
121	經營策略及投資，原則都是採5～7年的長線思維	122	下決策之後，就是要重視「行動力」＋「執行力」
123	永遠保持創業第一天（day one）的心態及熱忱	124	對於產品及服務，一定要堅持高標準！

MEMO

第四篇
總結論

第四篇　總結論

徹底做好攸關企業長遠生存與長期成功的「28 個策略」面向。

總結論：徹底做好攸關企業長遠生存與長期成功的「28 個策略」面向

1. 做好：
   - 經營成長策略

2. 做好：
   - 人才與總合組織能力策略

3. 做好：
   - 財資／資金與 IPO 策略

4. 做好：
   - 高值化／高附加價值策略

5. 做好：
   - 研發（R&D）與技術策略

6. 做好：
   - 分散市場及分散客戶策略

7. 做好：
   - 多元化／多樣化收入策略

8. 做好：
   - 布局全球策略

9. 做好：
   - 製造策略

10. 做好：
    - 採購及供應鏈策略

11. 做好：
    - 設計策略

12. 做好：
    - 客戶（B2B）策略

13. 做好：
    - 顧客（B2C）導向策略

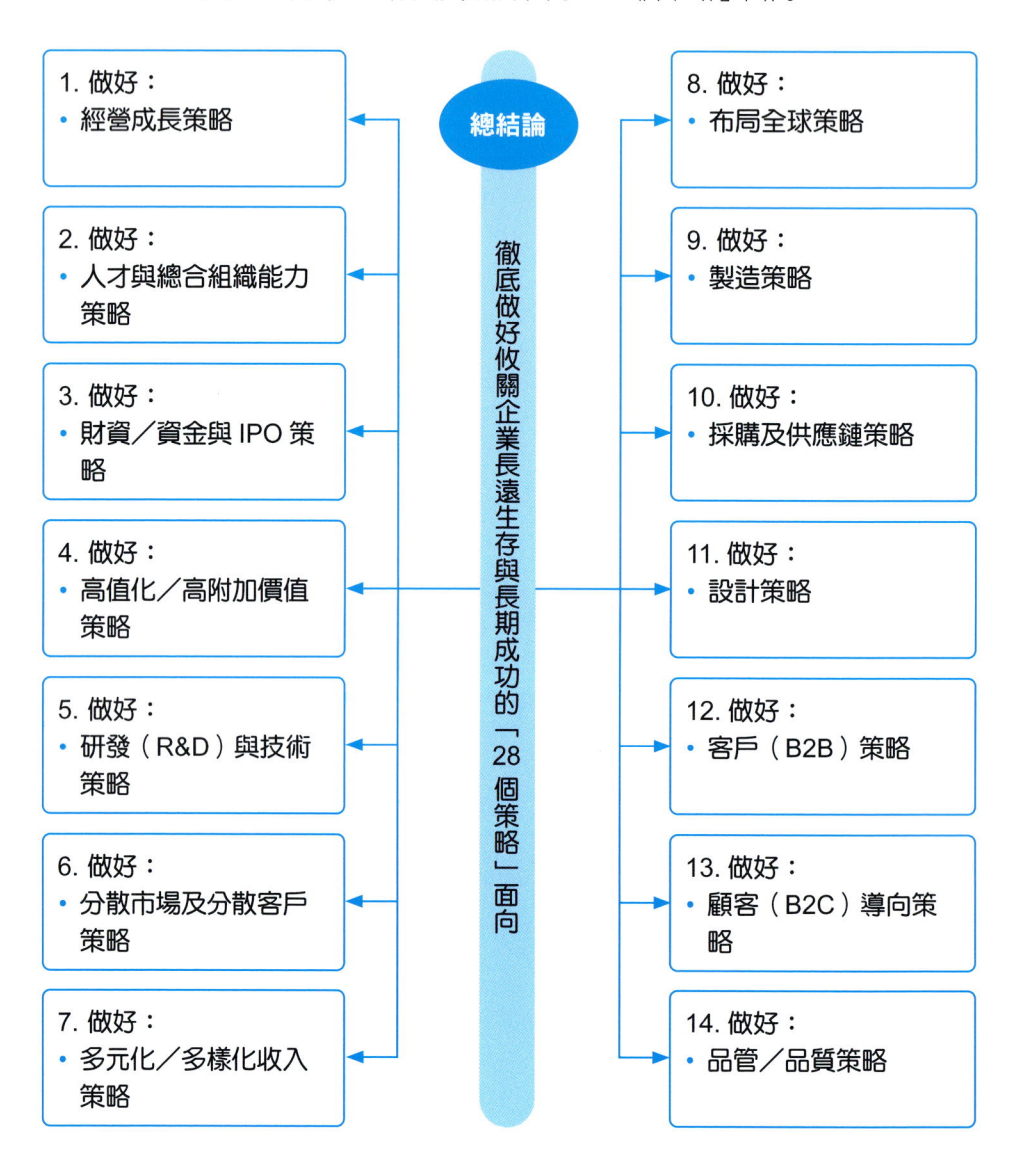

14. 做好：
    - 品管／品質策略

總結論

徹底做好攸關企業長遠生存與長期成功的「28個策略」面向

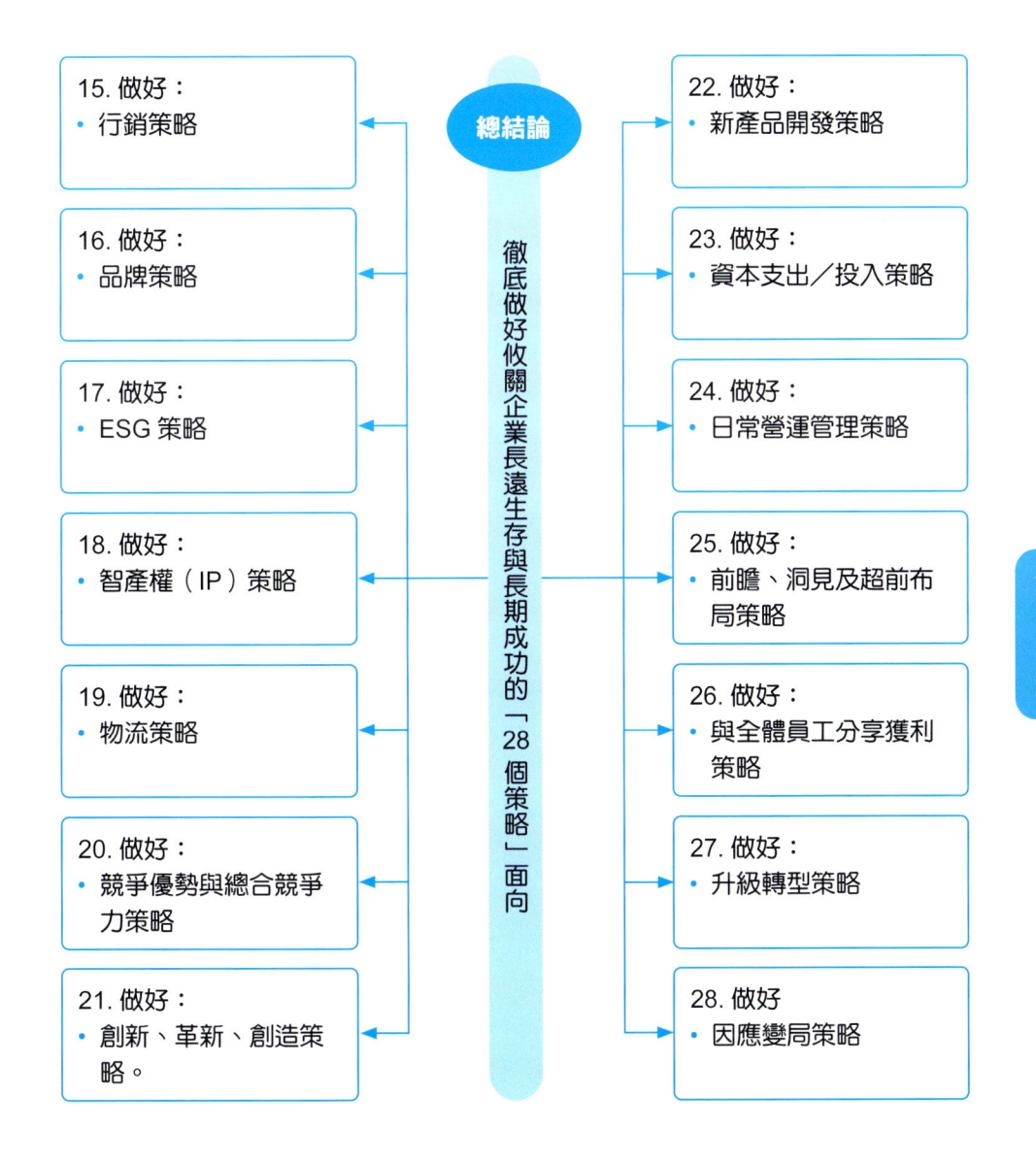

- 15. 做好：
  - 行銷策略
- 16. 做好：
  - 品牌策略
- 17. 做好：
  - ESG 策略
- 18. 做好：
  - 智產權（IP）策略
- 19. 做好：
  - 物流策略
- 20. 做好：
  - 競爭優勢與總合競爭力策略
- 21. 做好：
  - 創新、革新、創造策略。
- 22. 做好：
  - 新產品開發策略
- 23. 做好：
  - 資本支出／投入策略
- 24. 做好：
  - 日常營運管理策略
- 25. 做好：
  - 前瞻、洞見及超前布局策略
- 26. 做好：
  - 與全體員工分享獲利策略
- 27. 做好：
  - 升級轉型策略
- 28. 做好
  - 因應變局策略

第 4 篇

總結論

國家圖書館出版品預行編目資料

超圖解81位董事長及總經理成功經營智慧/戴國良著. -- 一版. -- 臺北市：五南圖書出版股份有限公司, 2025.07
　面；　公分
ISBN 978-626-423-480-1 (平裝)

1.CST: 企業經營　2.CST: 企業管理
494　　　　　　　　　114007004

1FSY

超圖解81位董事長及總經理成功經營智慧

作　　者	戴國良
編輯主編	侯家嵐
責任編輯	侯家嵐
文字編輯	陳威儒
封面完稿	姚孝慈
排版設計	張巧儒
出 版 者	五南圖書出版股份有限公司
發 行 人	楊榮川
總 經 理	楊士清
總 編 輯	楊秀麗
地　　址	106台北市大安區和平東路二段339號4樓
電　　話	(02)2705-5066　傳　　真：(02)2706-6100
網　　址	https://www.wunan.com.tw
電子郵件	wunan@wunan.com.tw
劃撥帳號	01068953
戶　　名	五南圖書出版股份有限公司
法律顧問	林勝安律師
出版日期	2025年 7 月初版一刷
定　　價	新台幣 450 元

※版權所有．欲利用本書內容，必須徵求本公司同意※

經典永恆・名著常在

五十週年的獻禮 —— 經典名著文庫

五南，五十年了，半個世紀，人生旅程的一大半，走過來了。
思索著，邁向百年的未來歷程，能為知識界、文化學術界作些什麼？
在速食文化的生態下，有什麼值得讓人雋永品味的？

歷代經典・當今名著，經過時間的洗禮，千錘百鍊，流傳至今，光芒耀人；
不僅使我們能領悟前人的智慧，同時也增深加廣我們思考的深度與視野。
我們決心投入巨資，有計畫的系統梳選，成立「經典名著文庫」，
希望收入古今中外思想性的、充滿睿智與獨見的經典、名著。
這是一項理想性的、永續性的巨大出版工程。
不在意讀者的眾寡，只考慮它的學術價值，力求完整展現先哲思想的軌跡；
為知識界開啟一片智慧之窗，營造一座百花綻放的世界文明公園，
任君遨遊、取菁吸蜜、嘉惠學子！